中央高校基本科研业务费资助(3142018022)
华北科技学院自选课题(HJXKT2020001)
河北省高等教育学会高等教育科学研究“十三五”规划课题(GJXH2019-173)

断层的形成、错动与致震机制

师皓宇　马振凯　著

中国矿业大学出版社
·徐州·

内 容 提 要

本书基于塑性区蝶形分布理论，以龙门山断裂带为研究对象，推导出不同应力条件下的蝶形塑性区分布的屈服函数；设计了通过位移加载实现应力递增的模拟方法，提出了断层起源于断层中软弱地质体周围较硬岩体的X型破坏，模拟了正断层、逆断层和走滑断层的形成过程。本书还提出了在一定的地应力环境中先存断层错动的力学条件，通过数值模拟等方法，设计了断层岩体应变能的计算流程，计算了微小应力触发断层岩体产生的地震震级，实现了从矿业工程到地震学乃至构造地质学等领域的跨越。

本书的研究方法、研究内容和研究结果对断层的形成、错动与致震机制研究提供了很好的思路，对断层附近的地震灾害、地形地貌演化以及煤矿生产中的动力灾害事故等均具有较好的指导意义。

图书在版编目(CIP)数据

断层的形成、错动与致震机制 / 师皓宇，马振凯著.
— 徐州：中国矿业大学出版社，2021.11
ISBN 978-7-5646-4996-8

Ⅰ.①断… Ⅱ.①师… ②马… Ⅲ.①断裂带—研究
Ⅳ.①P544

中国版本图书馆CIP数据核字(2021)第061700号

书　　名 断层的形成、错动与致震机制
著　　者 师皓宇　马振凯
责任编辑 姜　华
出版发行 中国矿业大学出版社有限责任公司
（江苏省徐州市解放南路　邮编 221008）
营销热线 (0516)83884103　83885105
出版服务 (0516)83995789　83884920
网　　址 http://www.cumtp.com　**E-mail**：cumtpvip@cumtp.com
印　　刷 江苏凤凰数码印务有限公司
开　　本 787 mm×1092 mm　1/16　**印张** 12.25　**字数** 226千字
版次印次 2021年11月第1版　2021年11月第1次印刷
定　　价 48.00元

前　言

构造的力学作用机理是一个较新的学科分支，尤其是对其进行定量化分析研究更少。本书通过资料调研、理论分析、数值模拟等方法，基于软弱介质空间周围塑性区蝶形分布理论，对正断层、逆断层、平移断层进行了力学分析，推导出三维应力状态下软弱体周边的蝶形塑性区分布的屈服函数，设计了通过位移加载实现应力递增的模拟方法。以龙门山断裂带岩层与构造剖面为基础，提出了断层起源于断层中软弱地质体周围较硬岩体的X型破坏，地壳的板块运动是这种破坏的基本动力，X型破坏形成后，板块的继续运动将形成符合Anderson原理的正断层、逆断层和走滑断层，预测了龙门山断裂带不同时间段的地貌特征，与实际吻合较好，为构造力学机理定量化分析提供了一种有效方法，具有重要的理论和工程应用意义。

本书丰富了蝶形塑性区的理论内涵，提出了主应力比值极限随深度增加呈收敛性、蝶形塑性区现象对判定准则的低依赖性、蝶形塑性区扩展对中间主应力的弱敏感性、塑性区发育的大尺度方向不变性等观点。拓展了蝶形塑性区理论的应用领域，实现了从矿业工程到地震学和构造地质学等领域的跨越。本书的研究方法、研究内容和研究结果对断层形成的过程反演提供了很好的思路，对断层附近的地震灾害、地形地貌演化以及煤矿生产中的冲击地压和煤与瓦斯突出事故等动力灾害防控均具有较好的指导意义。

本书的出版得到中央高校基本科研业务费（3142018022）、华北科技学院自选课题（HJXKT2020001）和河北省高等教育学会高等教育科学研究“十三五”规划课题（GJXH2019-173）的资助。本书的研究工作得到了华北科技学院邹光华教授、尹尚先教授、马尚权教授、李满教授、张军教授、田多教授、石建军教授、刘瑞芹教授、刘金海教授、殷帅峰教授、朱权杰教授、王永建副教授、赵启峰副教授、许海涛副教授、李见波副教授、张凤岩老师、李昊老师、冯吉成博士、赵希栋博士等在研究资金、研究条件等方面的大力支持和帮助，同时感谢中国矿业大学(北京)马念杰教授、王家臣教授、刘洪涛教授、何富连教授、孟宪锐教授、侯运炳教授、张勇教授、赵景礼教授、杨宝贵教授、赵志强副教授、王志强副教授、潘卫东副教授、杨大鹏副教授在理论分析和数值模拟方面的帮助，以及中国地震中心黄辅琼研究员在地震理论分析方面的帮助。

由于本书研究成果属于探索性内容，许多理论和实践问题有待进一步探究，加之作者学识水平所限，书中难免存在不足之处，敬请读者不吝指正！

著者

2021 年 3 月

目　录

1 绪　论

1.1 研究背景与意义

地壳在形成和发展过程中，受到地球内部和外部的作用力以及地球自转的作用力，致使地壳岩体的构造形态发生变化，如弯曲褶皱或断裂错动等。当岩石层所受应力超过其强度极限时，岩石将发生破坏断裂，沿着断裂面两侧的岩层发生位移，即为断层。

断层是一种分布极为广泛的构造形态，在许多构造环境中均有断层发育，从与褶皱伴生的小断层到构成山脉边界的大型断层带以及岩石圈中其他大型薄弱带，其深度一般可达数千米，是地壳中的薄弱带，也是各种地质灾害频发的区域。断层与地震危险区域有着十分密切的关系。比如美国圣安地列斯断层位于美国西海岸，几乎贯穿加利福尼亚州，总长超过 1 000 km，该断层是美国重要的地震带，在历史上曾发生多次大地震和中等强度的地震，1857 年洛杉矶大地震就发生在这段断层上，导致河流错开，平均位移为 7 m；位于土耳其北部的北安纳托利亚断层总长 1 200 km 左右，其地震强度与频度均相当高，近 80 年来，该断层发生 6.8 级以上地震 10 多次；中国鲜水河断裂带是著名的活动断裂带，也是全球近代最活跃的断裂带之一，全长约 350 km，1 700 年来共发生 6 级以上地震 30 多次。近 10 年来，中国龙门山附近区域构造带强震频发，2008 年“5・12”汶川地震（M_W7.9）、2013 年“4・20”芦山地震（M_W7.0）、2017 年“8・8”九寨沟地震（M_W7.0）的发生，聚焦了全世界构造地质学家和地震地质学家的目光，继而将青藏高原东向扩展和龙门山断裂带推向新一轮研究热潮。但是研究者们对断层构造形成的力学机理、演化过程及致震机制的研究仍不够清晰，需要深入研究断层附近围岩构造应力场分布的时空特征。本书的研究成果为构造力学机理定量化分析提供了一种有效方法，拓展了蝶形塑性区理论的应用领域，具有重要的理论和工程应用意义。

1.2 板块构造及运动特征研究现状

1.2.1 世界板块构造及运动特征

断层是在地壳构造运动过程中产生和发育的。整个地球的岩石层分为六大板块以及一些较小的板块。板块学说认为,板块有三种不同性质的边界:一种是生长的边界,在此产生新的大洋地壳;另一种是剪切的边界,在此板块相互水平错动;还有一种则是消亡的边界,两个板块在此碰撞,其中之一俯冲消亡。2亿年以来,中国海陆及邻域受到欧亚板块、太平洋板块(或菲律宾海板块)和印度-澳大利亚板块(或特提斯板块)三大板块相互作用的影响,形成两条锋线:一是东部的太平洋板块向欧亚板块的俯冲消减,形成的太平洋域锋线,在中国东部海区形成典型的沟-弧-盆体系;二是特提斯洋的闭合,晚白垩世后为印藏碰撞,以及澳大利亚板块向北俯冲,形成的特提斯域锋线,大致以东经90°海岭为界,以西表现为青藏高原的强烈隆升,以东表现为沟-弧-盆体系,以及东南亚众多边缘海形成。

受印度洋板块向北推挤和欧亚板块碰撞的喜马拉雅地区,形成一个向南弯曲的弧形边界,在其边界的不同部位,板块插入的速度和方向不同。西端在帕米尔地区,向北偏西方向以43 mm/a的速度插入欧亚板块;东端向北偏东方向以60 mm/a的速度凸入;中部以50 mm/a的速度向北推进。这种运动导致了弧前方的亚板块和构造块体的运动方向呈扇形散开,以塔里木和准噶尔块体为中线向北运动。西侧的帕米尔地区向北偏西运动,而东侧的青藏亚板块向北偏东运动,甘青块体以北东向运动为主,而川滇菱形块体则呈南东方向的运动。

1.2.2 中国板块构造及运动特征

中国大陆及其邻区的活动地块可作两级划分:Ⅰ级为活动地块(简称地块),Ⅱ级为活动块体(简称块体)。中国大陆及邻区划分的6个Ⅰ级活动地块分别是:青藏、西域、华南、中缅、华北和东北;划分出拉萨、羌塘、巴颜喀拉、柴达木、祁连、川滇、滇西、滇南、塔里木、天山、准噶尔、萨彦、阿尔泰、阿拉善、中蒙、中朝、鄂尔多斯、燕山、华北平原、鲁东-黄海、华南、南海等活动块体。青藏高原东南缘的地质构造活动与45 Ma以来印度板块与欧亚板块的强烈碰撞密切相关,区域内发育有鲜水河断裂带、安宁河断裂带、则木河断裂带、小江断裂带、龙门山断裂带等主要活动断裂带。这些断裂将川滇地区分割为川滇菱形地块、巴颜喀拉地块、滇缅地块及华南地块等次级块体，控制着区域应力场的大小和方向。青藏高原作为一个正在快速隆起的大陆地块，在广袤高原的周缘为高峻陡峭的造山带，构成了一堵与外界隔绝的屏障。青藏高原周缘造山带位于高原与周缘克拉通(Craton，内陆核)之间，北缘的西昆仑山-阿尔金山-祁连山组成的S形巨型山链与塔里木-北中国陆块接壤，南缘喜马拉雅山链和东南缘的横断山链与印度陆块隔望，东缘龙门-锦屏山与扬子陆块相连。符养收集了中国大陆1992年以来共1 100个GPS站重复观测数据，利用GAMIT和BERNESE软件对观测数据进行了精细处理，结果表明：印度板块对欧亚板块的推挤对我国西部地区的影响从南向北逐步减弱。我国地壳形变的态势基本以西藏块体为中心向外辐射的扇形运动。现今GPS形变观测结果表明：川滇地区地壳运动存在着北强南弱、西强东弱的运动学模式。龙门山褶皱-冲断带的构造缩短向东传递至刚性的四川盆地，导致在龙门山前缘发育了成排、成带的陆内冲断、褶皱和隐伏构造。

1.2.3 龙门山区域板块运动特征

龙门山处于印度板块对欧亚板块碰撞的影响区域，是青藏高原东扩与四川盆地的交界区域，从而形成了独特的山-盆构造，集中呈现了多种内陆构造形态，具有较高的研究价值。在印度板块与欧亚板块的碰撞-挤压作用下，喜马拉雅弧形山造山带的东部弧顶-东构造结似一尖楔沿NNE方向插入青藏高原的东北缘，造成了巴颜喀拉块体和龙门山断裂系深、浅部构造强烈活动和变形，并导致高原腹地深部物质以大型走滑断裂为通道边界向EES方向运移。利用火山岩化学全分析资料和GPS监测计算研究现代板块边界的运动速度得知，印支、燕山与四川期板块平均缩短速度均在5.4～5.6 cm/a，喜马拉雅期在中国西部平均缩短速度达5.2 cm/a，新构造期仅为2.5～2.8 cm/a，喜马拉雅地区表面运动速度都呈现NNE方向运动。龙门山推覆构造带可能切割晚更新世地层，映秀-北川断裂、灌县-江油断裂和汶川-茂县断裂均有一定的垂直滑动速率和右旋滑动速率，但得到的速率却不尽相同，如不超过1 mm/a；或逆冲滑动速率小于1.1 mm/a，走滑滑动速率小于1.46 mm/a；或走滑滑动速率应不超过3 mm/a。

1.2.4 板块运动、断层与地应力状态关系研究

地应力是存在于地壳岩体中的天然应力，地块之间的相互运动作用对地

应力的形成演化起着重要的控制作用。龙门山断裂带在一定深处收敛成为一条NE方向的深部剪切断裂带，沿着喜马拉雅地区的印度板块和欧亚板块的碰撞运动所产生的强烈挤压构造应力发展，不仅导致了青藏高原持续隆升，还致使周缘发生激烈的地壳形变和频繁的大地震活动等构造运动。印度板块和欧亚板块碰撞运动的影响，控制了中国西部乃至其以北的广大地区。地壳运动产生压力和张力，压力常见于汇聚型板块，当岩体应力超过其强度极限时必然产生塑性破坏。地壳板块之间存在相互运动，且运动方向与最大水平主应力方向具有较好的相关性。但板块塑性区的发育范围和特征与应力之间有何关系？板块塑性区的发育与断层的形成有何关系？这些问题仍需要我们深入研究。

有关断层与应力关系的研究方法以数值模拟、相似模拟、现场实测和理论分析为主，在煤矿生产中起到了安全保障和技术指导作用。蒋金泉等采用三维数值模拟方法研究了工作面向正断层推进、上盘工作面沿正断层布置的采动应力演化特征，发现断层的应力阻隔效应十分突出，顶板断层带处于低应力状态，底板断层带处于应力集中状态。王涛等设计了过断层工作面回采的相似模型，获得了采动影响下断层应力的演化特征和断层滑移瞬态过程中煤体应力的动态响应规律，断层面上方部分最先受到采动影响而正应力降低、剪应力升高，滑移过程由剪应力主导，断层滑移对工作面煤体产生非稳态的冲击和加卸载作用，使煤体应力在断层滑移时先降后升，失稳由内向外发展，采动效应增加了断层活化的可能性。黄禄渊等分析华北区域断层稳定性发现，500 m深度以下实测差应力值相对较小，区域内断层基本上处于相对稳定的状态；0～500 m深度之间部分差应力值相对较大，或已达到或接近滑动临界状态。张浪等建立了断层面受力模型，分析了断层面正应力和孔隙压力关系，得出正应力大小与断层走向锐夹角正相关，而切应力与走向锐夹角的关系取决于最大、最小水平应力和与正应力的比值。李德行等认为断层附近煤岩体初始垂直应力较大，构造应力影响范围为30 m；断层附近围岩应力随着巷道掘进而逐渐增大。李志华等研究了工作面推过断层不同阶段的应力变化特征和活化特征。王生超等研究了不连续煤体断层附近应力分布规律，发现断层上盘应力明显高于断层下盘应力，且应力异常区域主要集中在断层附近80 m范围内。王士超利用水压致裂法对义马矿区地应力进行测试，得出义马矿区地应力分布特征。师皓宇等模拟了龙门山断裂带形成过程，并得出最大、最小主应力比值（主应力极限比值）最终达到相对平衡的局面。

1.3 断层形成与错动的主要理论

当前学者们对断层的致灾机理研究较多，即断层的存在对煤炭开采过程中造成顶板事故、突水事故等，需要在工作面过断层时采取有效技术措施；但对断层形成的力学机理和形成过程研究相对较少，研究成果也仅限于开采扰动或采场覆岩运动等对断层结构的影响以及开采扰动、断层活化、工作面冲击地压之间的作用联系。根据 CNKI 统计，论文题目含有“断层”的有 81 008 篇，含有“断层成因”的有 54 篇，含有“断层”与“应力”的有 995 篇，含有“断层”与“地应力”的有 103 篇，而论文题目含有“断层”与“地应力演化”的仅有 1 篇，含有“断层形成机理”的有 6 篇，国家自然基金项目题目含有“断层形成机理”的仅有 1 项。可以看出，断层形成的力学机理尚属新的研究方向。

1.3.1 断层形成的研究现状

随着科技的发展，人们研究断层形成的方法不断改进，如通过相似模拟、数值模拟等方面开展了大量的工作，进而演示断层形成过程，如冀德学等研制了逆断层形成演化的试验装置；王学滨采用 FLAC 模拟了断层与围岩系统的形成过程；张鹏程等根据断裂力学实验结果分析结构面的变形破坏发展过程；王伟锋等利用实测数据资料和构造物理模拟等方法提出龙门山断裂带成因；熊连桥等得出准噶尔盆地西北缘克-百断裂带是印支期、燕山期持续挤压和扎伊尔山隆升效应综合作用的产物，因挤压过程中发生“泊松效应”而形成高角度的逆断层；崔敏等针对苏北-南黄海盆地 NW 向断层，根据凹陷的拉张率、厚度变化和断层发育特征可以将苏北-南黄海盆地的构造演化划分成断拗期、断陷期和拗陷期三个阶段。以上研究成果均基于学者们各自专业角度所开展的研究，但未能从理论上构建断层形成的力学模型，未能综合考虑板块运动、大地构造、地壳岩体几何形态的特殊性等。

1.3.2 岩石破断力学的主要理论

断层是在地壳构造变动过程中产生和发育起来的，更是断裂变动的一种重要形式，也是规模最大的断裂变动。断层在全球包括我国均有广泛的分布，是一个与构造地质学、地震学和地球动力学中一系列理论问题有关的重要地质现象。人们知道岩体中不同的应力条件下断层会自然地排列成不同的形式，但断层赋存于深部岩体中，其形成的年代久远，难以直观再现其形成过程，因此对断层形成的力学机理和形成过程研究相对较少。Griffith 研究了裂纹的存在对材料性质的影响，当裂纹失稳扩展时，脆性材料将发生脆断，并逐渐成为断裂力学的重要理论基础，但其应用条件具有一定的局限性，不足以解释大范围的岩石破断机理。Anderson 基于主应力方向与断层走向关系，提出了 Anderson 断层成因模式，该成因模式对于解释地下一定深度内脆性断裂基本合理，基本能够解释正断层、逆断层、甚至共轭断层形成的一般力学机理。Anderson 模式是岩石脆性断裂中最简单和最重要的模型，是构造地质学中的经典理论，其假设基础是岩石的均质性，且有一主应力为垂直应力；该模式采用库仑剪破裂准则，发现岩石发生剪切破坏不仅与应力作用在截面上的剪应力有关，并且还与应力作用在该截面上的正应力有关。断层类型与主应力对应关系如图 1-1 所示。

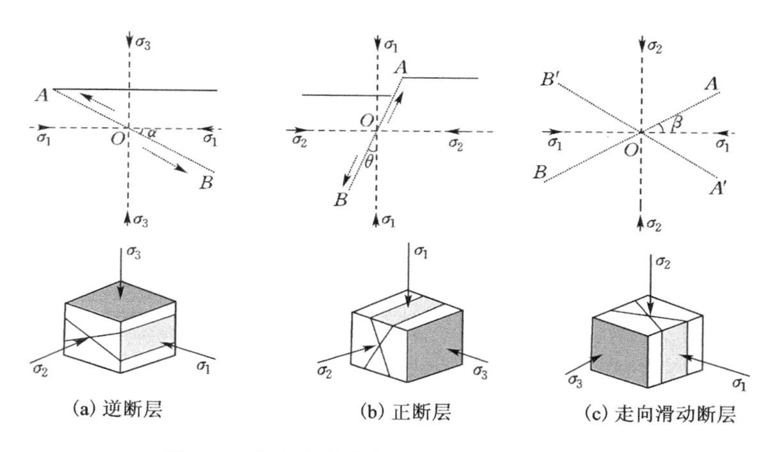

图 1-1　主应力状态与断层类型对应关系图

图 1-1 中，σ_1、σ_2、σ_3 分别为最大主应力、中间主应力和最小主应力。通过这些主应力方向，可以得出正断层、逆断层和走滑断层形成的力学条件；当应力环境为 $\sigma_H > \sigma_h > \sigma_V$（$\sigma_H$、$\sigma_h$、$\sigma_V$ 分别为最大水平主应力、最小水平主应力、垂直应力）时，可形成逆断层；当应力环境为 $\sigma_V > \sigma_H > \sigma_h$ 时，可形成正断层；当应力环境为 $\sigma_H > \sigma_V > \sigma_h$ 时，可形成走滑断层。该理论基于主应力方向和顺序来判断断层形成特征具有较好的便捷性，至今仍具有广泛的影响力。但在实际中有很多地质现象无法采用 Anderson 模式来解释，一是理论值经常与观测到的断层面倾向不匹配；二是 Anderson 模式预测的断层是方位优选的，只与主应力的方位有关，不符合先存构造面上滑动的断层作用；三是无法解释自然

界的很多断层作用现象，如同时出现正断层、逆断层甚至走滑断层等复杂的断层组合现象。

1.3.3 断层的破裂与错动

地震是如何发生的？断层错动、破裂传导和能量释放的物理机制是什么？这是地震学领域亟待解决的问题之一。对地震的认识，人们经历了漫长的过程，地震发生时往往伴随着断层滑移、能量释放等现象。Lawson et al. 在1906年旧金山地震后，经过广泛调研，认为地震是由于断裂的大断层突然错动引起的；此后Reid提出了具有较高影响力的弹性回跳理论；力偶震源理论假设震源处有一组力偶系（集中力系）突然作用于地震段层面上的震源点的点源模型，为地震震源的确定提供了理论基础；板块构造学说的提出解释了世界地震活动主要分布于板块构造边缘的现象。基于断层活动的地震模型被相继提出，如有限移动源模型、地震震源的裂纹扩展模型、描述地震震源破裂过程的障碍体与凹凸体模型等，这些模型描述了断层破裂过程。岩体所处的应力状态是地震发生的必要条件，如潮汐作用可在断层面上引起附加正应力和剪切应力的变化，进而可能引发地震；地震产生的静态库仑破裂应力变化可以影响其附近的地震活动性，若库仑破裂应力为正，则促使断层破裂，地震可能被触发，地震危险增大；反之，库仑破裂应力为负，则抑制断层破裂，地震发生的可能性降低。库仑破裂应力在一定程度上解释了断层错动的力学机制，但其注重的仅为应力增量部分，而忽略断层本身所处的应力环境。在板块运动的持续作用下，断层必然发生错动，如在汶川地震中出现了明显的断层破裂扩展现象，断层深部和浅部的滑移速度可能存在较大差异，深部的滑移速度甚至达到浅部的2～3倍，这是偶然，还是地震发生的必然？需要我们深入研究。

1.3.4 蝶形塑性区理论的提出与发展

孔洞周边的应力分布和塑性破坏问题是工程应用的重要基础。但理论上分析圆孔周边的破坏问题，大都假设为无限平面，从而计算孔洞弹塑性的应力分布，比如Kastener公式或Fenner公式实现了圆形孔洞围岩的应力分布和塑性区范围的计算。在岩石力学发展过程中，许多学者又对上述公式进行了修正，这些公式都是基于理想假设条件，如双向等压条件，因此其计算获得的塑性区形态都为圆形。但绝大多数地下工程所处的地应力环境都是非均匀的，最大、最小主应力比值大于3的环境比比皆是。对于非等压应力场中孔洞围岩的破坏形态问题，相关文献给出了非等压条件下圆形巷道围岩塑性区边界的隐性方程，画出了不同侧压系数下的塑性区边界曲线，但仍没有阐述其具体工程应用。

马念杰教授团队重新推导了非等压圆形巷道围岩的塑性区边界方程，将计算获得的非均匀塑性区称为蝶形塑性区，并阐述了蝶形塑性区的工程意义；该团队又针对蝶形塑性区进行了大量研究工作，对巷道塑性区的一般形态、扩展特性、工程意义、灾害机理等诸多方面取得了许多新认识，阐述了蝶形塑性区的数学表征、判定准则、基本特性和工程意义，并介绍了该理论在巷道围岩控制、动力灾害防治、煤与瓦斯共采等工程领域的应用前景。如赵志强等分析了巷道围岩蝶形塑性区蝶叶瞬时急剧扩展的突变特征，提出了煤层巷道蝶型冲击地压发生机理，认为煤巷冲击地压是由于巷道围岩蝶形塑性区的蝶叶瞬时爆炸式扩展引起的，阐明了该类型冲击地压形成、演化及发生的力学本质和物理过程。郭晓菲等给出了圆形巷道围岩塑性区的一般形态及其判定准则，在不同围压状态下均质围岩圆形巷道塑性区一般表现出圆形、椭圆形、蝶形3种形态；通过理论分析找到了3种形态的数学力学含义，并推导出不同形态下的判定准则。李永恩等发现巷道受采动影响后，围岩塑性区出现了“蝶形”扩展的特征。赵希栋等认为掘进巷道附近突然出现一定范围的塑性区增量是发生煤与瓦斯突出的根源；塑性区增量的大小决定了煤与瓦斯突出发生的危险性和事故的严重程度；触发事件对于煤与瓦斯突出的发生往往是不可或缺的因素，具有一定的偶然性。李季针对采动影响致使主应力方向发生变化，导致了赵固二矿深部巷道围岩形成非均匀塑性区。贾后省等阐明了蝶叶塑性区穿透分布致使巷道冒顶的力学机制，蝶叶塑性区具有隔层穿透发育的特征，未发生塑性破坏岩层的存在不能阻断蝶叶塑性区在软弱岩层形成；顶板蝶叶塑性区穿透分布伴有强烈的变形压力，使软弱岩层塑性区下位未发生塑性破坏岩层受到持续巨大的“挤压”载荷，致使其发生断裂破坏，这是巷道存在冒顶隐患的内在原因。王卫军等发现了在高偏应力环境中，巷道周边塑性区具有恶性扩张现象。乔建永等提出了X型共轭剪切破裂-地震复合模型，研究了共轭剪切破裂-地震发生的力学机理，阐明了共轭剪切破裂-地震发生及其演化的物理过程，从软弱异性体周围岩体应力、破坏形态与地震能量变化的角度出发，发现了共轭剪切破裂-地震具有“仿蝶存亡”规律，获得了共轭剪切破裂-地震生成的必要条件。马念杰等运用蝶形塑性区理论研究深部岩体在微小应力作用下形成显性或隐性的共轭剪切破裂，从而释放了巨大能量，可能是地震能量源。马骥等从软弱异性体围岩发生塑性破坏引发能量改变角度出发，通过数值模拟分析了软弱异性体存在对地壳围岩能量分布的影响，探讨了自然地震触发的一般规律;板块运动可导致局部高偏应力场的形成,当应力超过岩体强度极限时,岩体将进入塑性状态,处于高偏应力场的塑性区将沿某一方向无限扩展,因此可推测处于高偏应力环境的孔洞体、塑性体等地质软弱体周边均有可能出现具有方向特性的蝶形塑性区;该发现为研究断层形成的力学机理提供了新的契机。

1.4　地震能量释放机制研究

全球地震频发,但人们对地震能量的释放机理仍未厘清。断层之间的运动、温度和压力作用等因素必然造成岩体应力的变化,应力的变化会导致岩体应变能的积聚或释放。大量的研究成果显示,地震往往是在某些因素触发下产生的,触发应力包括动态的和静态的应力,如远程地震、日月潮汐、人类工程活动等,触发因素实质上改变了区域或局部区域的应力环境;突然的应力变化将导致地震活动率大幅度上升,比如土耳其伊兹米特 $M_W7.4$ 地震(1999 年)和美国加州 Landers $M_W7.3$ 地震(1992 年)都曾引发周边甚至较远地区希腊的地震活动;部分大地震的发生与月球周期和潮汐显著相关,甚至人类活动对地震也会产生较为重要的影响。

综上所述,应力变化促使岩体应变能的积聚或释放,但用于解释地震仍有诸多难点,如地壳深部应力难以测定、能量释放计算理论尚未统一等,未能从根本上解释地震发生的力学机理。一个成熟的地震理论应能从理论上解决地震的能量源问题,能合理解释一系列具有地震特征的物理现象,如触发应力、地震能量、断层活动等之间的量化关系,具有一般性和普遍性。

1.5　研究对象、内容与方法

1.5.1　研究对象

龙门山断裂带及附近区域引起独特的构造特征和对汶川地震的影响,吸引了全世界构造地质学家和地震地质学家的目光,已产生丰硕的研究成果,其现有的数据可支撑本书主要的学术观点。龙门山地处青藏高原东缘与四川盆地的交接部位,山-盆构造地貌反差强烈,是青藏高原周边地形梯度变化最大的地区,在不到 50 km 的范围内地形高差达到约 4 000 m。龙门山断裂带主要由大致平行的 3 条逆冲、逆冲兼走滑的断裂组成:汶川-茂县断裂 F_1、映秀-北川断裂 F_2 和灌县-安县断裂 F_3。龙门山断裂带是大致长 500 多千米、宽 30～50 km、呈北东-南西向延伸构造带，如图 1-2 和图 1-3 所示。

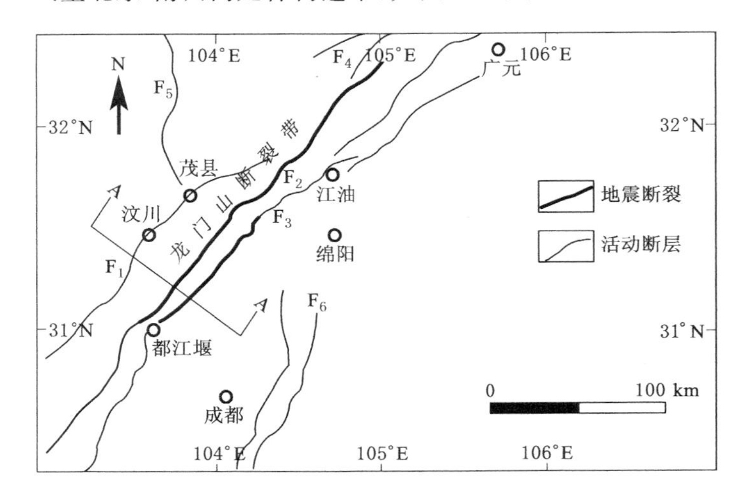

F_1—汶川-茂县断裂；F_2—映秀-北川断裂；F_3—灌县-安县断裂；

F_4—青川断裂；F_5—岷江断裂；F_6—龙泉山断裂。

图 1-2　龙门山断裂带及附近区域断层分布图

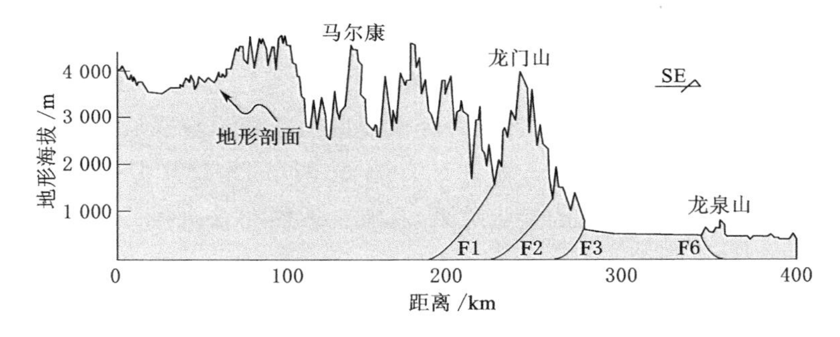

图 1-3　龙门山断裂地形地貌剖面图

学者们对龙门山冲断构造的研究由来已久，早在 20 世纪 30 年代，我国地质学家就提出龙门山推覆构造、龙门山式构造等概念。20 世纪，对龙门山的认识经历了“地槽”“中国 A-型俯冲带”“中国型(C-型)俯冲带”和“龙门山型(L-型)俯冲”等几大观点。此外，关于龙门山的圈层结构、构造演化、构造样式、动力学机制等方面取得了重要的认识和成果。21 世纪以来，随着理论基础、探测技术、实验方法等的快速提高，依托区域地球物理测深资料、2D 和 3D 地震、钻测井、古地磁、矿物测年、地球化学等海量数据，对龙门山冲断构造的研究进入快速发展期。龙门山的快速崛起和频繁活动主要被认为是新生代以来印亚大陆持续碰撞的响应。新构造运动主宰了现今龙门山和川西地区构造的形成,并且至今仍在发生着构造形变,以 2008 年汶川地震和 2013 年芦山地震为典型代表的活动构造成为学者们关注的焦点。

1.5.2 研究内容

断层的形成经历孕育、发展、贯通以及滑移错动等地质活动,断层的每一次变化可能都将造成岩体能量的释放,形成地震效应。本书主要开展以下研究,以阐明地震产生的力学条件和地震机制。

(1) 断层的形成与错动的全过程研究

根据岩石力学的基本性质和三维应力状态,建立数值计算模型,按照岩石力学条件,提出断层形成与错动的量化分析方法,开展断层形成全过程研究;提出基于板块运动的能够呈现时间、位移、应力和破坏对应关系的量化分析方法,呈现地应力状态的时空演化过程,建立三维应力状态下地质软弱体周边塑性区的计算模型;开展塑性区扩展的敏感性研究,提出地壳岩体应力分布存在临界特征;明确岩体破裂范围的计算数学公式,模拟呈现逆断层、正断层和走滑断层形成过程。

(2) 地震产生的力学条件研究

断层错动是在一定的应力条件下发生的,根据地应力方向与断层面产状的力学关系,推导断层错动与否、断层倾向错动趋势和走向错动趋势的三个判据,据此可推断出断层是否发生错动及其类型;进而研究断层倾角、水平主应力与断层走向的夹角、深度、侧向压力系数、内摩擦角和断层面黏聚力等参数对断层错动的影响。

(3) 地震的触发机制研究

地震的触发机制可分为内因和外因,内因是指断层面的力学性质发生变化,外因是指外部出现的应力变化。地震触发内因研究:研究水和热等作用可导致断层面的摩擦阻力和黏聚力等参数发生变化,这种变化打破原有的平衡状态,致使处于临界状态的断层瞬间错动,产生地震效应。地震触发外因研究:研究板块运动、固体潮汐力、天体引潮力、强震应力波等均可产生局部区域的静态和动态应力的加卸载效应,当触发应力超过临界极限时,必然致使断层发生错动而释放能量。断层破裂是一个点对面、深对浅的过程,当断层局部位置的判据超过临界值时,将导致附近断层的错动,当断层错动时间较短而范围较大时,将会引起大地震。

（4）岩体自持能量和释放能量的模拟与计算

本书构建了一种基于数值模拟的能量计算方法，能够计算区域岩体的能量自持值和释放值，进而模拟特定区域的地震震级。龙门山断裂带为研究对象，收集其地震和地应力数据，获取物理力学参数，建立不偏离客观实际的数学力学模型和计算机数值模拟分析模型，模拟微小应力变量对龙门山断裂带地震发生的触发过程，证明断层错动的力学判据和能量释放计算方法的正确性，提出特定区域进行地震预测预报的实现方法；根据构建的断层形成和错动的力学条件，构建断层形成和错动的力学模型，监测岩体的物理力学参数和地应力场参数，采用计算机数值模拟方法，对特定区域的地震发生进行预测研究。

1.5.3 研究方法

（1）资料调研。广泛收集世界板块、中国板块和龙门山区域地块的运动参数，建立起龙门山附近区域与世界板块、中国板块乃至青藏高原相互作用的概念；大量调阅龙门山断裂带及附近区域的地形地貌和地应力特征资料，梳理龙门山断层间的滑移特征和几何分布特征。

（2）理论研究。以弹塑性力学为基础，根据蝶形塑性区理论中塑性区分布的共轭性、突变性、方向特性等基本规律，提出正断层、逆断层和走滑断层形成的一般力学条件，并加以验证；推导考虑中间主应力下地质软弱体周边塑性区扩展规律，将蝶形塑性区理论的应用条件从二维应力状态拓展至三维应力状态，进而研究岩石力学性质、地应力条件等因素对断层形成的几何特征的影响，最终建立断层形成和断层错动的力学机制。

（3）数值模拟。采用 FLAC 3D 软件，通过施加边界速度，建立了板块运动时间和断层形成状态的对应关系，从而形成一套断层形成过程的量化分析方法。应用该方法模拟正断层、逆断层和走滑断层形成过程，建立与龙门山断裂带相近的地质模型，研究龙门山断裂带主要断层形成的起源、扩展过程和地应力演化的时空特征；通过调整地质软弱体的形状和规模，对比不同地质软弱体下断层形成时间、位置和形态的差异；通过建立板块运动速度与地表抬升速度之间的对应关系，推测了龙门山区域的地形地貌的形成历史，并对未来的发展趋势进行预测。

2 理想条件下断层形成的力学机制

断层的形成是一个复杂的过程，是地壳岩体长期处于一定应力环境中，发生岩体弹塑性状态转换、塑性区扩展、断层面滑动等多种活动的结果。本书从岩石的基本力学性质入手，以厘清断层形成过程及其力学机制。

2.1 岩体应力状态与破坏特征

2.1.1 岩石力学的基本参数及其关系

岩石的基本性质是研究岩石力学问题的基础，包括物理性质和力学性质。描述岩体的弹性常数主要有杨氏模量 E、剪切模量 S、体积模量 K 和泊松比 μ，这些参数与应力应变之间存在如下关系：

$$E=\sigma/\varepsilon \tag{2-1}$$

$$S=\tau/\gamma \tag{2-2}$$

$$K=-\mathrm{d}p/(\mathrm{d}V/V) \tag{2-3}$$

$$\mu=-\varepsilon_{\mathrm{b}}/\varepsilon_{\mathrm{l}} \tag{2-4}$$

$$m=1/\mu \tag{2-5}$$

式中，σ 表示应力；ε 表示应变；τ 表示剪应力；γ 表示剪应变；p 表示压力；μ 表示泊松比；ε_{b} 表示轴向应变；ε_{l} 表示径向应变。各参数之间关系见表 2-1 所示。

表 2-1 各种弹性常数之间的关系

弹性常数	S,μ	E,m	S,m	E,S	S,K
杨氏模量	$2(1+\mu)S$	E	$\frac{2(m+1)S}{m}$	E	
剪切模量	S	$\frac{mE}{2(m+1)}$	μ	μ	μ
体积模量	$\frac{2S(1+\mu)}{3(1-2\mu)}$	$\frac{mE}{3(m-2)}$	$\frac{2(m+1)S}{3(m-2)}$	$\frac{ES}{2(3S-E)}$	K
泊松比	μ	$1/m$	$1/m$	$\frac{E-2S}{2S}$	$\frac{3K-2S}{6K+2K}$

2.1.2 岩体的三维应力状态

(1) 应力张量

三维条件下一点的应力状态可由包含 9 个应力分量的矩阵来定义，如图 2-1 所示。这 9 个应力分量构成一个二阶张量，称为应力张量 σ_{ij}，下标 i 和 j 分别取 1、2 和 3。应力分量可以这种方式由一个方阵表示：

$$\begin{bmatrix} \sigma_{xx} & \sigma_{xy} & \sigma_{xz} \\ \sigma_{yx} & \sigma_{yy} & \sigma_{yz} \\ \sigma_{zx} & \sigma_{zy} & \sigma_{zz} \end{bmatrix} = \begin{bmatrix} \sigma_{11} & \sigma_{12} & \sigma_{13} \\ \sigma_{21} & \sigma_{22} & \sigma_{23} \\ \sigma_{31} & \sigma_{32} & \sigma_{22} \end{bmatrix} = \sigma_{ij} \tag{2-6}$$

式中，$\sigma_{xy}=\sigma_{yx}$，$\sigma_{xz}=\sigma_{zx}$，$\sigma_{zy}=\sigma_{yz}$。

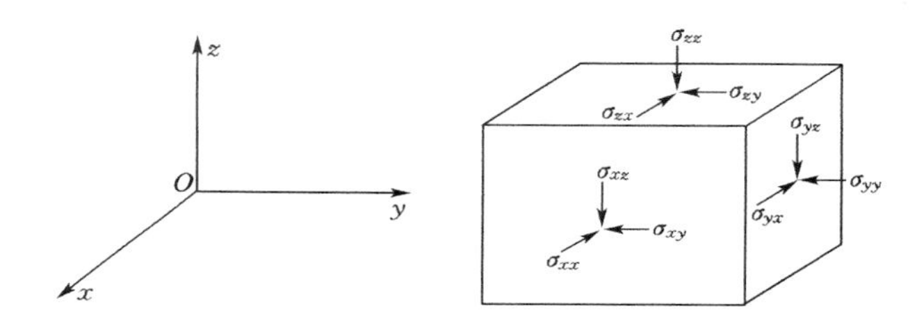

图 2-1 三维单元应力状态

(2) 主应力

三维条件下一点的应力状态可由 3 个主应力来定义，这些主应力由如下一个三次方程与应力张量分量相关联：

$$\sigma^3 - I_1\sigma^2 + I_2\sigma + I_3 = 0 \tag{2-7}$$

式中，I_1，I_2，I_3 分别为第一、第二和第三应力不变量，其定义如下：

$$I_1 = \sigma_{xx} + \sigma_{yy} + \sigma_{zz} \tag{2-8}$$

$$I_2 = \sigma_{xx}\sigma_{yy} + \sigma_{yy}\sigma_{zz} + \sigma_{zz}\sigma_{xx} - \sigma_{xy}^2 - \sigma_{yz}^2 - \sigma_{zx}^2 \tag{2-9}$$

$$I_3 = \sigma_{xx}\sigma_{yy}\sigma_{zz} - \sigma_{xx}\sigma_{yz}^2 - \sigma_{yy}\sigma_{zx}^2 - \sigma_{zz}\sigma_{xy}^2 + 2\sigma_{xy}\sigma_{yz}\sigma_{zx} \tag{2-10}$$

由主应力表示的应力张量具有如下形式：

$$\begin{bmatrix} \sigma_1 & 0 & 0 \\ 0 & \sigma_2 & 0 \\ 0 & 0 & \sigma_3 \end{bmatrix} = \sigma_{ij} \tag{2-11}$$

(3) 平均应力和偏应力

一点的平均应力为三个方向上正应力的平均值：

$$p=\frac{1}{3}(\sigma_{xx}+\sigma_{yy}+\sigma_{zz})=\frac{1}{3}I_1 \tag{2-12}$$

偏应力分量表示为：

$$s_{ij}=\sigma_{ij}-p\delta_{ij} \tag{2-13}$$

式中，δ_{ij} 是克罗内克符号，$i=j$ 时 δ_{ij} 为 1，其余取为 0。

由此可得到偏应力的 3 个不变量为：

$$J_1=s_{kk}=0 \tag{2-14}$$

$$J_2=\frac{1}{2}s_{ij}s_{ij}=\frac{1}{6}[(\sigma_1-\sigma_2)^2-(\sigma_2-\sigma_3)^2-(\sigma_3-\sigma_1)^2] \tag{2-15}$$

$$J_3=\frac{1}{3}s_{ij}s_{jk}s_{ki}=\frac{1}{27}(2I_1^3+9I_1I_2+27I_3) \tag{2-16}$$

物理上，I_1 反映平均应力的影响，J_2 代表剪应力的大小，J_3 则确定了剪应力的方向。

3 个主应力可由应力不变量表示如下：

$$\sigma_1=\frac{1}{3}I_1+\frac{2}{3}\sqrt{J_2}\sin(\theta_L+120°) \tag{2-17}$$

$$\sigma_2=\frac{1}{3}I_2+\frac{2}{3}\sqrt{J_2}\sin\theta_L \tag{2-18}$$

$$\sigma_3=\frac{1}{3}I_1+\frac{2}{3}\sqrt{J_2}\sin(\theta_L-120°) \tag{2-19}$$

θ_L 是洛德角(Lode angle)，洛德参数在一定程度上反映了中间主应力的影响和岩土体的应力状态变化：

$$\theta_L=\tan^{-1}\left[\frac{1}{\sqrt{3}}\left(\frac{2\sigma_3-\sigma_1-\sigma_2}{\sigma_1-\sigma_2}\right)\right] \tag{2-20}$$

2.1.3　岩体最大剪应力及其方向

根据弹性力学可知，岩体空间任一点某一斜面的应力矢量 p，在该斜面的方向余弦为 l_1、l_2、l_3，与主应力轴夹角分别为 α、β、γ，则 p 在主应力坐标轴方向的投影分别为 $p_1=\sigma_1l_1$、$p_2=\sigma_2l_2$、$p_3=\sigma_3l_3$，于是该斜面上的正应力与剪应力的关系为：

$$\sigma^2=p^2-\tau^2=\sigma_1^2l_1^2+\sigma_2^2l_2^2+\sigma_3^2l_3^2-\tau^2 \tag{2-21}$$

$$\sigma = p_1 l_1 + p_2 l_2 + p_3 l_3 = \sigma_1 l_1^2 + \sigma_2 l_2^2 + \sigma_3 l_3^2 \tag{2-22}$$

则

$$\tau = \sqrt{\sigma_1^2 l_1^2 + \sigma_2^2 l_2^2 + \sigma_3^2 l_3^2 - (\sigma_1 l_1^2 + \sigma_2 l_2^2 + \sigma_3 l_3^2)^2} \tag{2-23}$$

$$l_1^2 + l_2^2 + l_3^2 = 1 \tag{2-24}$$

处于与 3 个主应力方向垂直平面内的剪应力分别为：

$$\tau_{23} = \sqrt{\sigma_2^2 l_2^2 + \sigma_3^2 l_3^2 - (\sigma_2 l_2^2 + \sigma_3 l_3^2)^2} \tag{2-25}$$

代入化简得：

$$\tau_{23} = (\sigma_2 - \sigma_3)\sqrt{\frac{1}{4} - \left(\frac{1}{2} - \cos^2\beta\right)^2} = \frac{\sigma_2 - \sigma_3}{2}\sin 2\beta \tag{2-26}$$

同理可得：

$$\tau_{13} = \frac{\sigma_1 - \sigma_3}{2}\sin 2\alpha \tag{2-27}$$

$$\tau_{12} = \frac{\sigma_1 - \sigma_2}{2}\sin 2\gamma \tag{2-28}$$

当最大、最小主应力确定时，剪应力在极坐标的空间分布如图 2-2 所示。

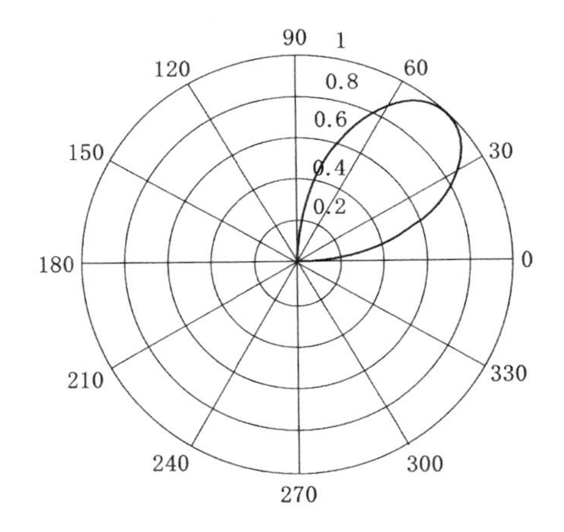

图 2-2　剪应力极坐标分布示意图

当 $\beta = 45°$ 时，最大剪应力为：

$$\tau_{23} = \frac{\sigma_2 - \sigma_3}{2} \tag{2-29}$$

当 $\alpha = 45°$ 时，最大剪应力为：

$$\tau_{13} = \frac{\sigma_1 - \sigma_3}{2} \tag{2-30}$$

当 $\gamma=45°$时,最大剪应力为:

$$\tau_{12}=\frac{\sigma_1-\sigma_2}{2} \tag{2-31}$$

对于 $\sigma_1>\sigma_2>\sigma_3$ 的应力空间而言,最大剪应力平面的法向量与最大、最小主应力呈 45°,与中间主应力相互垂直。围压较大的岩石,破裂常常沿着最大剪应力作用面发生。

2.1.4 莫尔-库仑(Mohr-Coulomb)准则及其内涵

图 2-3 所示为岩石破坏形式,其中,(a)、(b)为脆性断裂破坏;(c)为脆性剪切破坏;(d)为塑性变形破坏;(e)为软弱面剪切破坏。

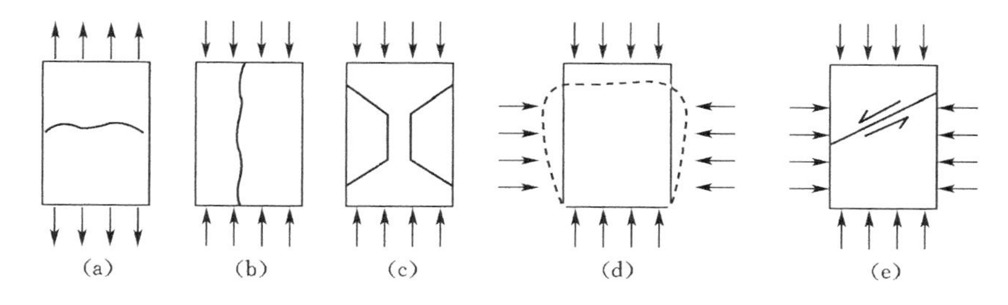

图 2-3 岩石破坏形式

当岩体所受应力超过其强度极限时,岩体将发生破坏,相对应的强度性质有抗压强度、抗拉强度和抗剪强度。岩石破坏形式有:脆性破坏、塑性破坏、弱面剪切破坏。坚硬岩体在一定条件下都表现出脆性破坏的性质。塑性变形是岩石内结晶晶格错位的结果,在一些软弱岩石中这种破坏较为明显,一般在两向或三向受力情况下,岩石在破坏之前的变形较大,具有显著的塑性变形、流动或挤出现象。由于岩层中存在节理、裂隙、层理、软弱夹层等软弱结构面,在荷载作用下,这些软弱结构面上的剪应力大于该面上的强度时,岩体就产生沿着弱面的剪切破坏,从而使整个岩体滑动。

莫尔-库仑强度准则是目前应用最为广泛的强度准则,该理论认为当压力不大时,可用直线型莫尔包络线表达围岩岩体的极限平衡条件。库仑提出的屈服准则由作用于某一平面上的剪应力 τ 和正应力 σ_n 表示,一旦剪应力和正应力满足下面等式就发生屈服:

$$|\tau|=C+\sigma_n\tan\varphi \tag{2-32}$$

式中,C 和 φ 是岩石的黏聚力和内摩擦角。

由于最大剪应力平面位于最大、最小主应力平面内：

$$\tau=\frac{\sigma_1-\sigma_3}{2}\sin 2\theta \tag{2-33}$$

$$\sigma_n=p_1l_1+p_2l_2+p_3l_3=\sigma_1\cos^2\theta+\sigma_3\sin^2\theta=(\sigma_1-\sigma_3)\cos^2\theta+\sigma_3 \tag{2-34}$$

将式(2-33)和式(2-34)代入式(2-32)得：

$$\frac{\sigma_1-\sigma_3}{2}\sin 2\theta=C+[(\sigma_1-\sigma_3)\cos^2\theta+\sigma_3]\tan\varphi$$

简化得：

$$\frac{\sigma_1-\sigma_3}{2}\sqrt{1+\tan^2\varphi}\ \sin(\varphi+2\theta)-C+\frac{\sigma_1-3\sigma_3}{2}\tan\varphi=0 \tag{2-35}$$

当 $\varphi+2\theta=90^\circ$ 时，式(2-35)取最大值，因此破裂角一般发生在 $\theta=45^\circ-\varphi/2$ 时：

$$\frac{\sigma_1-\sigma_3}{2}\sqrt{1+\tan^2\varphi}-C+\frac{\sigma_1-3\sigma_3}{2}\tan\varphi=0$$

简化得：

$$f=\sigma_1-\sigma_3-(\sigma_1+\sigma_3)\sin\varphi-2C\cos\varphi=0 \tag{2-36}$$

$$f=\sigma_1-\sigma_3\ \frac{1+\sin\varphi}{1-\sin\varphi}-\frac{2C\cos\varphi}{1-\sin\varphi}=0 \tag{2-37}$$

设 $\zeta=\frac{1+\sin\varphi}{1+\sin\varphi}$，$\sigma_c=\frac{2C\cos\varphi}{1-\sin\varphi}$，则处于 $\sigma_1-\sigma_3$ 坐标下的岩石强度包络线如图 2-4 所示。

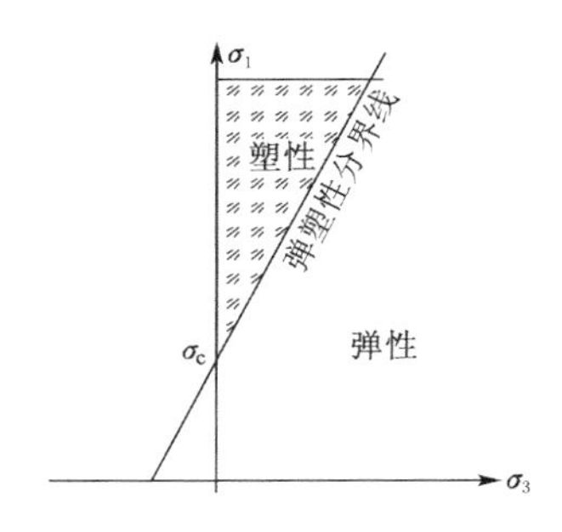

图 2-4　$\sigma_1-\sigma_3$ 表示的莫尔-库仑强度

当内摩擦角 φ 取 35°，黏聚力取 10 MPa，最小主应力取 10～200 MPa 时，主应力极限比值与最小主应力关系如图 2-5 所示。

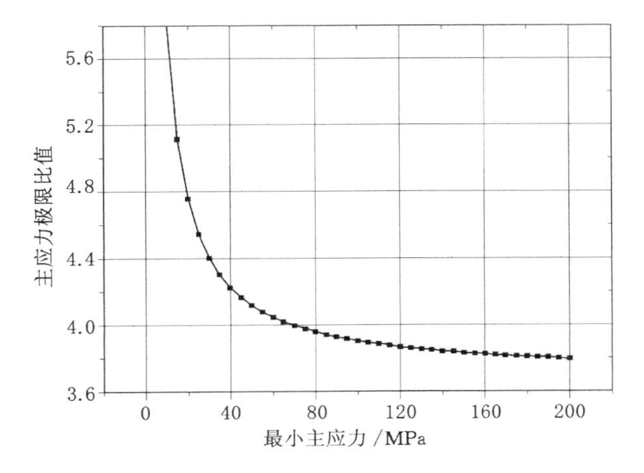

图 2-5 主应力极限比值与最小主应力关系曲线图

当内摩擦角 φ 取 35°,最小主应力取 100 MPa,黏聚力取 0～48 MPa 时,主应力极限比值与黏聚力关系如图 2-6 所示。

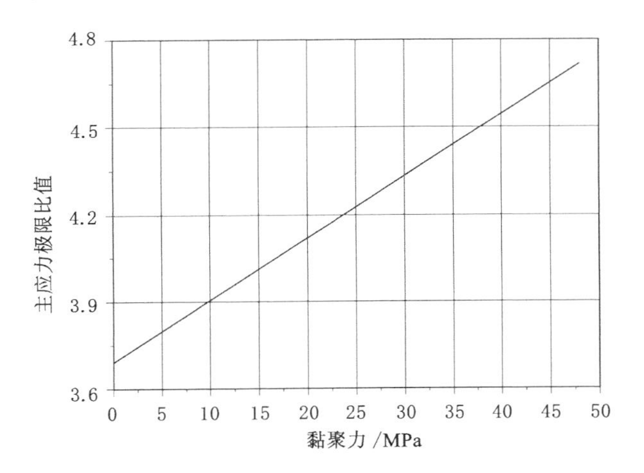

图 2-6 主应力极限比值与黏聚力关系曲线图

当内摩擦角 φ 取 0°～60°,最小主应力取 10～200 MPa,黏聚力取 10 MPa 时,主应力极限比值与内摩擦角关系如图 2-7 所示。

对于深部岩体,塑性破坏主要与最大、最小主应力比值有关。当最大、最小主应力比值超过岩体的强度极限时,岩体进入塑性状态,而最大、最小主应力比值受控于岩体的内摩擦角,其对应关系如图 2-7 所示。由此我们可以得出如下结论:

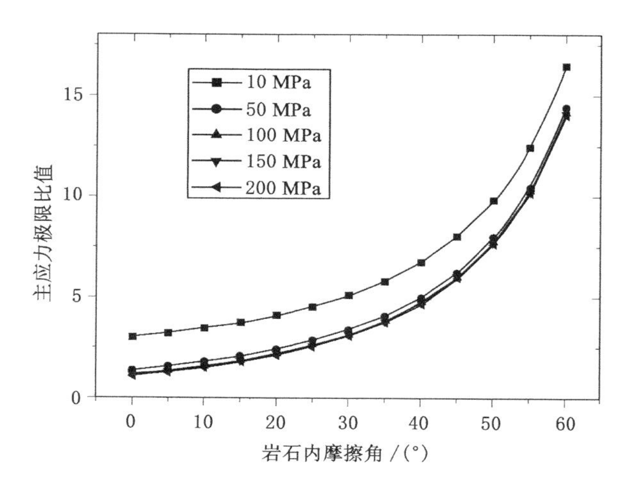

图 2-7 主应力极限比值与内摩擦角关系图

(1) 地壳岩体的最大、最小主应力比值随着最小主应力的增大而逐渐减小并趋近于数值$\frac{1+\sin\varphi}{1-\sin\varphi}$。对于地壳深部岩体而言：$\sigma_1>\sigma_3\gg C$，当最大、最小主应力比值达到极限时，岩体发生破坏。

(2) 地壳岩体的最大、最小主应力比值随着岩体内摩擦角的增大而逐渐增大，包括砂岩、花岗岩在内的大部分岩体的内摩擦角在 20°～60°之间，最小主应力为 200 MPa(按容重 27.5 kN/m^3，约 740 m 深部位置)的岩体的最大、最小主应力比值从 1.1 逐渐增至 14.1。

2.2 基于莫尔-库仑准则下的蝶形塑性区理论及其内涵

2.2.1 蝶形塑性区理论概述

马念杰教授指出，处于高偏应力场中含有孔洞或地质软弱体的岩体将出现以地质软弱体为中心的蝶形破坏区，如图 2-8 所示。蝶形破坏区由 4 个蝶叶组成，分别位于最大主应力和最小主应力的两侧，两两对称分布；两个蝶叶轴线之间的夹角大体为 80°～100°。圆孔周边塑性区计算的力学模型如图 2-9 所示。

理论计算以莫尔-库仑破坏准则为判定条件，推导得出含圆形地质软弱体的蝶形破坏边界的隐性方程为：

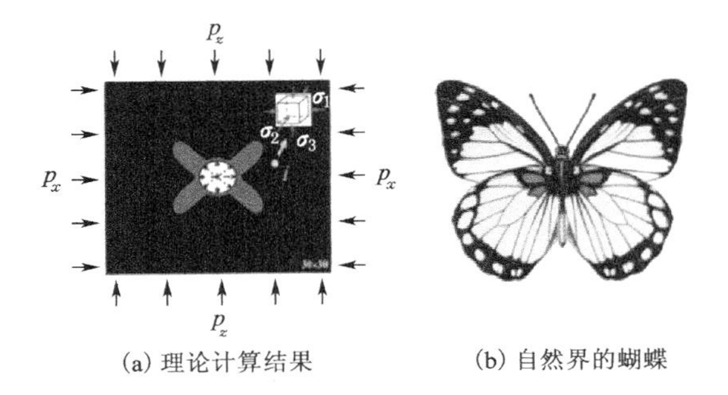

(a) 理论计算结果　　(b) 自然界的蝴蝶

（参数：p_x=1 215 MPa，p_z=270 MPa，a=5 m，C=35 MPa，φ=46°，q=135 MPa）

图 2-8　高偏应力场中圆形孔洞周围的蝶形破坏

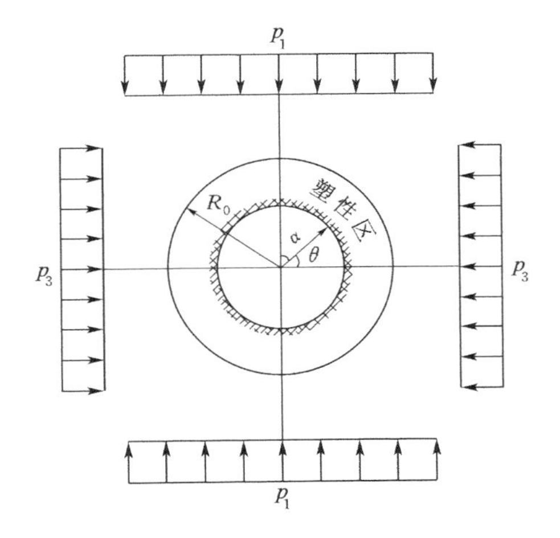

图 2-9　塑性区计算力学模型

$$
\begin{aligned}
&9\left[1-\frac{p_x(t)}{p_z(t)}\right]^2\left(\frac{a}{r}\right)^8+\left\{-6\left[1-\frac{p_x(t)}{p_z(t)}\right]\left\{2\left[1-\frac{p_x(t)}{p_z(t)}\right]-\right.\right.\\
&\left.\left.\left[\frac{2q}{p_z(t)}-1-\frac{p_x(t)}{p_z(t)}\right]\cos 2\theta\right\}\right\}\left(\frac{a}{r}\right)^6+\\
&\left\{\begin{aligned}
&2\left[1-\frac{p_x(t)}{p_z(t)}\right]^2(\cos 4\theta+2\cos^2 2\theta\cos^2\varphi)+\\
&\left[1+\frac{p_x(t)}{p_z(t)}\right]\left\{1+\frac{p_x(t)}{p_z(t)}+4\left[1-\frac{p_x(t)}{p_z(t)}\right]\cos 2\theta-\frac{4q}{p_z(t)}\right\}+\\
&\left\{\frac{2q}{p_z(t)}-2\left[1-\frac{p_x(t)}{p_z(t)}\right]\cos 2\theta\right\}^2
\end{aligned}\right\}\left(\frac{a}{r}\right)^4+
\end{aligned}
$$

$$\left\{\begin{array}{l}4\left[1-\dfrac{p_x(t)}{p_z(t)}\right]\left[1+\dfrac{p_x(t)}{p_z(t)}+\dfrac{2C\cot\varphi}{p_z(t)}\right]\sin^2\varphi\cos 2\theta- \\ 4\left[1-\dfrac{p_x(t)}{p_z(t)}\right]^2\cos 4\theta- \\ 2\left[1-\dfrac{p_x(t)}{p_z(t)}\right]\left[\dfrac{2q}{p_z(t)}-1-\dfrac{p_x(t)}{p_z(t)}\right]\cos 2\theta\end{array}\right\}\left(\frac{a}{r}\right)^2+ \tag{2-38}$$

$$\left\{\left[1-\frac{p_x(t)}{p_z(t)}\right]^2-\sin^2\varphi\left[1+\frac{p_x(t)}{p_z(t)}+\frac{2C\cos\varphi}{p_z(t)\sin\varphi}\right]^2\right\}=0$$

式中，a 为规则圆形地质软弱体的半径；$p_x(t)$、$p_z(t)$ 分别为地质软弱体围岩所受区域水平主应力和垂直主应力，是时间 t 的函数；C、φ 分别为地质软弱体周围岩体的黏聚力和内摩擦角；q 为地质软弱体的反作用力；r、θ 为极坐标下的塑性破坏区边界半径和角度，$\theta\in[0,\pi]$。因此，蝶形破坏边界的最大半径为：

$$R_{\max}=a\cdot f(p_1,p_3,C,\varphi,\theta_{\max}) \tag{2-39}$$

由式(2-39)可知，$R_{\max}$ 的影响因素为：a—巷道半径（或重力异常体、地质变异体外接圆半径）；p_1、p_3—区域静态应力场最大主应力、最小主应力；C、φ—煤岩介质的黏聚力、内摩擦角。

此时圆形巷道周边存在圆形、椭圆形和蝶形三种形态，如图 2-10 所示。其判别准则为：$k\to\infty$—圆形，$k\geqslant1$—椭圆形，$k<1$—蝶形。其中：

$$k=m_1/(2m_2)$$

$$m_1=[12(1-\eta)^2-4(1-\eta)^2\sin^2\varphi]\left(\frac{a}{r}\right)^4-8(1-\eta)^2\left(\frac{a}{r}\right)^2$$

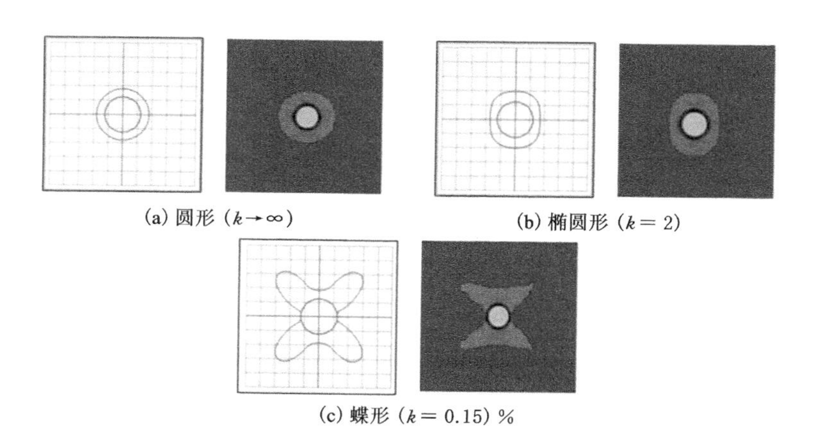
(a) 圆形 ($k\to\infty$)　(b) 椭圆形 ($k=2$)
(c) 蝶形 ($k=0.15$) %

图 2-10　不同 k 值下圆孔周边塑性区形态理论计算与数值模拟图

$$m_2=6(1-\eta^2)\left(\frac{a}{r}\right)^6-4(1-\eta^2)\left(\frac{a}{r}\right)^4+$$
$$\left[2(1-\eta^2)-4(1-\eta^2)\sin^2\varphi-\frac{4C(1-\eta)\sin 2\varphi}{p_3}\right]\left(\frac{a}{r}\right)^2$$

2.2.2　蝶形塑性区分布的几何特征

(1) 蝶形塑性区形态特性——无限扩展性

由图 2-11 所示蝶形塑性区的 R_{max}-p_1 之间关系可知，当 p_1 逐渐增大且 $p_1/p_3=3$ 时，R_{max}与 p_1 呈正指数增长关系；R_{max}存在无穷大的现象。其中，p_1 为最大主应力，p_3 为最小主应力，R_{max}为最大塑性区半径。

这种塑性区半径突然增大的现象称为蝶形塑性区的突变特性，在相近的数值模拟中也呈现相似的结果，如图 2-12 所示。

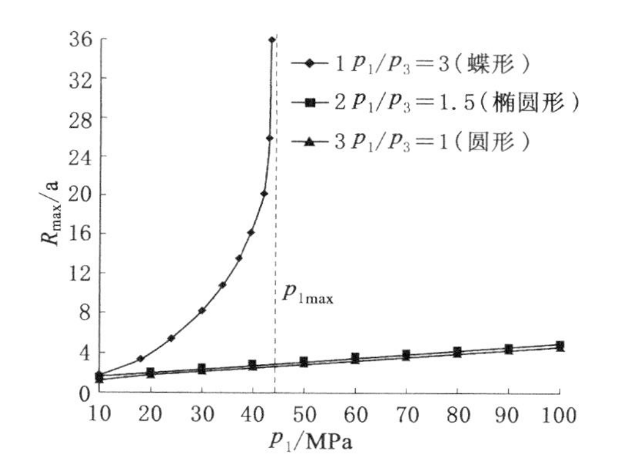

图 2-11　蝶形塑性半径的突变

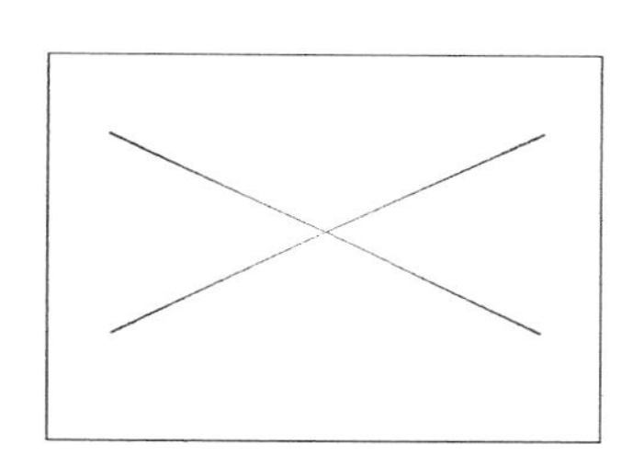

图 2-12　地质软弱体周围破坏区的“X”形状

(2) 蝶形塑性区形态特性——方向性

由图 2-13 和图 2-14 可知，蝶形破坏区由 4 个蝶叶组成，分别位于最大主

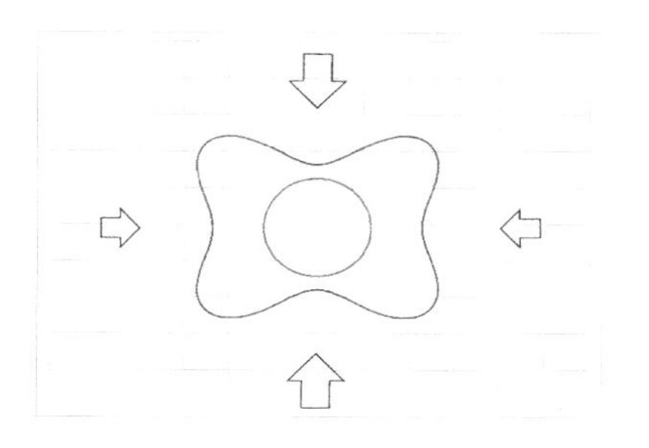

图 2-13　蝶叶形状与主应力方向的关系图

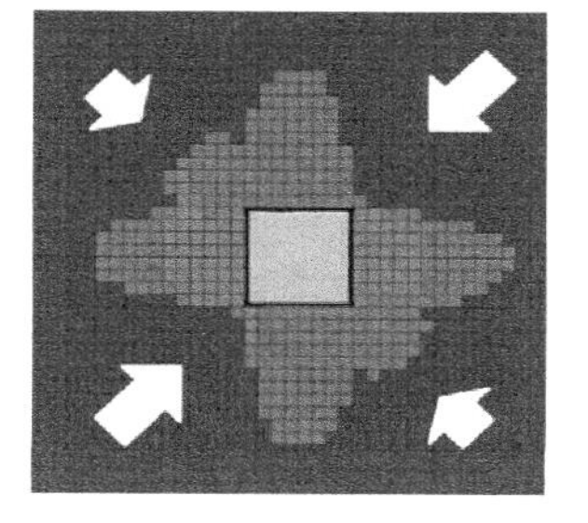

图 2-14　主应力方向对蝶叶方向的控制模拟

应力和最小主应力的两侧，两两对称分布；两个蝶叶轴线之间的夹角大体为80°～100°，蝶叶随着最大主应力方向变化而发生旋转；蝶叶在两主应力的角平分线上。

2.3 不同屈服准则下的蝶形塑性分布

2.3.1 圆形孔洞周边围岩应力分布

力学分析基于如下假设和条件开展研究：① 圆形孔洞围岩为均匀弹性介质，各向同性且无蠕变性或黏性行为；② 距中心无限远处的岩体视为处于三向非等压状态。其结果虽然不是原问题的精确解，但可使我们认识和发现更多的科学规律。如图 2-15 所示，根据弹性力学带有圆孔口的无限大板问题，假设侧压系数为 λ，垂向应力为 p_z，在双向不等压应力场条件下，在极坐标下分析岩体某一点 A 的应力状态，σ_r、σ_θ、$\tau_{r\theta}$分别是点 A 的径向应力、切向应力和剪应力，θ 为点 A 的极坐标角度；r_a 为圆孔半径，r 为点 A 与圆心 O 的距离，其计算公式为：

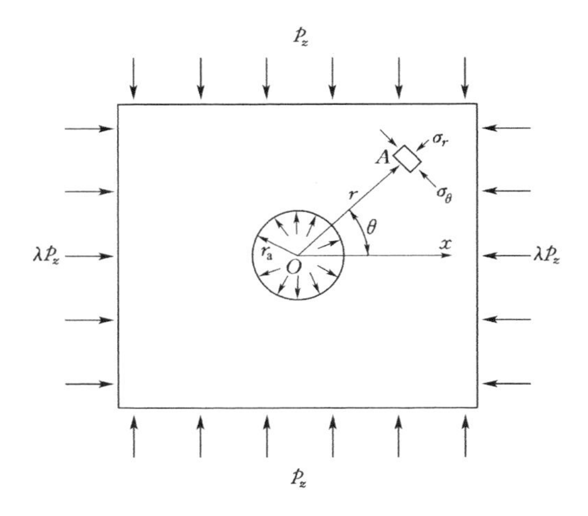

图 2-15 圆形巷道周边受力分析图

$$\sigma_r=\frac{p_z}{2}\left[(1+\lambda)\left(1-\frac{r_a^2}{r^2}\right)-(1-\lambda)\left(1-4\frac{r_a^2}{r^2}+3\frac{r_a^4}{r^4}\right)\cos 2\theta\right] \tag{2-39}$$

$$\sigma_\theta=\frac{p_z}{2}\left[(1+\lambda)\left(1+\frac{r_a^2}{r^2}\right)+(1-\lambda)\left(1+3\frac{r_a^4}{r^4}\right)\cos 2\theta\right] \tag{2-40}$$

$$\tau_{r\theta}=-\frac{p_z}{2}(1-\lambda)\left(1+2\frac{r_a^2}{r^2}-3\frac{r_a^4}{r^4}\right)\sin 2\theta \tag{2-41}$$

用极坐标表示的圆形巷道围岩中任一点的主应力为：

$$\begin{cases}\sigma_1=\dfrac{\sigma_r+\sigma_\theta}{2}+\dfrac{1}{2}\sqrt{(\sigma_r-\sigma_\theta)^2+4\tau_{r\theta}^2}\\ \sigma_3=\dfrac{\sigma_r+\sigma_\theta}{2}-\dfrac{1}{2}\sqrt{(\sigma_r-\sigma_\theta)^2+4\tau_{r\theta}^2}\end{cases} \tag{2-42}$$

式中，σ_1、σ_3 分别为图 2-15 中任一点的最大、最小主应力。假设岩体任一点中间主应力服从于如下关系：

$$\sigma_2=\mu(\sigma_1+\sigma_3) \tag{2-43}$$

式中，σ_2 为弹性状态下单元体的中间主应力，MPa；μ 为泊松比。

2.3.2 各类屈服准则下的塑性区形态

偏应力控制着岩体的变形与破坏，研究地下工程岩体偏应力的变化规律，对地下工程、采场围岩控制有着重要的理论意义。早在 1864 年，Tresca 认为当剪应力达到一定值时发生屈服，Tresca 准则的函数存在角点，具有数学上不便问题。1913 年，Von Mises 认为当岩体的偏应力第二不变量达到某一临界值时发生屈服。1952 年，Drucker 和 Prager 针对具有摩擦特性的岩土提出改进形式。在主应力空间，Drucker-Prager 屈服面是一个圆锥体，而 Von Mises 屈服面是一个无限长的圆柱体。1975 年，Lade 和 Duncan 与 Matsuoka 和 Nakai 提出的屈服面也常用于岩土工程分析中。Lade 和 Duncan提出的屈服准则可由第一和第三不变量表示；Matsuoka 和 Nakai 提出的屈服准则可由 3 个不变量表示，该准则采用光滑屈服面而克服了角点问题，具有更大的优越性。Hoek 和 Brown 提出的非线性准则可用于描述岩体屈服和破坏行为。目前最常用的准则有 Coulomb 准则、Mohr 准则和 Grffith准则，这些理论至今对岩石力学都有举足轻重的作用，是目前研究岩石破坏的理论基础。

(1) 二维应力状态下的莫尔-库仑准则(Mohr2)

莫尔-库仑强度准则是目前应用最为广泛的强度准则，该准则认为当压力不大时，可用直线型莫尔包络线来表达围岩岩体的极限平衡条件。库仑提出的屈服准则由作用于某一平截面上的剪应力 τ 和正应力 σ_n 表示，一旦剪应力和正应力满足破坏准则就发生屈服。用最大、最小主应力表示的莫尔-库仑屈服函数为：

$$f_1=\sigma_1-\sigma_3-(\sigma_1+\sigma_3)\sin\varphi-2C\cos\varphi \tag{2-44}$$

① 当 $f_1>0$ 时，岩体处于塑性状态；

② 当 $f_1<0$ 时，岩体处于弹性状态；

③ 当 $f_1=0$ 时，岩体处于弹塑性临界状态。

对某一工程岩体的岩石力学参数和地应力条件进行赋值，设 $p_z=20$ MPa，$C=3$ MPa，$\varphi=25°$，$\mu=0.5$，$r_a=2$ m，$p_s=5$ MPa，采用 Matlab 软件计算处理，可以获得 λ 在 1.0～2.65 之间变化时的塑性区分布形态，如图 2-16 所示。当其他参数确定而侧压系数逐渐增大时，塑性形态呈“圆形-椭圆形-蝶形”变化，蝶叶倾角约 56°。

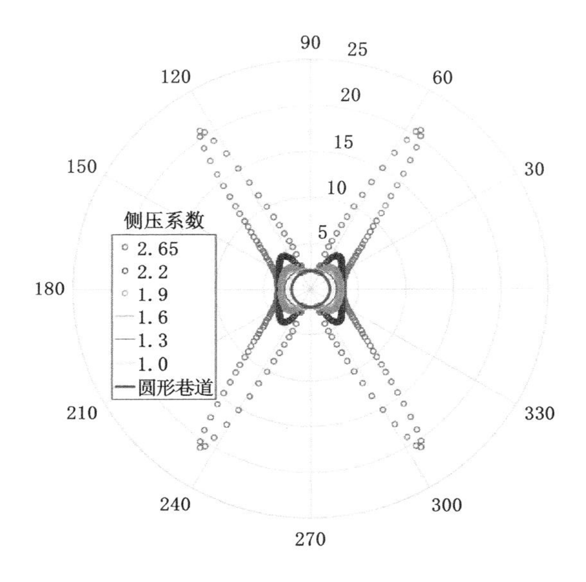

图 2-16　Mohr2 准则下的塑性区分布图

(2) 三维应力状态下的莫尔-库仑准则(Mohr3)

用第一主应力不变量、第二偏应力不变量和洛德角表示，可以得到三维应力状态下的莫尔-库仑屈服函数：

$$f=\frac{I_1}{3}\sin\varphi+C\cos\varphi-\sqrt{J_2}\left(\frac{1}{\sqrt{3}}\sin\theta_L\sin\varphi+\cos\theta_L\right)\tag{2-45}$$

式(2-45)中包含 J_2、I_1 和 θ_L 3 个不变量，其数值仅与 3 个主应力值有关，此时莫尔-库仑屈服准则考虑了三维应力状态，表述了在任何可能的应力组合状态下达到弹性极限开始变为塑性状态。其中：

$$\theta_L=\tan^{-1}\left(\frac{1}{\sqrt{3}}\frac{2\sigma_3-\sigma_1-\sigma_2}{\sigma_1-\sigma_2}\right)\tag{2-46}$$

$$I_1=(\sigma_1+\sigma_2+\sigma_3)=(1+\mu)(\sigma_1+\sigma_3) \tag{2-47}$$

$$J_2=\frac{1}{6}[(\sigma_1-\sigma_2)^2+(\sigma_2-\sigma_3)^2+(\sigma_3-\sigma_1)^2] \tag{2-48}$$

将 J_2、I_1、θ_L 等参数代入式(2-45)可以得到包含有 9 个参数的隐性方程：

$$f_2=f(p_z,\lambda,C,\varphi,\mu,r_a,r,\theta,p_s) \tag{2-49}$$

① 当 $f_2>0$ 时，岩体处于塑性状态；

② 当 $f_2<0$ 时，岩体处于弹性状态；

③ 当 $f_2=0$ 时，岩体处于弹塑性临界状态。

将同样的参数代入式(2-49)，μ 取 0.5，可以得到如图 2-17 所示的塑性区分布形态。与图 2-16 相比，二者结果基本相同，表明在 Mohr 准则下，中间主应力对塑性区的发展影响甚微。

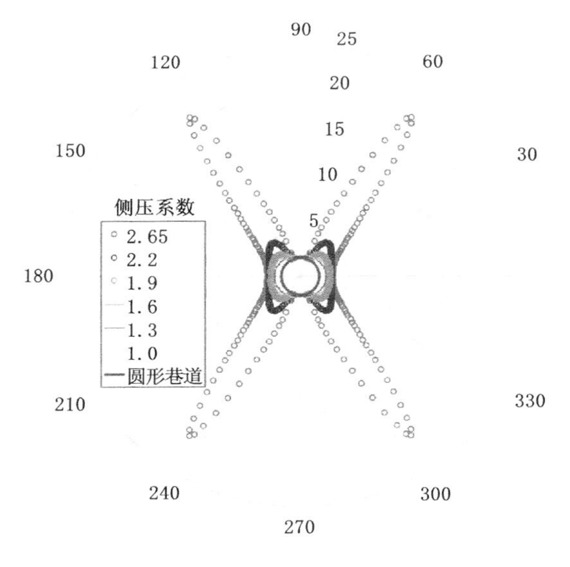

图 2-17　Mohr3 准则下的塑性区分布图

(3) Von Mises(V M)准则

Von Mises 认为，当偏应力第二不变量达到某一临界值时发生屈服，而 Von Mises 屈服面是一个无限长的圆柱体，可以表示为：

$$f_3=\sqrt{J_2}-k \tag{2-50}$$

式中，$k=\frac{2}{\sqrt{3}}S_u$，S_u 为岩体抗剪强度，取 $S_u=14$ MPa。实际上，该准则主要考虑弹性畸变能达到临界时发生屈服。

① 当 $f_3>0$ 时，岩体处于塑性状态；

② 当 $f_3<0$ 时，岩体处于弹性状态；

③ 当 $f_3=0$ 时，岩体处于弹塑性临界状态。

将同样的参数代入式(2-50)，可以得到如图 2-18 所示的塑性区分布形态。由图 2-18 可知，当侧压系数逐渐增大时，塑性形态同样呈“圆形-椭圆形-蝶形”变化。但在同样的侧压系数时，该准则下的塑性区半径要大于莫尔-库仑准则，蝶叶倾角接近于 38°。

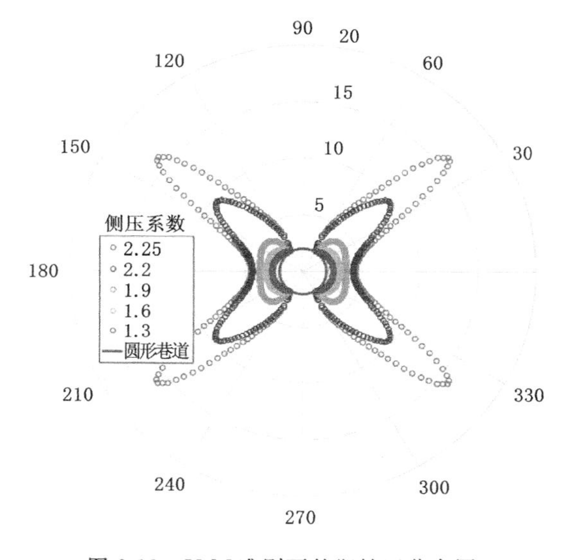

图 2-18　V M 准则下的塑性区分布图

(4) Tresca 准则

经过力学实验后，Tresca 推断，当最大剪应力达到临界值时发生屈服。但 Tresca 准则的函数存在角点，具有数学上不便问题。其屈服准则为：

$$f_4=\sigma_1-\sigma_3-2S_u \tag{2-51}$$

① 当 $f_4>0$ 时，岩体处于塑性状态；

② 当 $f_4<0$ 时，岩体处于弹性状态；

③ 当 $f_4=0$ 时，岩体处于弹塑性临界状态。

计算结果如图 2-19 所示，Tresca 准则下的塑性区分布形态和半径与 V M 准则基本相近，塑性形态同样呈“圆形-椭圆形-蝶形”变化，蝶叶倾角呈 45°。

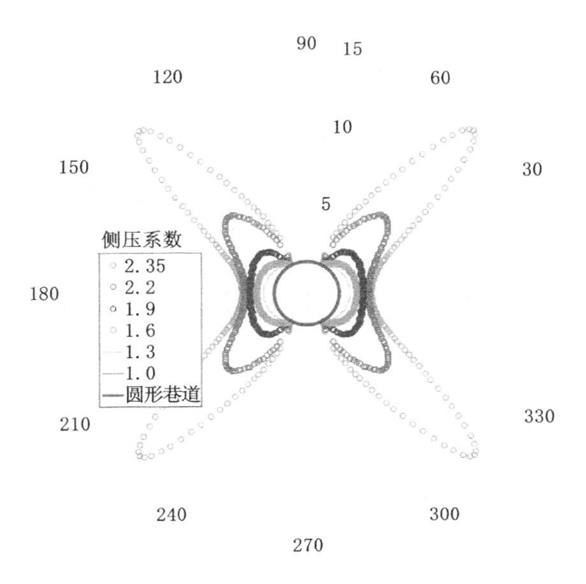

图 2-19 Tresca 准则下的塑性区分布图

(5) Drucker-Prager(D-P)准则

对于摩擦材料而言，Drucker 和 Prager 针对具有摩擦特性的岩土提出改进形式，在主应力空间，Drucker-Prager 屈服面是一个圆锥体，可以表示为：

$$f_5=\sqrt{J_2}-a_1I_1-k_1 \tag{2-52}$$

式中，$a_1=\dfrac{2\sin\varphi}{\sqrt{3}(3-\sin\varphi)}$，$k_1=\dfrac{6C\cos\varphi}{\sqrt{3}(3-\sin\varphi)}$。该准则在岩土工程分析中应用较广。

① 当 $f_5>0$ 时，岩体处于塑性状态；

② 当 $f_5<0$ 时，岩体处于弹性状态；

③ 当 $f_5=0$ 时，岩体处于弹塑性临界状态。

由图 2-20 可以看出，D-P 准则下的塑性形态同样呈“圆形-椭圆形-蝶形”变化，但蝶叶半径相对较小，$\lambda=2.5$ 时为 8 m 左右，蝶叶倾角相对较大，大致为 54°左右。

(6) Lade-Duncan(L-D)准则

Lade 和 Duncan 提出可由第一和第三应力不变量描述屈服准则：

$$f_6=\frac{I_1^3}{I_3}-k_2 \tag{2-53}$$

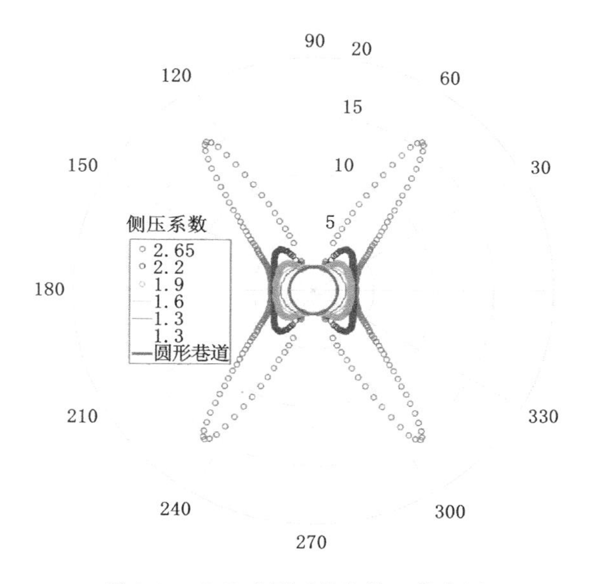

图 2-20　D-P 准则下的塑性区分布图

式中，k_2 为一与岩体密度相关的物理量，取 $k_2=42$。

① 当 $f_6>0$ 时，岩体处于塑性状态；

② 当 $f_6<0$ 时，岩体处于弹性状态；

③ 当 $f_6=0$ 时，岩体处于弹塑性临界状态。

由图 2-21 可以看出，L-D 准则下的塑性形态同样呈“圆形-椭圆形-蝶形”变化，但蝶叶半径相对较小，$\lambda=2.5$ 时为 7 m 左右，蝶叶倾角相对较大，大致为 57°左右。

（7）Matsuoka-Nakai（M-N）准则

Matsuoka 和 Nakai 提出的屈服准则可由 3 个应力不变量表示，该准则采用光滑屈服面而克服了角点问题，具有更大的优越性：

$$f_7=\frac{I_1 \cdot I_2}{I_3}-(9+8\tan^2\varphi) \tag{2-54}$$

① 当 $f_7>0$ 时，岩体处于塑性状态；

② 当 $f_7<0$ 时，岩体处于弹性状态；

③ 当 $f_7=0$ 时，岩体处于弹塑性临界状态。

计算结果如图 2-22 所示，M-N 准则下的塑性形态同样呈“圆形-椭圆形-蝶形”变化，但蝶叶半径发展较快，当 $\lambda=2.3$ 时，蝶叶半径扩至 13 m 左右，蝶叶倾角相对较大，大致为 57°左右。

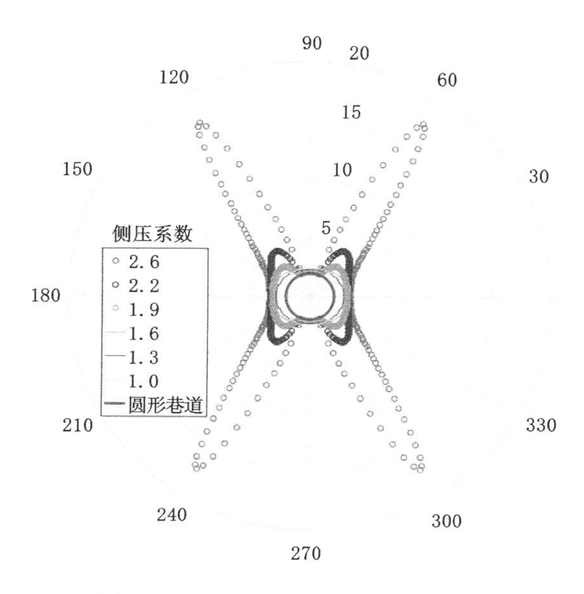

图 2-21 L-D 准则下的塑性区分布图

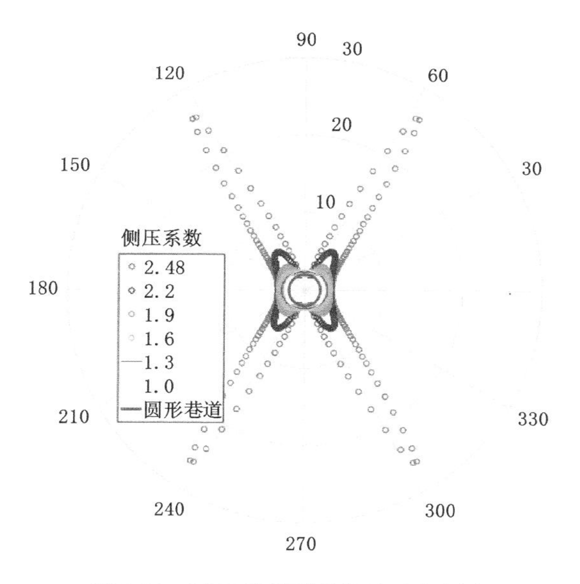

图 2-22 M-N 准则下的塑性区分布图

(8) Hoek-Brown(H-B)准则

Hoek 和 Brown 提出的用于描述岩体屈服和破坏行为的经验非线性准则，该强度准则是在大量的实验室实验、现场测试、理论研究及实践检验的基础上提出的，是目前应用最为广泛的强度准则之一，其形式为：

$$f_8=\sigma_1-\sigma_3-\sigma_c(m_b\cdot\sigma_3/\sigma_c+s)^a \tag{2-55}$$

其中：

$$m_b=m_i\exp\left(\frac{GSI-100}{28-14D}\right)$$

$$s=\exp\left(\frac{GSI-100}{9-3D}\right)$$

$$a=\frac{1}{2}+\frac{1}{6}(e^{-GSI/15}-e^{-20/3})$$

式中，σ_c 为岩体单轴抗压强度；m_i 为组成岩体完整岩块的 Hoek-Brown 常数；GSI 为地质强度指标，表征岩体破碎程度及岩块镶嵌结构；D 为岩体扰动系数；m_b、s、a 为基于 m_i、GSI、D 的估算值。

① 当 $f_8>0$ 时，岩体处于塑性状态；

② 当 $f_8<0$ 时，岩体处于弹性状态；

③ 当 $f_8=0$ 时，岩体处于弹塑性临界状态。

设 σ_c 为 30 MPa，m_b 为 10，s 为 0.5，a 为 0.5，代入式(2-55)得到图 2-23 所示的塑性区分布形态。H-B 准则下的塑性形态同样呈“圆形-椭圆形-蝶形”变化，但蝶叶半径发展较慢，当 $\lambda=4.0$ 时，蝶叶半径扩至 12 m 左右，蝶叶倾角为 58°左右。

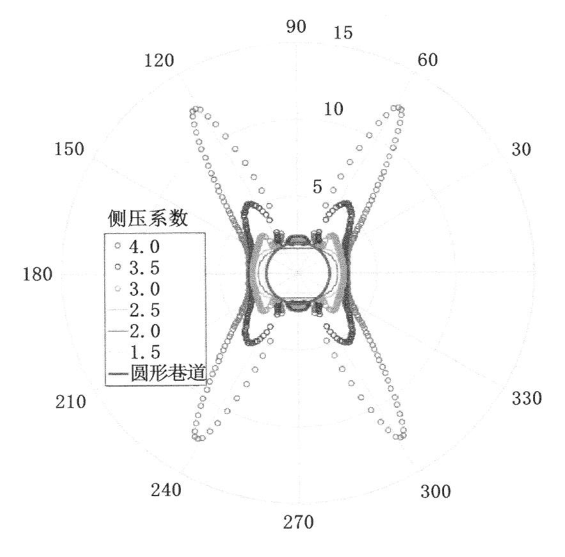

图 2-23　H-B 准则下的塑性区分布图

2.3.3 塑性区分布的方向特性和指数关系

在弹塑性力学的基础上，基于莫尔-库仑破坏准则，推导了考虑中间主应力作用的 $\sigma_x-\sigma_z$ 平面内岩体塑形破坏规律。

（1）采用不同准则计算获得的蝶叶角度略有差异。蝶叶主要分布在 38°～58°之间，但从出现蝶叶到蝶叶无限扩展的过程中，蝶叶的倾斜方向保持不变。计算不同屈服准则下的塑性区随侧压系数的增大均呈“圆形-椭圆形-蝶形”的变化规律。以莫尔-库仑准则为例，计算侧压系数从 0.28 增至 1 时，塑性区形态呈现“蝶形-椭圆形-圆形”的变化规律，蝶叶的倾角为 34°左右，如图 2-24 所示。

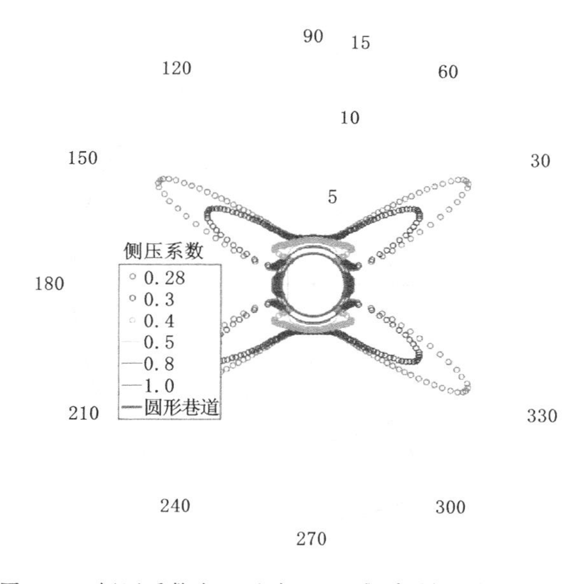

图 2-24 侧压系数小于 1 时 Mohr 准则下的塑性区分布图

综上所述，不论采用何种屈服准则计算，在高偏应力环境中的圆形巷道周边必然会出现蝶形塑性区。因此，蝶形塑性区在自然界是广泛存在的现象，如岩体裂隙的共轭分布等，都可以用力学的基本理论解释蝶形塑性区发展的一般规律，具有普适性。

（2）塑性区的发育半径与侧压系数大致呈指数关系。当侧压系数达到某临界值时，微小的应力增量均会引起塑性区的急速扩展，但各类准则出现临界状态的位置有所不同。如图 2-25 所示，当侧压系数达到 2.3 时，V M 准则下的塑性区半径达到 30 m 以上，即无穷大；当侧压系数达到 2.35 时，Tresca 准则和 M-N 准则下的塑性区半径为无穷大；当侧压系数达到 2.65 时，L-D 准则下的塑性区半径为无穷大；当侧压系数达到 2.7 时，Mohr2 准则、Mohr3 准则和 D-P 准则下的塑性区半径为无穷大；当侧压系数达到 4.2 时，H-B 准则下的塑性区半径为无穷大。

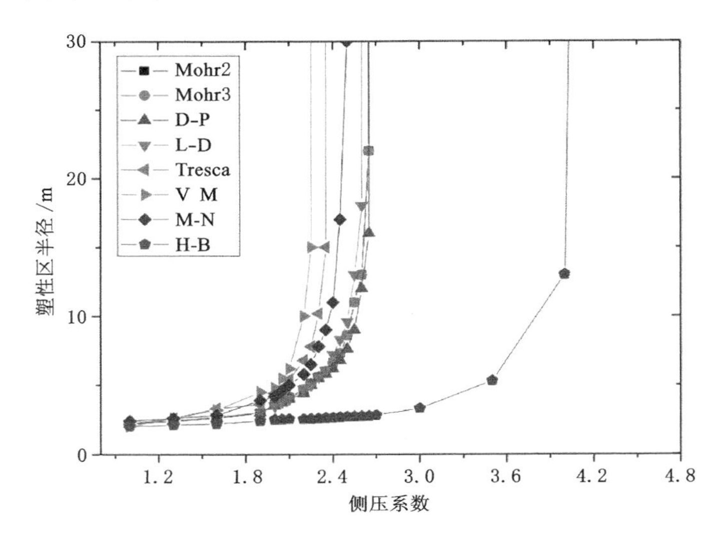

图 2-25　不同侧压系数下的塑性区半径分布曲线图

根据计算结果，很容易得出 8 个屈服准则下的回归方程：

Mohr2：$r_{max}=2.3292e^{0.0058\lambda^6}$，$R^2=0.9822$；

Mohr3：$r_{max}=2.3292e^{0.0058\lambda^6}$，$R^2=0.9822$；

D-P：$r_{max}=2.3968e^{0.0052\lambda^6}$，$R^2=0.9864$；

L-D：$r_{max}=2.2828e^{0.0052\lambda^6}$，$R^2=0.9911$；

Tresca：$r_{max}=2.2367e^{0.01\lambda^6}$，$R^2=0.9751$；

V M：$r_{max}=2.2238e^{0.0135\lambda^6}$，$R^2=0.9666$；

M-N：$r_{max}=2.3101e^{0.009\lambda^6}$，$R^2=0.9638$；

H-B：$r_{max}=2.3599e^{0.0004\lambda^6}$，$R^2=0.9811$。

R^2 值均大于 0.96，表明侧压系数和塑性区半径具有较好的拟合度。

2.4　断层形成力学条件的提出

自然界中正断层、逆断层和走滑断层均是在一定的力学条件下产生的。当岩体处于高偏应力场中时，岩体可发生蝶形塑性区破坏，当塑性区与地表贯通或相对滑移时,断层形成。下面就三类断层形成的力学机理进行分析。

2.4.1 逆断层形成力学条件

处于板块挤压区域或板块内部的压缩区域,各岩层的水平应力高于垂直应力,在高偏应力作用下,岩体内部的塑性区具有一定的方向性,则岩体可能出现以下三种情况:

(1) 当岩体相对均匀,且 $\sigma_H > \sigma_V$ 时,在板块挤压作用下,岩体满足破断准则,形成如图 2-26(a)所示的破断面,上盘上升下盘下降,断层形成。

(2) 当 $\sigma_H > \sigma_V$ 时,在板块挤压作用下,在地壳岩体深部首先出现局部的塑性区,该塑性区作为地质软弱体,其位置处的地应力满足蝶形塑性区扩展条件,形成不对称共轭断层,一条断层贯通地表,而另一条断层尚未贯通,如图 2-26(b)所示。

(3) 当 $\sigma_H > \sigma_V$,且地壳岩体存在孔洞或地质软弱体时,塑性区将优先从该位置开始扩展,并形成蝶形或"X"形共轭断层,如图 2-26(c)所示。

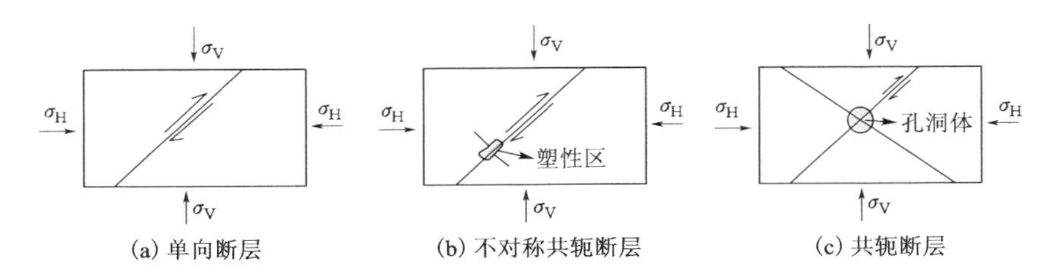

(a) 单向断层　(b) 不对称共轭断层　(c) 共轭断层

图 2-26　逆断层形成示意图

根据 Anderson 定理和蝶形塑性区理论,断层面或塑性区蝶叶方向与最大主应力方向要小于 45°。比如,在龙门山断裂带深部倾角小于 45°,表明该区域的逆断层可能是在这种力学条件下形成的。相对而言,岩层深部存在地质软弱体时,该位置处更容易出现蝶形塑性区,即所形成的断层更可能呈"X"形分布。

2.4.2 正断层形成力学条件

当岩体处于垂直应力大于水平应力环境时,如在板块扩张区域,其水平应力可能持续减小,当其应力条件满足破断条件时,岩体发生破坏。此时的应力环境为 $\sigma_V > \sigma_H > \sigma_h$,当水平应力减小至主应力极限比值时,仍可形成如图 2-27 所示的蝶形塑性区,当塑性区贯通或相对滑动时,断层形成。一般而言,塑性区的蝶叶与最大主应力的夹角相对较小，因此正断层的倾角一般要大于逆断层的倾角。

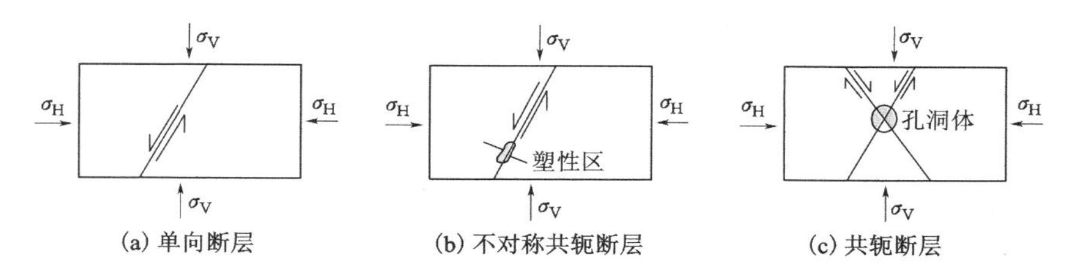

图 2-27　正断层形成示意图

2.4.3　走滑断层形成力学条件

当某深度岩层的应力环境为 $\sigma_H > \sigma_V > \sigma_h$，主应力极限比值满足蝶形塑性区扩展条件，或地壳岩体存在垂向地质软弱体，如孔洞、陷落柱等时，地壳岩体可形成如图 2-28 所示的走滑断层。走滑断层的交汇处可能存在地质软弱体，如陷落柱、岩浆对流通道等。

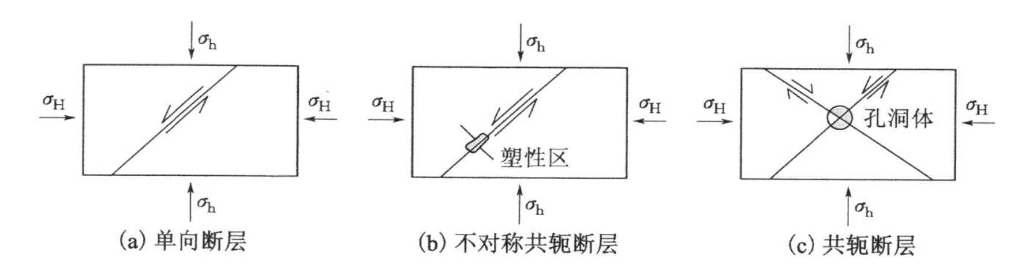

图 2-28　走滑断层形成示意图

2.4.4　断层滑移机制分析

如图 2-29 所示，处于平衡状态的断层，受到水平应力增量 $\Delta\sigma_x$ 作用时，当 $\Delta\sigma_x$ 足以打破原有的平衡状态，即 $\Delta\sigma_x$ 大于库仑应力时，断层可发生滑动。

(1) $\Delta\sigma_x$ 与水平主应力方向一致时，断层岩体水平应力增大，呈挤压趋势，上盘上升而下盘下降，断层向逆断层方向发育。

(2) $\Delta\sigma_x$ 与水平主应力方向相反时，断层岩体水平应力减小，呈拉升趋势，上盘下降而下盘上升，断层向正断层方向发育。

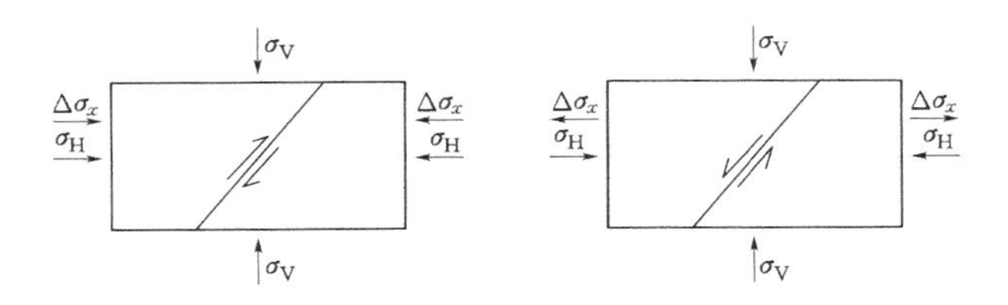

图 2-29 应力变量对断层滑动方向的触动作用

因此，当断层破裂形成后，在以后的水平应力变量作用下，断层仍可能呈正断层方向或逆断层方向发育，这也是同一断层既有正断层型地震又有逆断层型地震发生的原因。

（1）逆断层主要因水平挤压作用所致；正断层是因垂直应力较大而水平应力较小所致；走滑断层则是因垂直应力介于最大水平主应力和最小水平主应力之间，且在竖直方向上存在软弱体所致。

（2）在板块运动作用下，不同类型的地质软弱体甚至均质体岩层均会产生具有一定方向的塑性区，相对而言，孔洞体或地质软弱体产生蝶形塑性区所需要的应力更小、板块运动作用时间更短，地质软弱体周边更易形成塑性区优势扩展面。

（3）塑性区形成之前，水平应力随着板块的挤压而逐渐增大；当塑性区形成后，其周围岩体的水平应力仅在较小的范围内波动，不同深度的侧压系数大致与三向应力状态下的莫尔-库仑屈服函数吻合。

2.5 三种典型断层的形成过程模拟

基于高偏应力环境中塑性区扩展的方向性、共轭性和无限扩展性，下面通过数值模拟呈现三维应力状态下塑性区的分布特征，以探索断层形成的力学机制。根据断层两盘相对运动的性质和力学背景，断层可分为正断层、逆断层和走滑断层。上盘相对下降、下盘相对上升的断层为正断层；上盘相对上升、下盘相对下降的断层为逆断层；断层两盘沿着断层面在水平方向上发生相对位移并以走向错距为主的断层为走滑断层。

2.5.1 三维数值模型建立

在一定的应力环境中，孔洞或地质软弱体周边可形成蝶形或“X”形的塑性区，在一个二维模型中难以直观的表达三类断层的几何特征，因此该部分设计为三维模型，以研究不同应力状态对断层形成的影响。设计数值模型的尺寸为长×高×厚度=1 000 m×1 000 m×1 000 m，岩体设为均质体，密度为2 738 kg/m³，体积模量为51.9 GPa，剪切模量为28.0 GPa，抗拉强度为8.0 MPa，黏聚力为15.2 MPa，内摩擦角为28°。采用莫尔-库仑准则，初始状态参照重力加载参数设为近似等压状态，垂直方向采用重力加载，下部边界垂直位移约束。建立模型如图2-30所示。

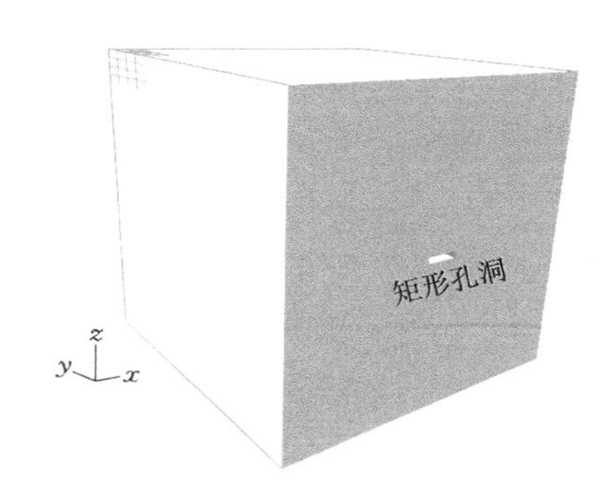

图2-30　数值计算模型图

为研究孔洞体几何特征以及加载方式对断层形成的影响，设计如下模拟方案：

方案1：矩形($x\times y\times z$=100 m×1 000 m×20 m)孔洞体，水平挤压作用；右边界x向水平位移约束，y方向的前后边界y向位移约束；上部为自由边界，左边界为速度加载面，设加载速度为-1×10^{-4} m/step。

方案2：矩形($x\times y\times z$=100 m×1 000 m×20 m)孔洞体，水平扩张作用；y方向的前后边界y向位移约束；左边界施加速度为-0.5×10^{-4} m/step，右边界施加速度为0.5×10^{-4} m/step，上部为自由边界。

方案3：矩形($x\times y\times z$=100 m×20 m×1 000 m)孔洞体，水平挤压作用；右边界x向水平位移约束，y方向的前后边界y向位移约束；上部为自由边界，左边界为速度加载面，设加载速度为-1×10^{-4} m/step。

2.5.2　逆断层形成过程模拟

根据图2-31可以看出，当岩体存在水平孔洞时，在水平挤压作用下，孔洞上方岩层具有向上的位移，其最大位移量为0.53 m，如图2-31(a)所示；不同位置处的移动速度各不相同，但在与孔洞大致呈45°方向的两侧具有明显的差异，如图2-31(b)所示；同样造成孔洞的45°方向上形成较大的剪应变带，该剪应变带与塑性区的分布位置基本吻合，如图 2-31(c)、(d)所示。岩体破裂面首先沿塑性带开始形成，此时塑性带上方岩体呈上升趋势，下方岩体呈相对下降趋势，具有图 2-32 所示的明显的逆断层特征。

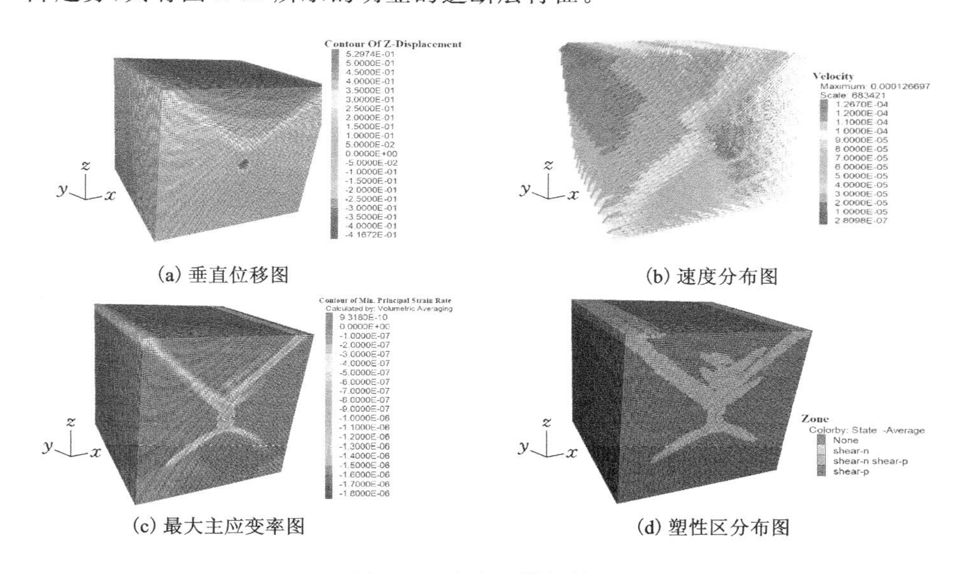

(a) 垂直位移图　　(b) 速度分布图

(c) 最大主应变率图　　(d) 塑性区分布图

图 2-31　方案 1 模拟结果

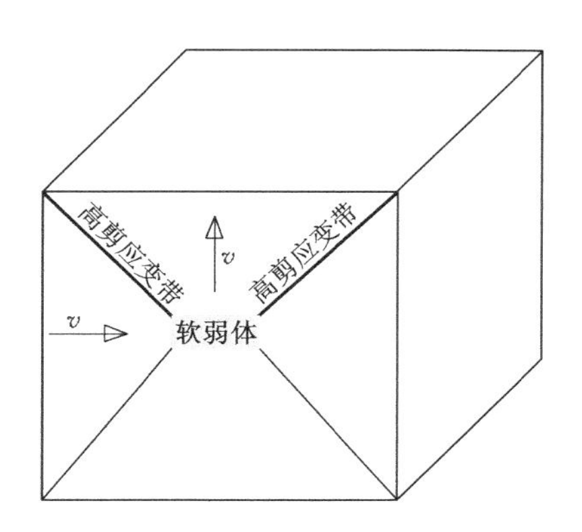

图 2-32　逆断层形成示意图

2.5.3　正断层形成过程模拟

根据图 2-33 可以看出，当岩体存在水平孔洞时，在水平双向拉伸作用下，孔洞上方岩层具有向下的位移，其最大位移量为 0.87 m，如图 2-33(a)所示；不同位置处的移动速度各不相同，但在与孔洞大致呈 45°方向的两侧具有明显的差异，如图 2-33(b)所示；同样造成孔洞的 45°方向上形成较大的剪应变带，该剪应变带与塑性区的分布位置基本吻合，如图 2-33(c)、(d)所示。岩体破裂面首先沿塑性带开始形成，此时塑性带上方岩体呈下降趋势，下方岩体呈相对上升趋势，具有图 2-34 所示的明显的正断层特征。

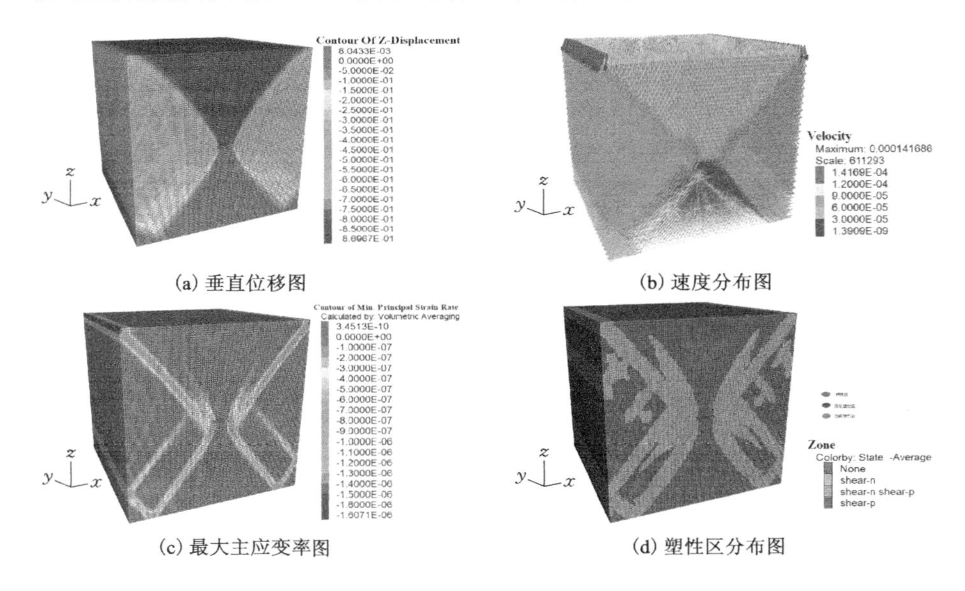

(a) 垂直位移图　　(b) 速度分布图

(c) 最大主应变率图　　(d) 塑性区分布图

图 2-33　方案 2 模拟结果

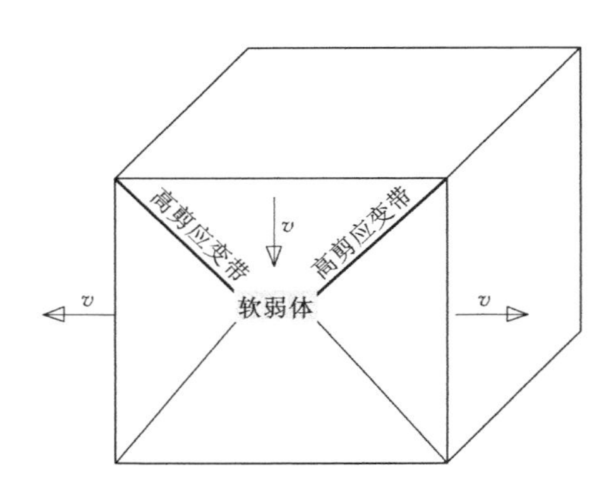

图 2-34　正断层形成示意图

2.5.4　走滑断层形成过程模拟

根据图 2-35 可以看出，当岩体存在垂直孔洞时，在水平挤压作用下，孔洞左侧岩层具有向右的位移，其最大位移量为 0.6 m，如图 2-35(a)所示；不同位置处的移动速度各不相同，但在与孔洞大致呈 45°方向的两侧具有明显的差异，如图 2-35(b)所示；同样造成孔洞的 45°方向上形成较大的剪应变带，该剪应变带与塑性区的分布位置基本吻合，如图 2-35(c)、(d)所示。岩体破裂面首先沿塑性带开始形成，此时塑性带左侧岩体呈向右运动趋势，岩层在水平层位上具有相对位错，从而具有图 2-36 所示的明显的走滑断层特征。

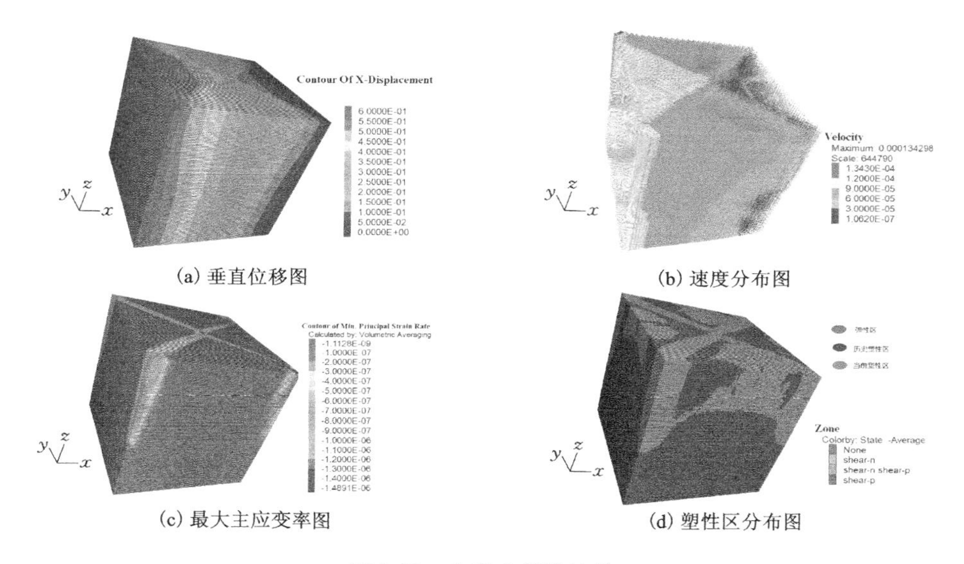

(a) 垂直位移图　　(b) 速度分布图

(c) 最大主应变率图　　(d) 塑性区分布图

图 2-35　方案 3 模拟结果

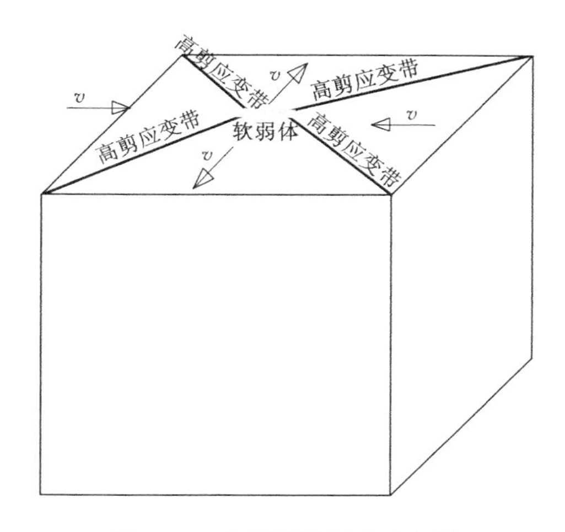

图 2-36　走滑断层形成示意图

2.6 本章小结

(1) 最大剪应力平面的法向量与最大最小主应力呈 45°,与中间主应力相互垂直。围压较大的岩石,破裂常常沿着最大剪应力作用面发生。

(2) 对于深部岩体,塑性破坏主要与最大最小主应力比值有关,当最大最小主应力比值超过其强度极限时,地壳岩体的主应力极限比值随着最小主应力的增大而逐渐减小并趋近于某一定值。

(3) 逆断层主要因水平挤压作用所致,正断层是因垂直应力较大而水平应力较小所致,走滑断层则是因垂直应力介于最大水平主应力和最小水平主应力之间,且在竖直方向上存在软弱体所致。

(4) 根据蝶形塑性区形成的力学条件,提出了断层形成的力学条件。当应力环境为 $\sigma_H > \sigma_V$,且满足 σ_H/σ_V 达到主应力极限比值,地壳岩体存在孔洞或地质软弱体时,塑性区将优先从该位置开始扩展,可形成逆断层。当应力环境为 $\sigma_V > \sigma_h$,且满足 σ_V/σ_h 达到主应力极限比值时,可形成正断层。

(5) 按照断层形成的力学条件,建立了三维模型,模拟再现了逆断层、正断层和走滑断层的形成过程。在水平挤压环境的矩形孔洞体周边可形成逆断层,在双向拉伸环境的矩形孔洞体周边可形成正断层,在水平挤压环境的竖向孔洞体周边可形成走滑断层。

3 复杂条件下断层形成的力学机制

地壳岩体实际处于三维应力环境中，其岩体内部可能存在孔洞、软弱体、甚至是均质环境。本章考虑中间主应力、软弱体形状和软弱体力学特征等参数变化对塑性区形态的影响，以说明断层形成机制的普适性。

3.1 考虑中间主应力下的塑性区扩展规律

3.1.1 “地质软弱体”概念的提出

根据蝶形塑性区理论，塑性区形成的条件之一是岩体内部具有孔洞体。根据现有的研究可知，地壳内部的岩体是非均质的，可能存在着强度较低、具有一定尺寸、形态任意、可能充斥有气态、液态物质的软弱岩体、破碎固体和熔融岩浆等，这些物体的强度低于周围岩体，更容易产生大变形，我们称之为“地质软弱体”。如图 3-1 所示。

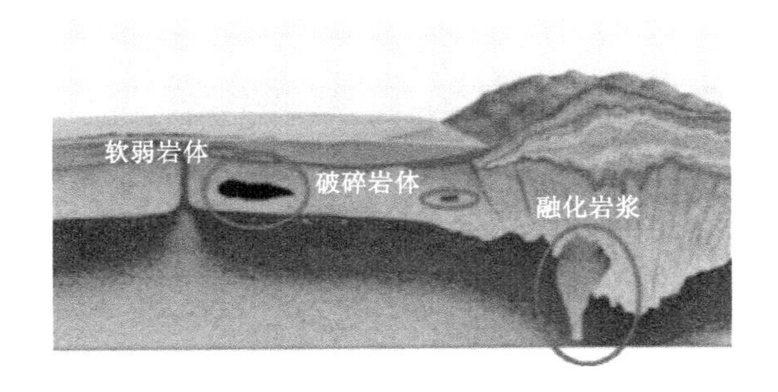

图 3-1 自然界中真实存在的地质软弱体

已有证据表明，地质软弱体在地壳内是广泛存在的。美国黄石火山的地震波层析和地震成像技术显示，地下 4～14 km 深处存在 8 km 厚的岩浆体，在 20～45 km 深处也发现了巨型岩浆体；德国 KTB 大陆超深钻探资料显示，地下 9～12 km 深处存在许多构造带与破碎带，充满着高温高压的流体。地球重力场在一些大地震前后发生了明显的变化，张永志等根据多孔介质中的力学理论，证明地壳中空洞的存在。陈建生提出浅层地震产生的一种可能原因是地壳中存在空洞。地质和地球物理资料显示，在下地壳流层中出现一系列下地壳主流通道；沉积物在沉积之后、固结之前处于软沉积物阶段时可形成软沉积变形构造。对于煤系地层而言，煤层的硬度、强度一般要低于其顶底板的岩层，煤层可成为层状软弱体，甚至因超过强度极限而进入塑性状态的岩体，也可成为相对的地质软弱体。通过密度测试可知，密度异常分布与大地构造分区有着明显的相关性，高密度区对应古老地块，低密度区对应高原及山区，在不同块体边界存在着密度异常梯级带。华北克拉通岩石圈密度在横向和纵向上均存在明显的不均匀性，密度分布形态与地表构造格局有很好的相关性。中国东北地区的地壳及上地幔剩余密度异常分布与构造单元具有明显的相关性，造山带对应低密度异常，盆地对应高密度异常。在密度异常变化较大的地区，构造应力的变化也较大，密度异常可能是构造运动的主因。上述表明地壳中存有各种类型的空洞、软弱层、“热河”、软沉积变形构造等可作为岩体发生运动的自由空间，地质软弱体广泛存在于地壳岩体中。

3.1.2 中间主应力下地质软弱体围岩塑性区分布特征

地质软弱体形态各异，规模不一，一般属于非均质的各向异性介质。下面将地质软弱体简化为具有一定法向应力的圆形软弱体，其受力分析如图 3-2 所示。

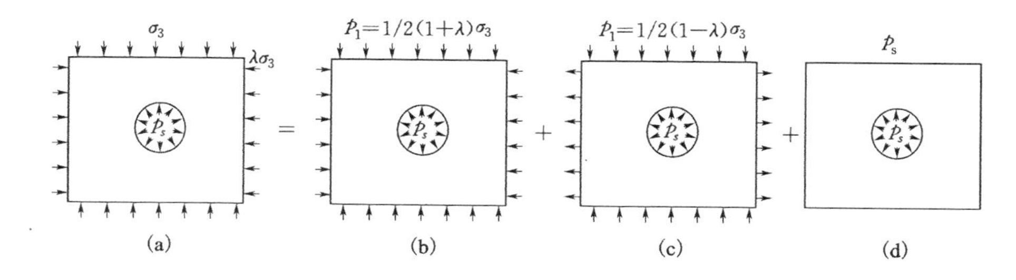

图 3-2 地质软弱体周边受力分析图

根据弹性力学含圆孔口的无限大板问题，随着板块挤压，当岩体内应力状态超过其屈服极限时，岩体将进入塑性状态。假设侧压系数为 λ，垂向应力为 p_z，为简化受力分析，将圆孔内岩体的应力设为 p_s，在双向不等压应力场条件下，根据弹性力学理论关于极坐标下岩体某一点的应力计算公式，分别计算图 3-2(b)、(c)、(d)的径向应力、切向应力以及剪应力。

图 3-2(b)的受力分析如下：

$$\sigma_{br}=\frac{p_z}{2}(1+\lambda)\left(1-\frac{r_a^2}{r^2}\right) \tag{3-1}$$

$$\sigma_{b\theta}=\frac{p_z}{2}(1+\lambda)\left(1+\frac{r_a^2}{r^2}\right) \tag{3-2}$$

$$\tau_{br\theta}=0 \tag{3-3}$$

图 3-2(c)的受力分析如下：

$$\sigma_{cr}=-\frac{p_z}{2}(1-\lambda)\left(1-4\ \frac{r_a^2}{r^2}+3\ \frac{r_a^4}{r^4}\right)\cos 2\theta \tag{3-4}$$

$$\sigma_{c\theta}=\frac{p_z}{2}(1-\lambda)\left(1+3\ \frac{r_a^2}{r^2}\right)\cos 2\theta \tag{3-5}$$

$$\tau_{cr\theta}=-\frac{p_z}{2}(1-\lambda)\left(1+24\ \frac{r_a^2}{r^2}-3\ \frac{r_a^4}{r^4}\right)\sin 2\theta \tag{3-6}$$

图 3-2(d)的受力分析如下：

$$\sigma_{rs}=-\frac{p_s r_a^2}{r^2} \tag{3-7}$$

$$\sigma_{\theta s}=\frac{p_s r_a^2}{r^2} \tag{3-8}$$

$$\tau_{r\theta s}=0 \tag{3-9}$$

那么图 3-2(a)中任一点受力为：

$$\sigma_{ar}=\frac{p_z}{2}\left[(1+\lambda)\left(1-\frac{r_a^2}{r^2}\right)-(1-\lambda)\left(1-4\ \frac{r_a^2}{r^2}+3\ \frac{r_a^4}{r^4}\right)\cos 2\theta\right]-\frac{p_s r_a^2}{r^2} \tag{3-10}$$

$$\sigma_{a\theta}=\frac{p_z}{2}\left[(1+\lambda)\left(1+\frac{r_a^2}{r^2}\right)+(1-\lambda)\left(1+3\ \frac{r_a^4}{r^4}\right)\cos 2\theta\right]+\frac{p_s r_a^2}{r^2} \tag{3-11}$$

$$\tau_{ar\theta}=-\frac{p_z}{2}(1-\lambda)\left(1+2\ \frac{r_a^2}{r^2}-3\ \frac{r_a^4}{r^4}\right)\sin 2\theta \tag{3-12}$$

式中　$\sigma_r,\sigma_\theta,\tau_{r\theta}$——任一点的径向应力、切向应力和剪应力；

r,θ——任一点的极坐标；

λ——侧压系数；

a——圆形孔洞半径。

用极坐标表示的圆形巷道围岩中任一点的主应力为：

$$\begin{cases}\sigma_1=\dfrac{\sigma_{ar}+\sigma_{a\theta}}{2}+\dfrac{1}{2}\sqrt{(\sigma_{ar}-\sigma_{a\theta})^2+4\tau_{ar\theta}^2}\\[2ex]\sigma_3=\dfrac{\sigma_{ar}+\sigma_{a\theta}}{2}-\dfrac{1}{2}\sqrt{(\sigma_{ar}-\sigma_{a\theta})^2+4\tau_{ar\theta}^2}\end{cases} \tag{3-13}$$

式中　σ_1,σ_3——任一点的最大、最小主应力。

岩体任一点中间主应力服从如下关系：

$$\sigma_2=\mu(\sigma_1+\sigma_3)$$

式中　σ_2——塑性状态下单元体的中间主应力，MPa；

μ——塑性岩体的泊松比。

用应力不变量和洛德角表示，莫尔-库仑屈服准则可以写为：

$$f=\sqrt{J_2}-\frac{m(\theta_{\mathrm{L}},\varphi)\sin\varphi}{3}I_1-m(\theta_{\mathrm{L}},\varphi)C\cos\varphi=0 \tag{3-14}$$

$$m(\theta_{\mathrm{L}},\varphi)=\frac{\sqrt{3}}{\sqrt{3}\cos\theta_{\mathrm{L}}+\sin\theta_{\mathrm{L}}\sin\varphi} \tag{3-15}$$

其中：$\theta_{\mathrm{L}}=\tan^{-1}\left(\frac{1}{\sqrt{3}}\frac{2\sigma_2-\sigma_1-\sigma_3}{\sigma_1-\sigma_3}\right)$

$$\theta_{\mathrm{L}}=\tan^{-1}\left[\frac{1}{\sqrt{3}}\frac{(1-2\mu)(\sigma_r+\sigma_\theta)-2\sqrt{(\sigma_r-\sigma_\theta)^2+4\tau_{r\theta}}}{(1-2\mu)(\sigma_r+\sigma_\theta)+\sqrt{(\sigma_r-\sigma_\theta)^2+4\tau_{r\theta}}}\right] \tag{3-16}$$

$$I_1=\frac{1}{3}(\sigma_1+\sigma_2+\sigma_3)=\frac{1}{3}(1+\mu)(\sigma_r+\sigma_\theta) \tag{3-17}$$

$$J_2=\frac{1}{2}s_{ij}s_{ij}=\frac{1}{6}[(\sigma_1-\sigma_2)^2-(\sigma_2-\sigma_3)^2-(\sigma_3-\sigma_1)^2] \tag{3-18}$$

此时莫尔-库仑屈服准则考虑了三维应力状态下的屈服破坏状态，表述了在任何可能的应力组合状态下达到弹性极限开始出现塑性变形的状态。在偏平面上是如图 3-3 所示的不规则六面体。

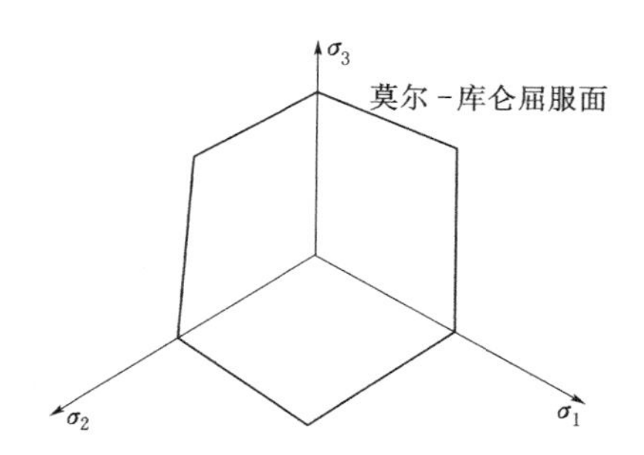

图 3-3　偏平面上的莫尔-库仑屈服面

将式(3-13)代入式(3-18)化简得：

$$J_2=\frac{1}{6}\left\{(1-2\mu)^2(\sigma_r+\sigma_\theta)^2+\frac{3}{2}[(\sigma_r-\sigma_\theta)^2+4\tau_{r\theta}]\right\} \tag{3-19}$$

将 J_2、I_1、$m(\theta_{\mathrm{L}},\varphi)$等参数代入式(3-14)，包含有 9 个参数的隐性方程为：

$$f=f(p_z,\lambda,C,\varphi,\mu,r_a,r,\theta,p_s) \tag{3-20}$$

当圆形地质软弱体周边满足关系式(3-20)时，岩体将产生塑形破坏。

当 $f<0$ 时，岩体处于塑性状态；

当 $f>0$ 时，岩体处于弹性状态；

当 $f=0$ 时，岩体处于弹塑性临界状态。

若已知 $p_z,\lambda,C,\varphi,\mu,r_a,r,\theta,p_s$ 中的 7 个参数，则可得到另外 2 个参数的关系。为直观显示塑性区分布的几何特征，θ 和 r 的关系至关重要。

另外，式(3-20)实际隐含 2 个极限：一是当 $r_a=0$ 时，为均质体；二是当 $p_s=0$ 时，为孔洞体。

3.1.3 地质软弱体周边塑性区形态的影响因素分析

由于式(3-20)是一个非常复杂的隐函数公式，直接求解塑性区边界的空间分布较为困难。当确定空间任一点坐标时，可获得该点的主应力状态及屈服函数值。用 EXCEL 计算 f 值，按照如下方法赋予 θ 和 r 值：

$$\theta_n=\theta_0+n\times 0.16 \tag{3-21}$$

$$r_n=r_0+n\times 10^{-2} \tag{3-22}$$

式中，$\theta_0=0°$，$r_0=2$ m，n 为坐标序号，0.16为第一个角度偏转弧度。第 n 点坐标为：

$$x_n=r_n\times\cos\theta_n \tag{3-23}$$

$$y_n=r_n\times\sin\theta_n \tag{3-24}$$

计算了 612 个坐标分布如图 3-4 所示，可求得所有坐标点的 f 值。利用 SURFER 软件对计算结果进行插值绘图，得到不同条件下的塑性区分布。

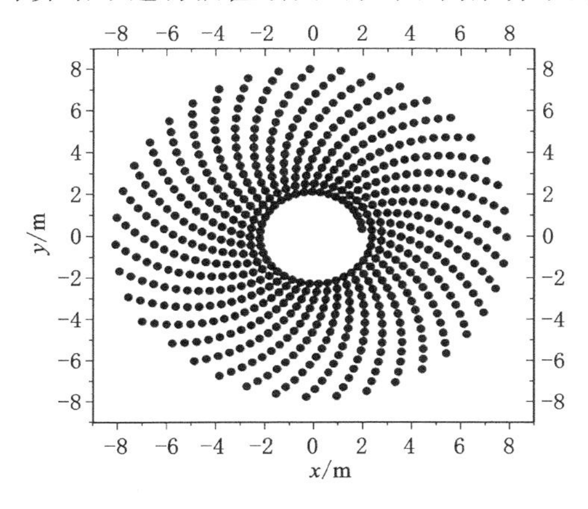

图 3-4 计算数据分布图

3.1.3.1 侧压系数对塑性区形态的影响

对某工程岩体的岩石力学参数和地应力条件进行赋值，设 $p_z=20$ MPa，$C=3$ MPa，$\varphi=25°$，$\mu=0.3$，$r_a=2$，$p_s=5$ MPa，计算 λ 在 0.2～3.5 之间变化时的塑性区分布，如图 3-5 所示。

（1）侧压系数的塑性区的扩展形态和扩展半径具有明显的控制作用。由图 3-5 可以看出，当 λ 为 0.2～0.4 时，地质软弱体周边塑性区呈"X"形或蝶形分布，蝶叶随着侧压系数的增大而逐渐收缩，向椭圆形转变；当 λ 为 0.5～1.0 时，塑性区形状逐渐由椭圆形向圆形转变；当 λ 为 1.0 时，塑性区呈圆形分布；

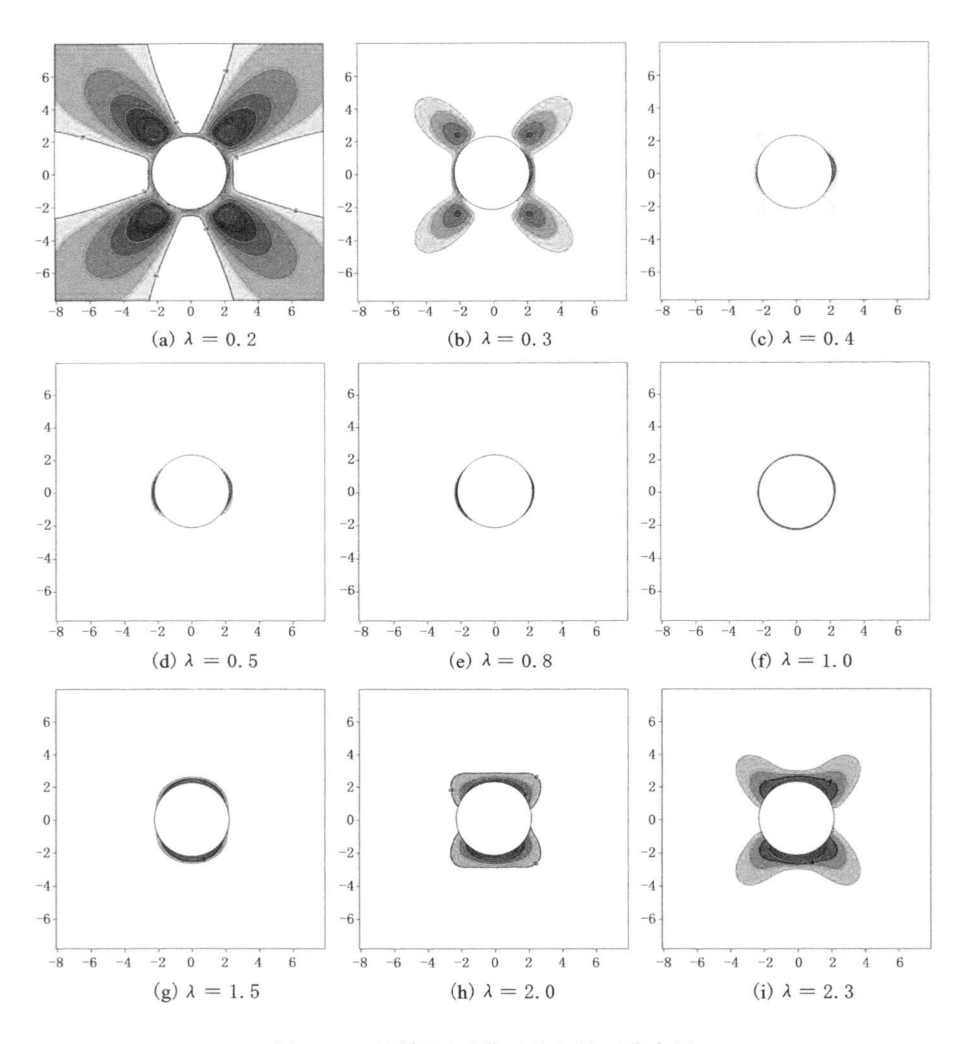

图 3-5 不同侧压系数下的塑性区分布图

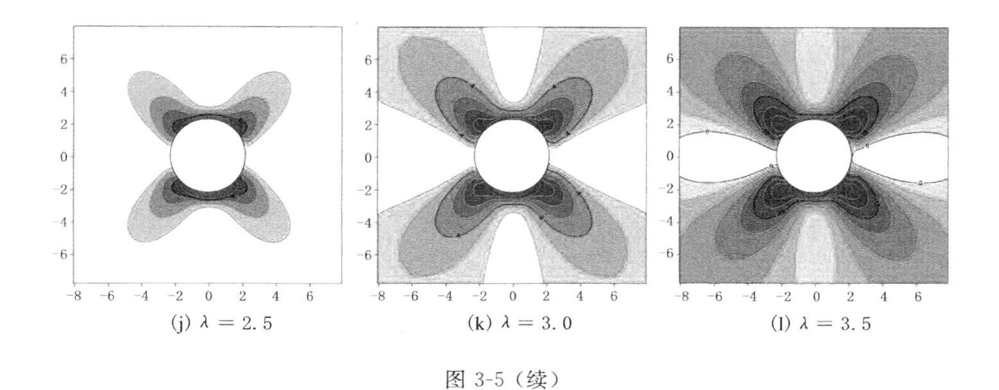

图 3-5（续）

当λ为 1.0～1.5 时，塑性区由圆形逐渐向椭圆形转变；当λ为 2.0～3.5 时，蝶叶随着侧压系数的增大而扩展，塑性区由椭圆形逐渐变为蝶形。

（2）蝶形塑性区具有方向性。当λ值较小，如$\lambda<0.25$时，在$\theta=45°$方向上的f值均小于 0，表明该方向上的岩体均处于塑性状态，如图 3-6(a)所示；

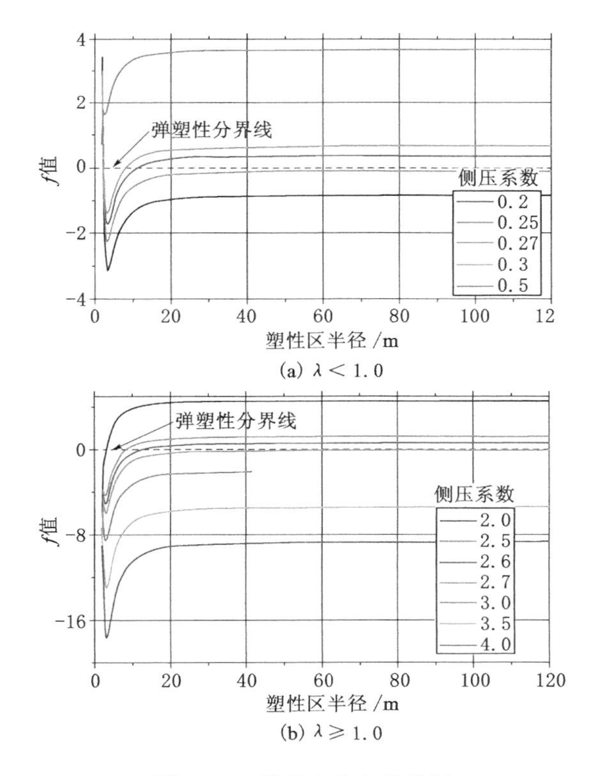

图 3-6　f值径向分布曲线图

当 $\lambda>2.7$ 时，在 $\theta=45^{\circ}$ 方向上的 f 值均小于 0，表明该方向上的岩体均处于塑性状态。这说明在该岩体力学条件下蝶叶的发展方向与主应力方向大致呈 36°，如图 3-6(b)所示。

(3) 蝶形塑性区具有突变性和无限扩展性。如图 3-7 所示，当侧压系数从 0.27 减至 0.25 时，其塑性区半径由 6.2 m 增至无穷大；当侧压系数 λ 从 2.6 增至 2.7 时，其塑性区半径由 6.6 m 增至无穷大。这表明在一定的力学条件下，塑性区的无限扩展存在侧压系数临界值，本组数值的侧压系数突变临界值分别处于 0.25 和 2.7 附近。

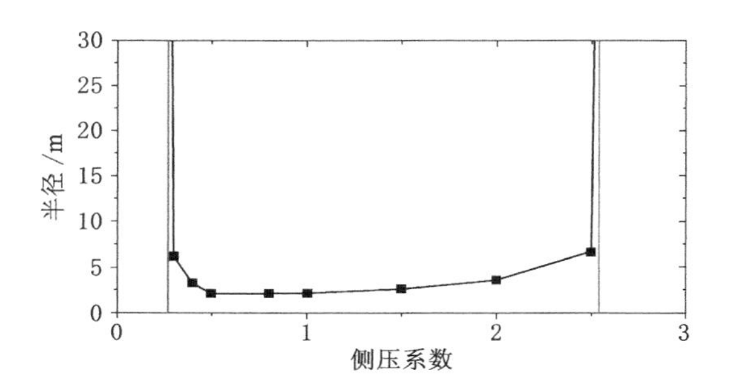

图 3-7　塑性区半径与侧压系数关系图

(4) 考虑中间主应力时得到的塑性区形态与二维应力状态下的蝶形塑性区基本相同，如图 3-8 所示。采用三维应力状态下的莫尔-库仑准则、二维应力状态下的莫尔-库仑准则、V M 准则计算得到的塑性区分布如图 3-9 所示，

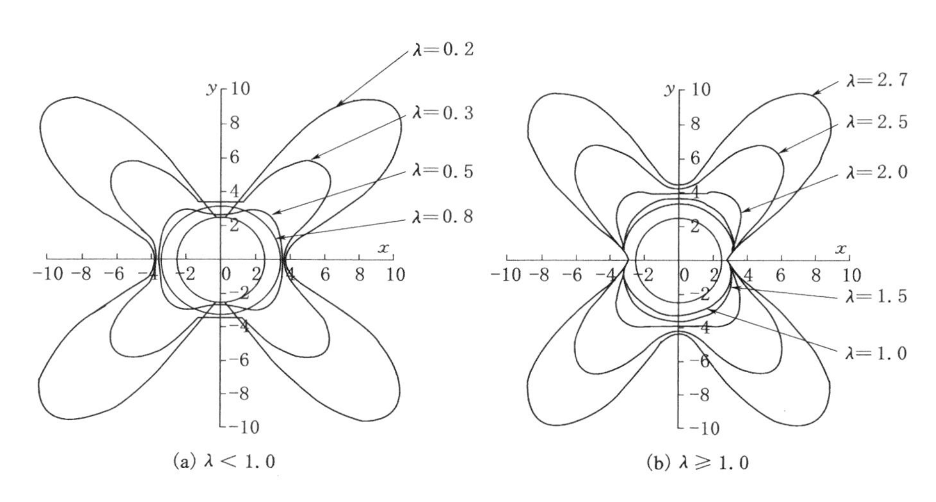

图 3-8　二维应力状态下的圆孔周边塑性区分布图

在相同的力学条件下同样可以得到蝶形塑性区，表明选用各种破坏准则的计算结果相差不大。由图 3-9(d)可知，J_2 分布同样呈蝶形分布，表明第二偏应力不变量对塑性区破坏分布具有较大影响。

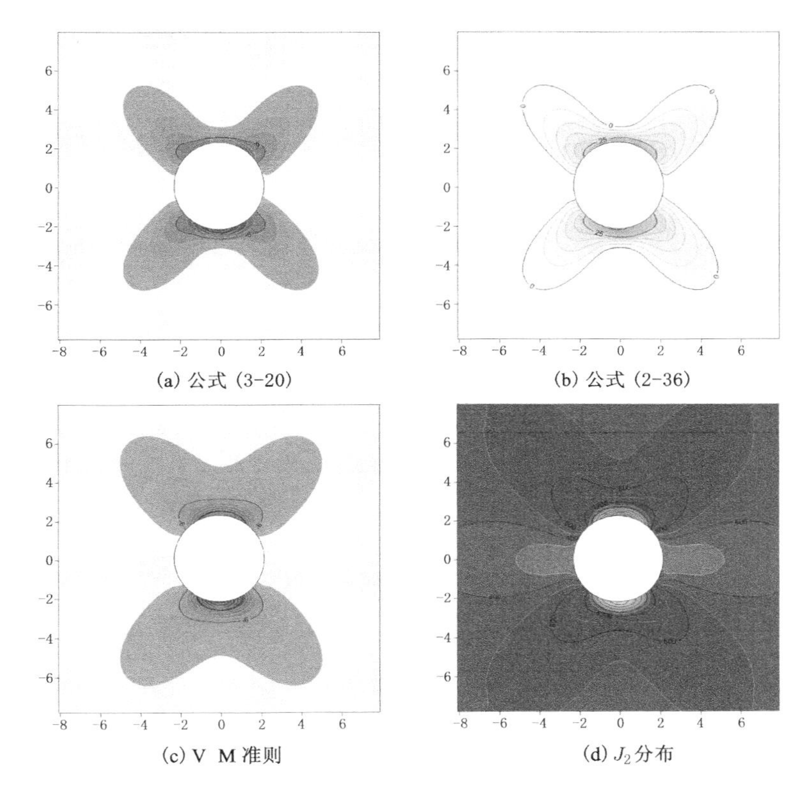

(a) 公式 (3-20)　　(b) 公式 (2-36)

(c) V M 准则　　(d) J_2 分布

图 3-9　不同破坏准则下的计算结果

(5) 依据前述理论计算参数建立数值模型，模型几何尺寸为：$X \times Y \times Z =$ 30 m×5 m×30 m。软弱体半径为 2 m，软弱体法向应力为 5 MPa，内摩擦角为 25°，黏聚力为 3 MPa，垂直应力为 20 MPa，在其他参数确定时，改变侧压系数 λ，计算程序默认不平衡率达到 1×10^{-5}，FLAC 模拟计算结果如图 3-10 所示。从模拟结果来看，塑性区分布与图 3-5 中不同侧压系数下的理论塑性区分布大致相同，$\lambda=1.0$ 时塑性区呈圆环分布；$\lambda=0.5$ 时塑性区呈水平椭圆形分布；$\lambda=1.5$ 时塑性区呈垂直椭圆形分布；当 λ 大于 2.0 或小于 0.3 时，塑性区呈蝶形或“X”形共轭分布，蝶叶的发育方向与最大主应力方向大致呈 45° 左右。

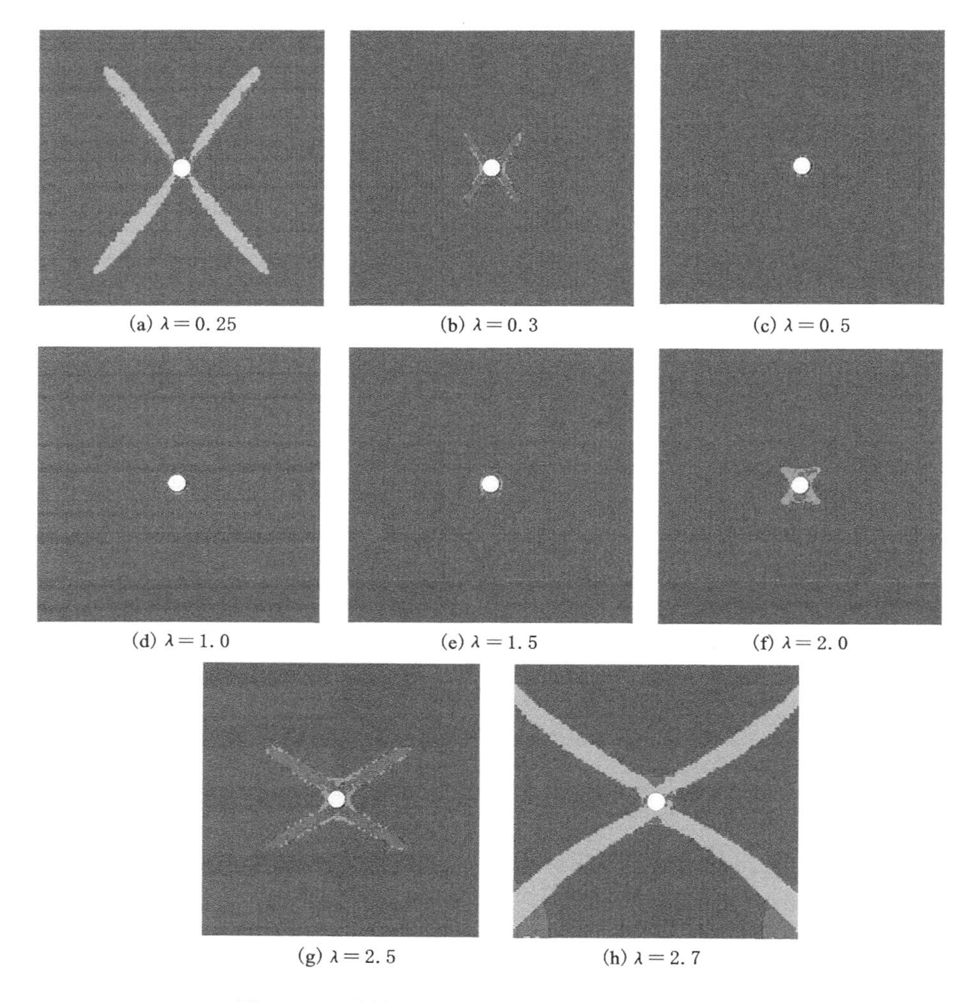

图 3-10　不同侧压系数下数值模拟塑性区分布图

3.1.3.2　法向应力对塑性区形态的影响

当 p_z=20 MPa,C=3 MPa,φ=25°,μ=0.3,r_a=2 m,λ=3.0,不同法向应力 p_s 下的塑性区分布如图 3-11 所示。

这里将地质软弱体对周边塑性区的影响主要以圆孔法向应力代替。由图 3-12 可以看出,当地质软弱体法向应力较小时,其数值的变化对塑性区的发育影响不大,在从－80 MPa(拉应力)到 80 MPa(压应力)的变化过程中,其塑性区的半径在 6.2～10.8 m 之间;当法向应力增大至－80 MPa 时,塑性区半径增大至 10.8 m,表明只有在较大的法向应力下才能对塑性区半径产生影响,但对塑性区的分布形态影响不大。

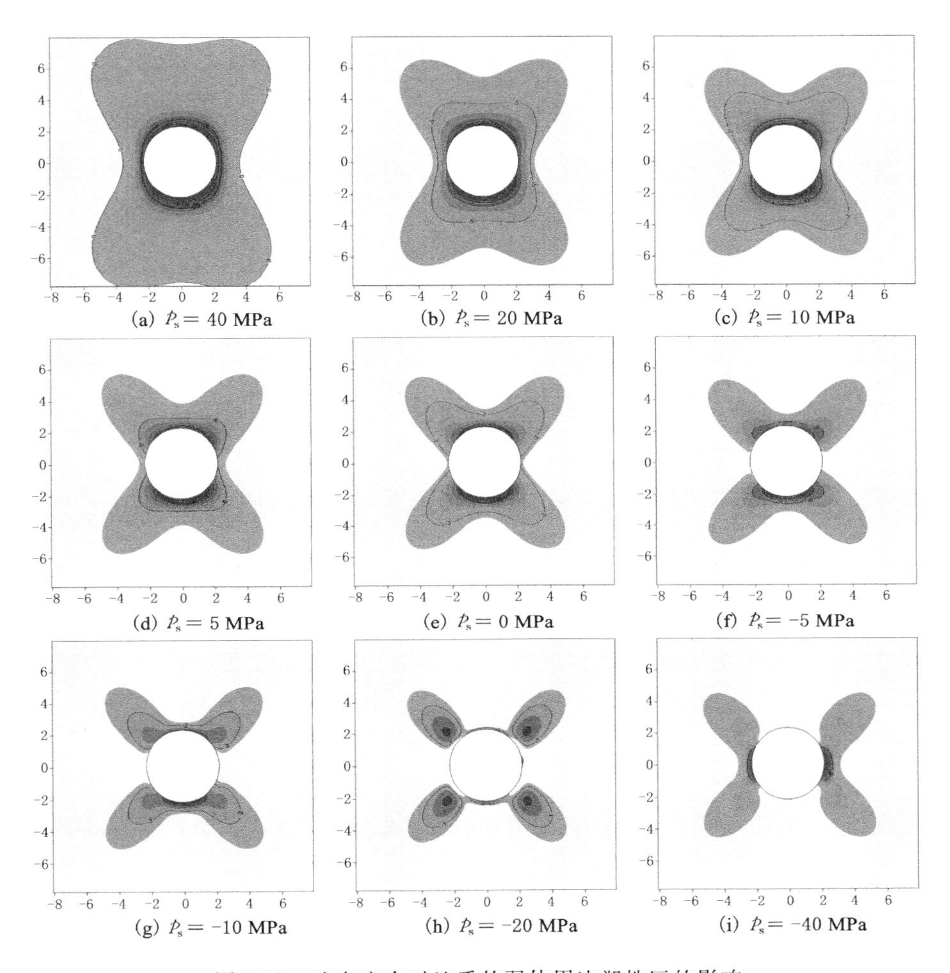

图 3-11 法向应力对地质软弱体周边塑性区的影响

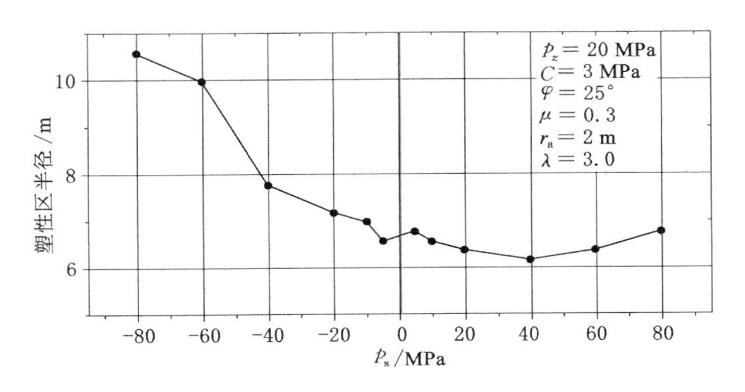

图 3-12 法向应力与塑性区半径关系图

3.1.3.3 垂直应力对塑性区形态的影响

当 $C=3$ MPa，$\varphi=25°$，$\mu=0.3$，$r_a=2$ m，$\lambda=3.0$，$p_s=5$ MPa 时，不同垂直应力 p_z 下的塑性区分布图如图 3-13 所示。p_z 对塑性区的形态和半径均有一定影响，在其他条件确定时，当 p_z 小于 5 MPa 时，仅在地质软弱体的周边出现较小范围的塑性区；当 p_z 大于 10 MPa 时，塑性区呈蝶形分布；当 p_z 大于 250 MPa 时，塑性区半径可达 110 m；当 p_z 大于 270 MPa 时，塑性区可在 45°方向上无限扩展，如图 3-14 所示。

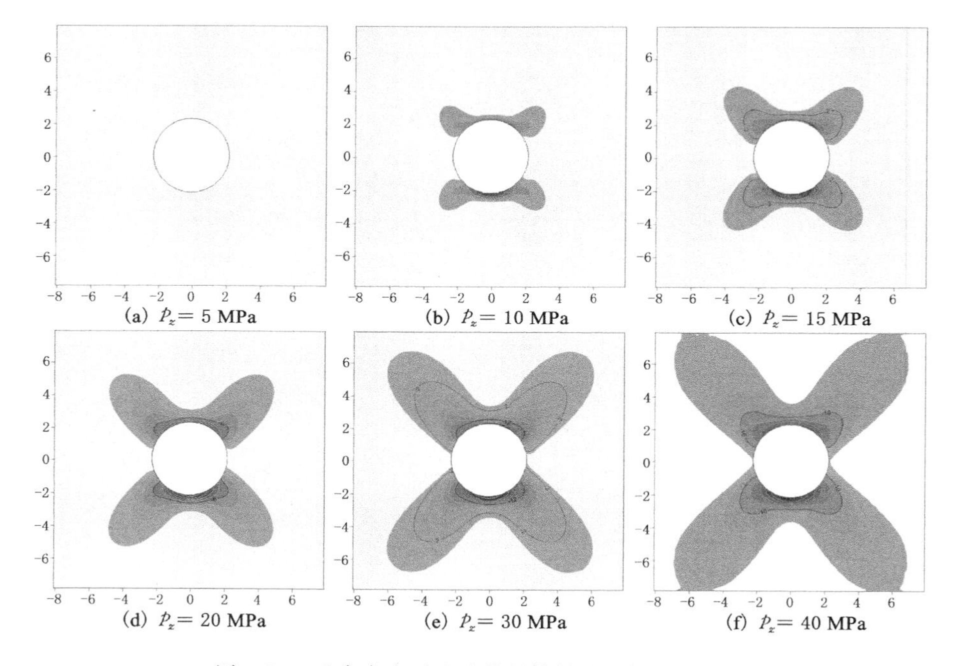

图 3-13 垂直应力对地质软弱体周边塑性区的影响

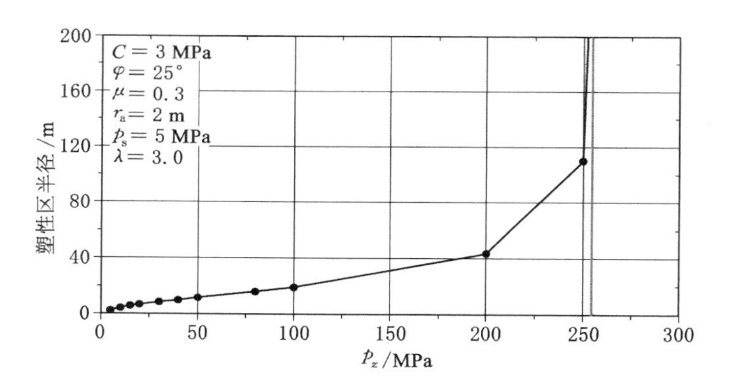

图 3-14 垂直应力与塑性区半径关系图

3.1.3.4 黏聚力对塑性区形态的影响

当 $p_z=20$ MPa，$\varphi=25°$，$\mu=0.3$，$r_a=2$ m，$\lambda=3.0$，$p_s=5$ MPa 时，不同黏聚力 C 下的塑性区分布如图 3-15 所示。C 对地质软弱体周边塑性区的形态和半径均有较大影响，当 C 较小时，塑性区半径较大；而随着 C 的增大，塑性区蝶叶收缩、半径减小。黏聚力与塑性区半径关系如图 3-16 所示，当 C 小于 0.23 MPa 时，塑性区将沿 45°方向无限扩展；当 C 大于 9 MPa 时，塑性区偏转

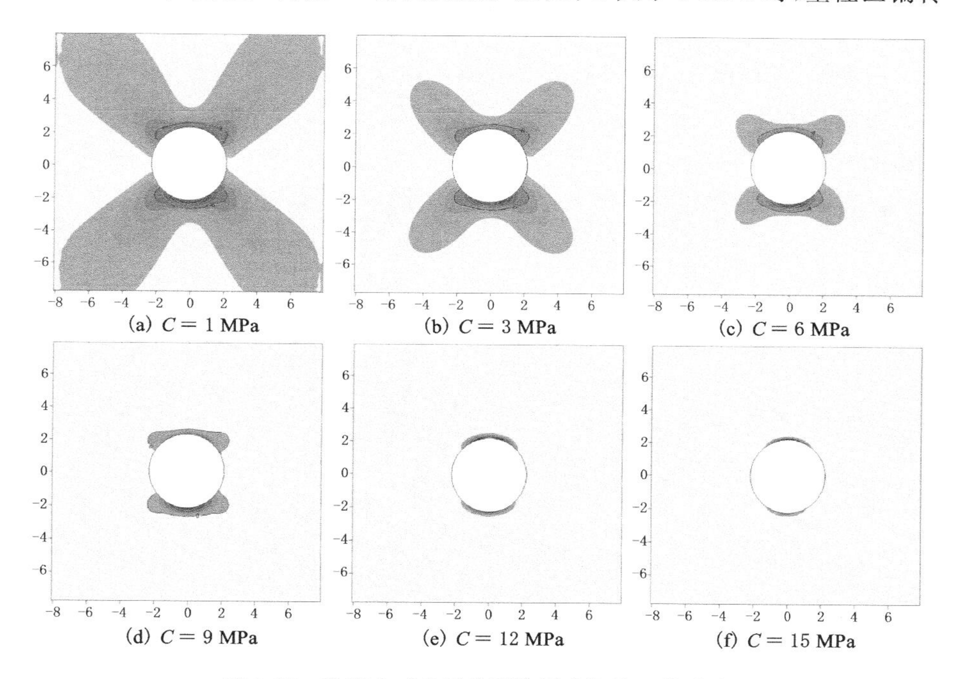

图 3-15 黏聚力对地质软弱体周边塑性区的影响

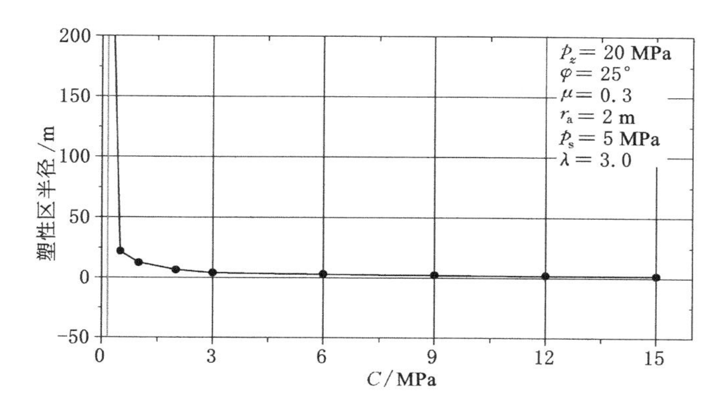

图 3-16 黏聚力与塑性区半径关系图

至软弱体的上下方，且塑性区的范围随着黏聚力的增大而减小。而当垂直应力和水平应力互换时，即 $\sigma_V > \sigma_h$，塑性区主要分布于圆形硐室的两帮。

按照上述条件进行数值模拟，设计计算模型如下：

模型 1：$p_z = 20$ MPa，$\lambda = 3.0$，$\varphi = 25°$，$\mu = 0.3$，$C = 12$ MPa，$p_s = 0$ MPa，$r_a = 2$ m。

模型 2：$p_z = 60$ MPa，$\lambda = 0.33$，$\varphi = 25°$，$\mu = 0.3$，$C = 12$ MPa，$p_s = 0$ MPa，$r_a = 2$ m。

由图 3-17 和图 3-18 可知，理论计算和数值模拟结果基本相同，表明对称双月形塑性区存在的可能性。早在 1964 年，R. Leeman 在南非大约 2 000 m 深的金矿钻井中发现，在坚固的石英岩和砾岩中普遍存在孔壁破碎的现象，并具有优势方向崩落的趋势，认为崩落部位的长轴垂直于最大水平主应力方向。后来，Gough 和 Bell 等研究钻孔崩落的力学机制，提出这种现象是由于孔壁附近应力集中而产生的剪切破裂，其崩落方向与区域最小主应力方向一致。

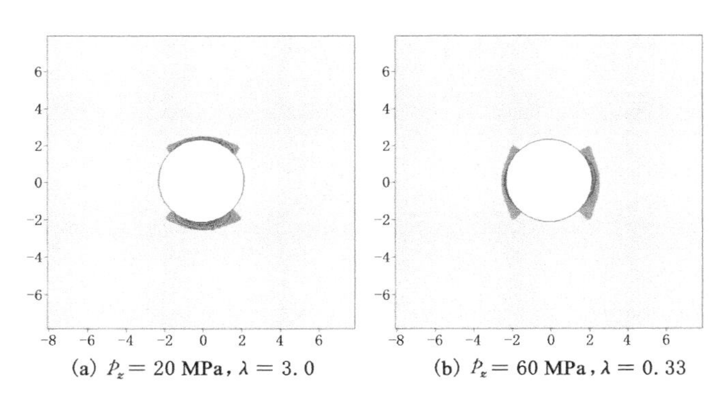

(a) $p_z = 20$ MPa，$\lambda = 3.0$　　(b) $p_z = 60$ MPa，$\lambda = 0.33$

图 3-17　对称双月形塑性区

图 3-18　对称双月形塑性区模拟图

3.1.3.5 地质软弱体半径对塑性区形态的影响

当 $p_z=20$ MPa,$\varphi=25°$,$\mu=0.3$,$C=3$ MPa,$\lambda=3.0$,$p_s=5$ MPa 时,不同地质软弱体半径下的 f 值分布如图 3-19 所示。地质软弱体半径大小对塑性区的形态影响不大,其形状几乎完全相同,但对塑性区半径影响较大。当 $r_a=1$ m 时,塑性区最大半径约为 3.3 m;当 $r_a=2$ m 时,塑性区最大半径约为 6.6 m;当 $r_a=4$ m 时,塑性区最大半径约为 13.2 m;当 $r_a=6$ m 时,塑性区最大半径约为 19.8 m。这表明塑性区最大半径基本与软弱体半径呈线性关系,如图 3-20 所示。

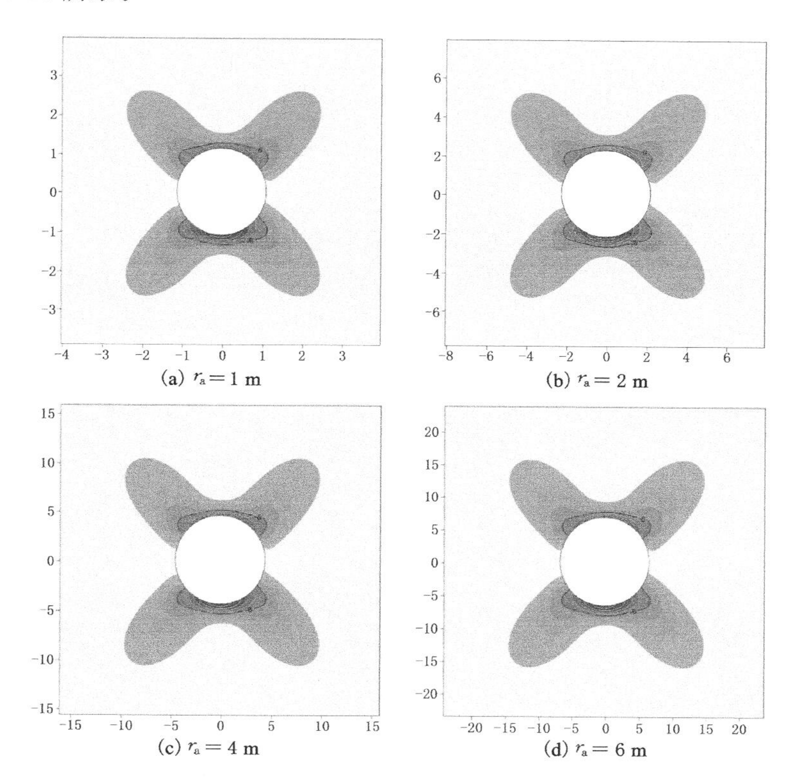

图 3-19 不同地质软弱体半径对其周边塑性区的影响

3.1.3.6 内摩擦角对塑性区形态的影响

当 $p_z=20$ MPa,$r_a=2$ m,$\mu=0.3$,$C=3$ MPa,$\lambda=3.0$,$p_s=5$ MPa 时,不同内摩擦角 φ 下的塑性区分布如图 3-21 所示。内摩擦角对塑性区的形态和半径具有较大影响,在其他参数确定的情况下,当 φ 小于 20°时,在 36°方向的 f 值均小于 0,表明该方向的塑性区可能无限扩展;当 φ 从 21°增至 25°时,在

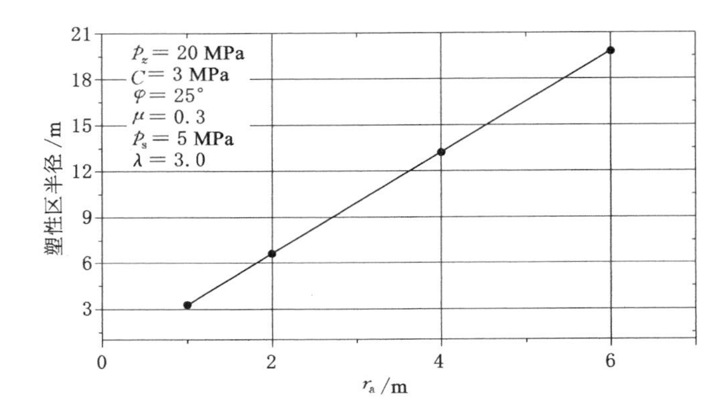

图 3-20 孔径与塑性区半径关系图

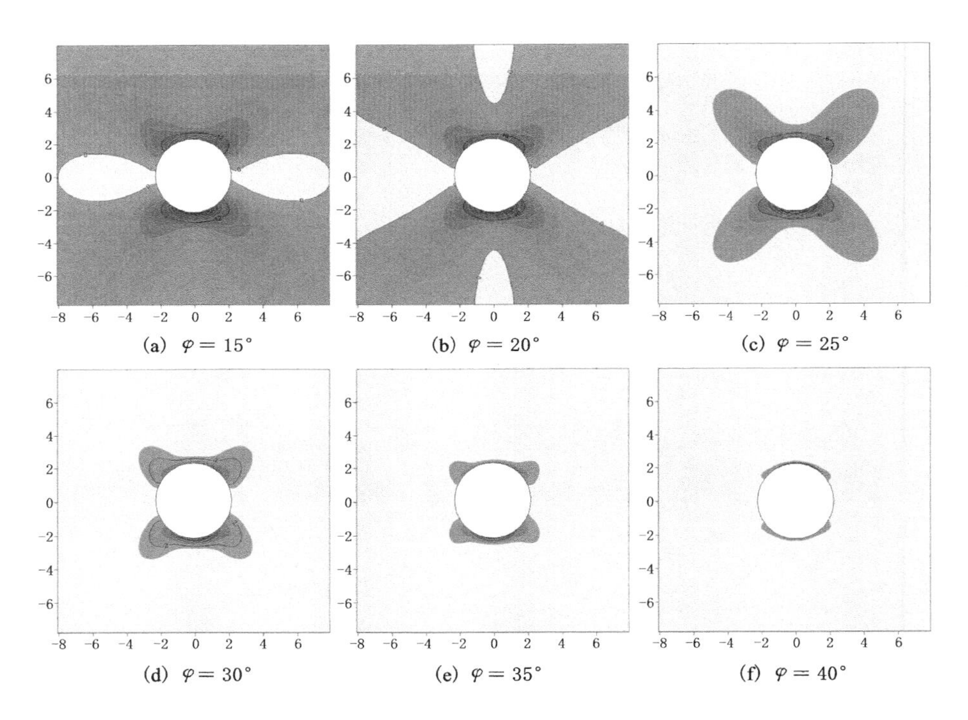

(a) $\varphi = 15°$ (b) $\varphi = 20°$ (c) $\varphi = 25°$

(d) $\varphi = 30°$ (e) $\varphi = 35°$ (f) $\varphi = 40°$

图 3-21 内摩擦角对地质软弱体周边塑性区的影响

45°方向的塑性区半径从 18 m 逐渐减小至 6.6 m；当 φ 大于 30°时，在 45°方向的塑性区半径小于 4.4 m。如图 3-22 所示。

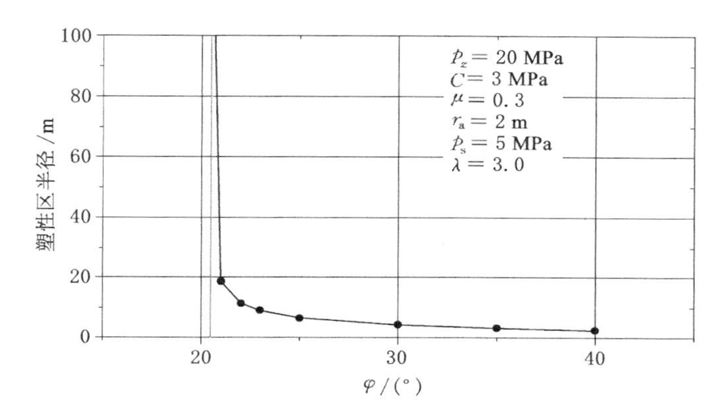

图 3-22 内摩擦角与塑性区半径关系图

3.1.3.7 泊松比对塑性区形态的影响

当 p_z=20 MPa，φ=25°，r_a=2 m，C=3 MPa，λ=3.0，p_s=5 MPa 时，不同泊松比 μ 下的塑性区分布如图 3-23 所示，此时的 μ 仅影响中间主应力值。

当 μ<0.286 时，σ_1>σ_3>σ_2，采用莫尔-库仑准则，需调整计算洛德角的主应力顺序，计算结果如图 3-23(a)、(b)、(c)所示。

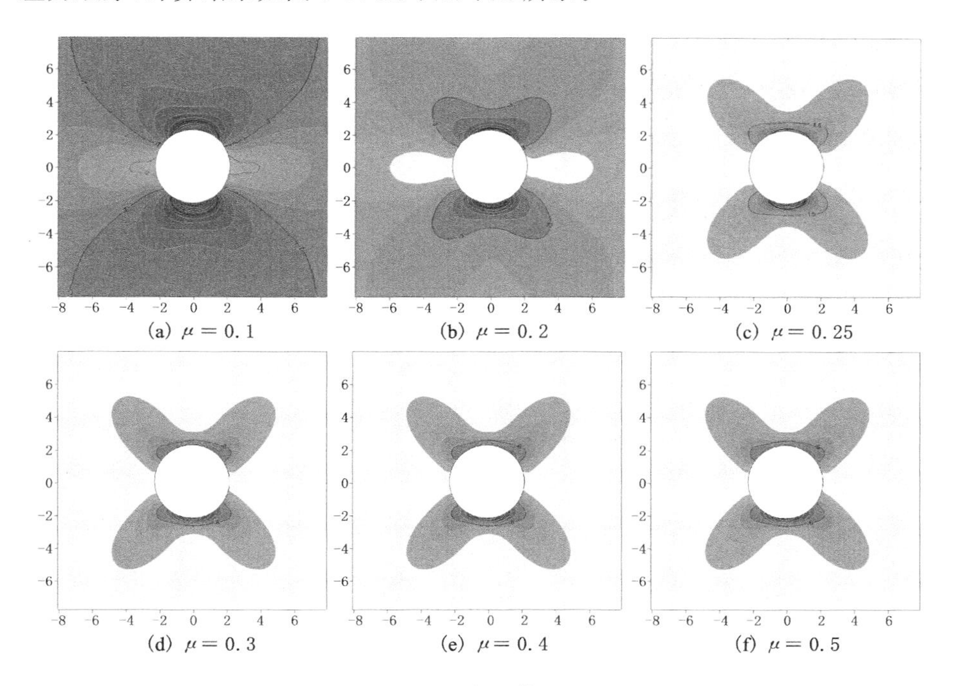

图 3-23 泊松比对地质软弱体周边塑性区的影响

当 0.286<μ<0.714 时，$\sigma_1>\sigma_2>\sigma_3$，按照正常的主应力顺序计算，计算结果如图 3-23(d)、(e)、(f)所示。

在其他参数确定的情况下，不同泊松比与塑性区半径的关系如图 3-24 所示。

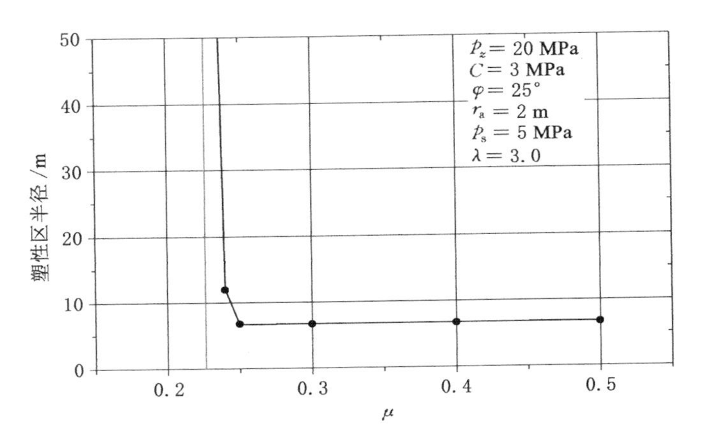

图 3-24 泊松比与塑性区半径关系图

在垂直应力和侧压系数确定的情况下，泊松比 μ 影响中间主应力值，从而影响应力不变量 I_1、J_2 和洛德角的数值，进而影响函数值 f。当 μ<0.286 时，μ 值对塑性区的分布影响较大；当 μ>0.286 时，在计算中发现 f 值几乎不受 μ 值影响，表明在最大、最小主应力平面内，中间主应力对塑性区影响不大。

为了进一步分析中间主应力对塑性区的影响，采用 V M 准则计算不同泊松比时的塑性区分布如图 3-25 所示。由此可以看出，塑性区的半径随着 μ 的增大而略有变小，分别为 5.8 m、4.8 m、4.4 m，但对塑性区的形态影响不大，基本呈现相同形状的蝶形塑性区。

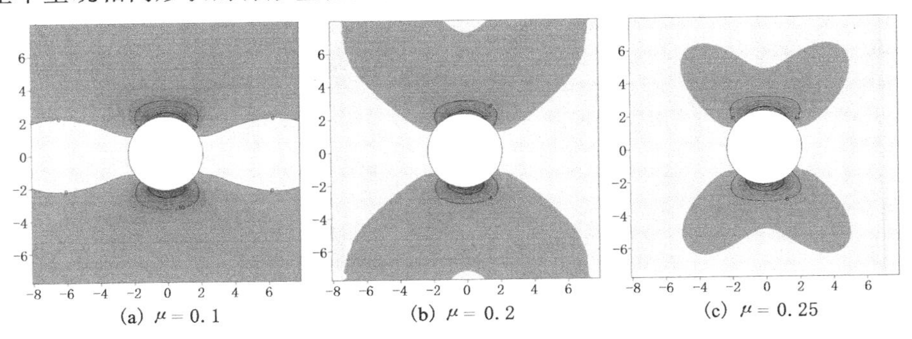

图 3-25 V M 准则下的塑性区分布图

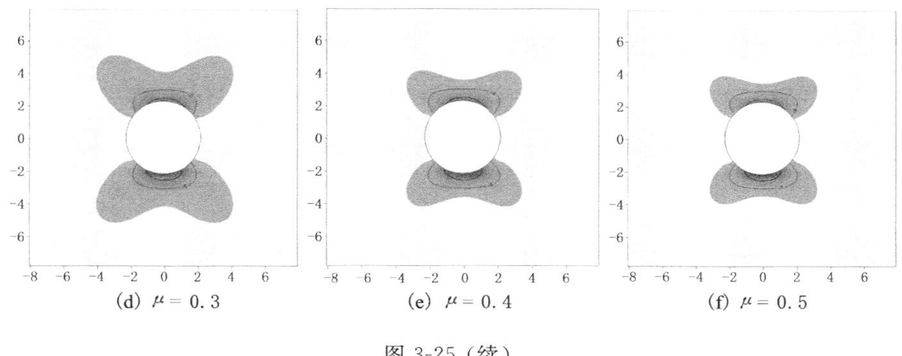

图 3-25（续）

通过以上比较，发现不同屈服准则下圆形巷道周边塑性区的变化规律具有如下共性：一是随侧压系数的增大，塑性区均可呈现“圆形-椭圆-蝶形”的变化规律；二是塑性区半径的发育大致呈指数分布，侧压系数达到临界状态时，微小的应力增量均会引起塑性区半径的急速扩展，但各类准则下出现突变的应力条件有所不同。屈服准则实质是对第二偏应力不变量 J_2 直接或间接的响应，J_2 等值线随着侧压系数的增大同样呈现“圆形-椭圆形-蝶形”的变化规律。这表明蝶形塑性区对屈服准则具有低敏感型依赖，不论采用何种屈服准则计算，在高偏应力环境中的地质软弱体周边岩体必然会出现蝶形塑性区。因此，蝶形塑性区是自然界中广泛存在的一种现象，如岩体的共轭裂隙和共轭地震等。

3.2 地质软弱体物理特性对塑性区分布规律的影响

以板块挤压运动为加载条件，设计不同形状和不同类型的地质软弱体。

方案 1：均质体，挤压作用；

方案 2：圆形（$r=30$ m）孔洞体，挤压作用；

方案 3：方形（60 m×20 m）孔洞体，挤压作用；

方案 4：圆形地质软弱体（$r=30$ m），挤压作用；

方案 5：方形地质软弱体（$r=30$ m），挤压作用。

板块内部的地质软弱体密度为 2 738 kg/m^3，体积模量为 11.5 GPa，剪切模量为 6.0 GPa，抗拉强度为 2.0 MPa，黏聚力为 3.2 MPa，内摩擦角为 28°。在模型中设置 4 个测点，其水平和垂直方向的坐标分别为（500，650）、（500，550）、（500，450）、（500，350）。如图 3-26 所示。

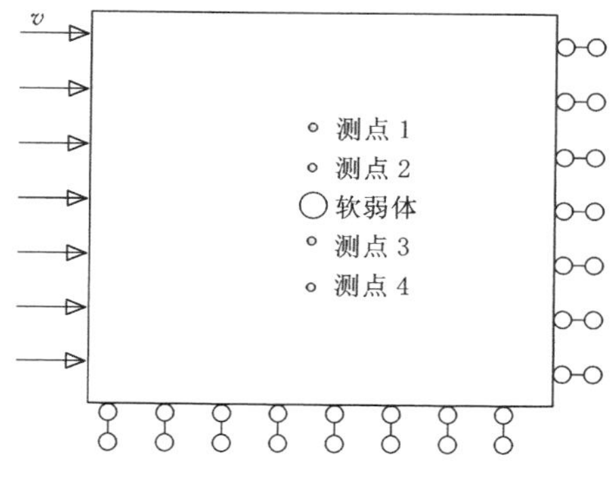

图 3-26　数值模型示意图

3.2.1　均质体塑性区分布规律

方案 1 模型中初始的应力分布为：

$$\sigma_x=\sigma_y=\sigma_z=\gamma H \tag{3-25}$$

当左边界开始向右挤压时，其水平应力增量为：

$$\Delta\sigma_x=E\cdot\varepsilon=E\cdot\Delta l/l \tag{3-26}$$

各参数存在如下关系时，岩体进入塑性状态：

$$\sigma_x/\sigma_z\geqslant\lambda_{\min} \tag{3-27}$$

即

$$(\gamma H+\Delta\sigma_x)/\gamma H\geqslant\lambda_{\min} \tag{3-28}$$

对于均质体而言，不同位置处的水平应力增量是相同的。根据式(3-20)计算可得如图 3-27 所示结果。

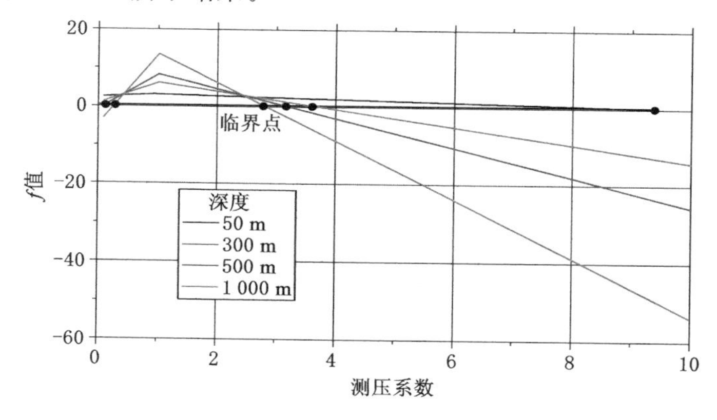

图 3-27　不同深度的侧压系数与 f 值关系图

对于均质体而言，深度为 50 m、300 m、500 m、1 000 m 的侧压系数临界点分别为 9.8、3.7、3.2、2.9，计算其水平应力增量分别为 8.5 MPa、21.06 MPa、28.6 MPa、49.4 MPa，即不同深度岩体的应力增量达到的一定值时，模型开始进入塑性状态，因此可判断均质体模型的塑性破坏应是由浅部逐渐深入的过程。

由图 3-28 可知，当水平位移量为 0.4 m 时，模型上部开始出现塑性区，深度 50 m 处水平应力约为 11 MPa，其水平应力增量约为 9.7 MPa，与理论计算值相差不大。

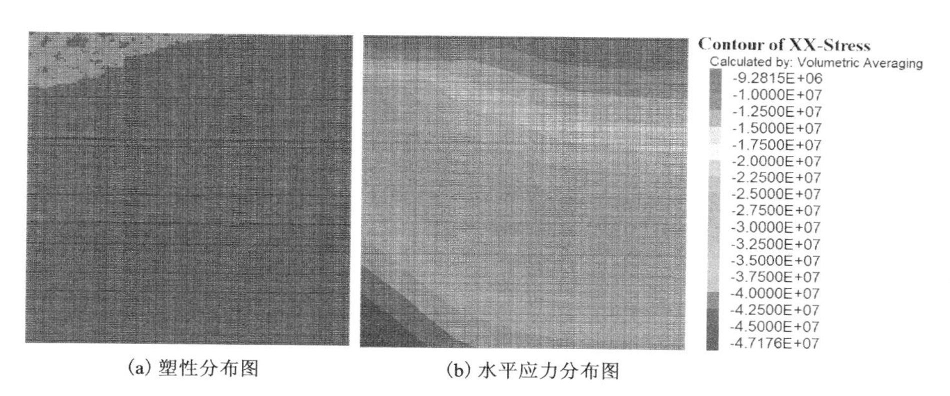

(a) 塑性分布图　(b) 水平应力分布图

图 3-28　水平位移量为 0.4 m

由图 3-29 所示，当水平位移量为 0.8 m 时，塑性区发展至深度 470 m 左右，该位置处的水平应力为 40 MPa 左右，其水平应力增量约为 27.8 MPa。

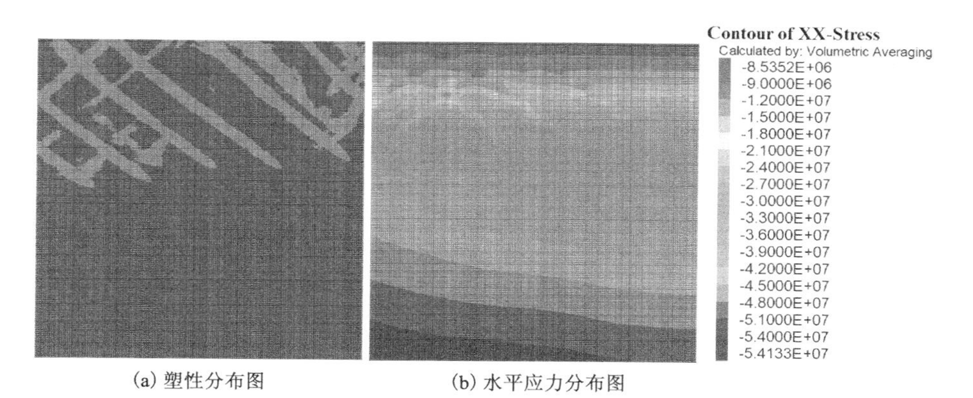

(a) 塑性分布图　(b) 水平应力分布图

图 3-29　水平位移量为 0.8 m

由图 3-30 所示，当水平位移量为 1.2 m 时，塑性区发展至深度 780 m 左右，该位置处的水平应力为 60 MPa 左右，其水平应力增量约为 40.2 MPa。

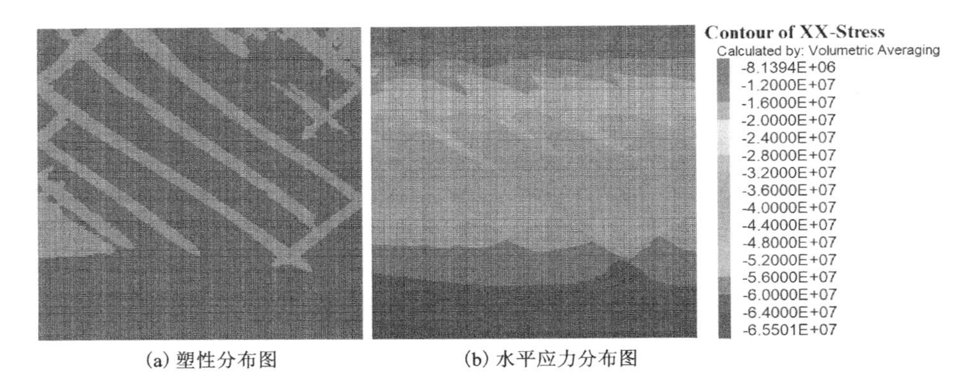

(a) 塑性分布图 (b) 水平应力分布图

图 3-30 水平位移量为 1.2 m

由图 3-31 所示，当水平位移量为 1.6 m 时，塑性区发展至深度 1 000 m，该位置处的水平应力为 75 MPa 左右，其水平应力增量约为 49 MPa。出现塑性区位置处的水平应力增量的理论计算值[式(2-36)]和数值模拟值基本吻合。

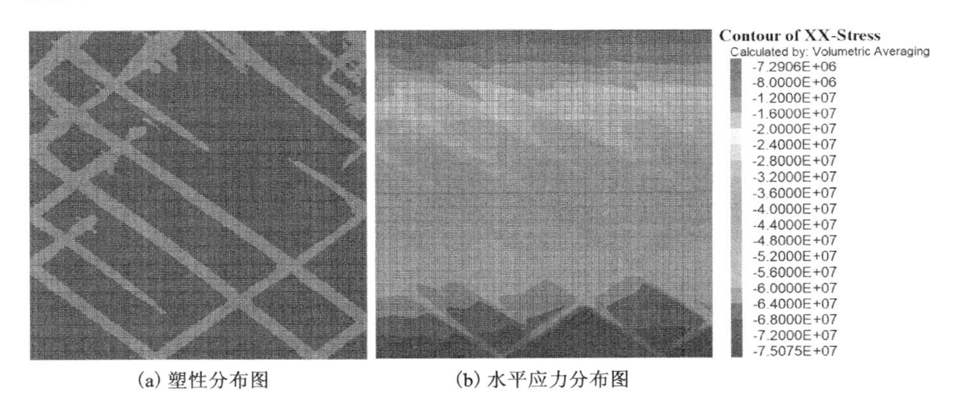

(a) 塑性分布图 (b) 水平应力分布图

图 3-31 水平位移量为 1.6 m

从图 3-32 可以看出，当岩体受到挤压并达到一定程度时，整个区域内出现了交错共轭的塑性区，塑性区与水平方向大致呈 45°左右。

如图 3-33 所示，根据测点 1～测点 4 的水平应力变化曲线可知，初始水平应力值大致为 γH，当 0.22×10^4 step 时，模型的左侧边界开始按照 0.1 mm/step的速度向右移动，各测点的水平应力逐渐增大，且增加的速度大致相同。当岩体进入塑性状态时，水平应力则在较小的范围内变化，表明进入塑性状态的岩体，其水平应力不再随水平挤压而逐渐增大。

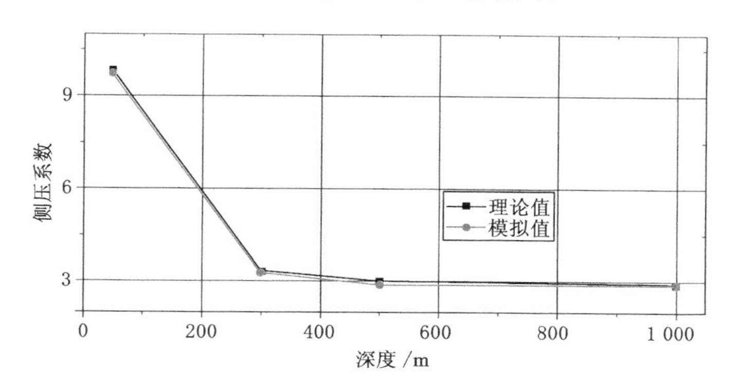

图 3-32 不同深度的侧压系数临界值

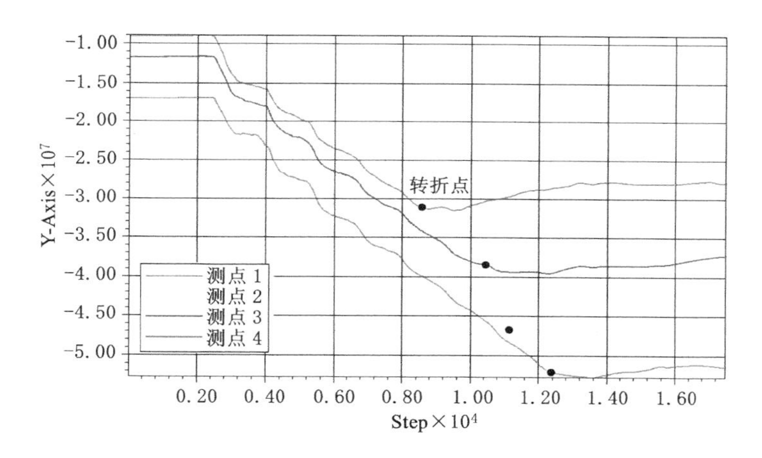

图 3-33 不同深度水平应力变化曲线

均质体实际是式(3-20)的一种特殊情况，即 $r_a=0$ 时为理论上的均质体。由模拟结果可以看出，虽然在水平挤压作用下，均质体也会出现具有方向特性的塑性区，但出现的位置具有随机性，出现的时间更晚，所需要的应力更大。

3.2.2 圆孔周边塑性区分布规律

采用方案 2，即在模型的中间位置开挖半径为 30 m 的圆孔，在左侧边界施加水平位移，模拟结果如下所述。

由图 3-34 可知，当水平位移量为 0.4 m 时，模型上部开始出现塑性区，深度 50 m 处水平应力约为 11 MPa，其水平应力增量约为 9.7 MPa，与理论计算值相差不大。但在圆孔的上下位置出现了大致呈半月形状的塑性区，此时深度 500 m 处的水平应力约为 23 MPa，即侧压系数约为 1.8。

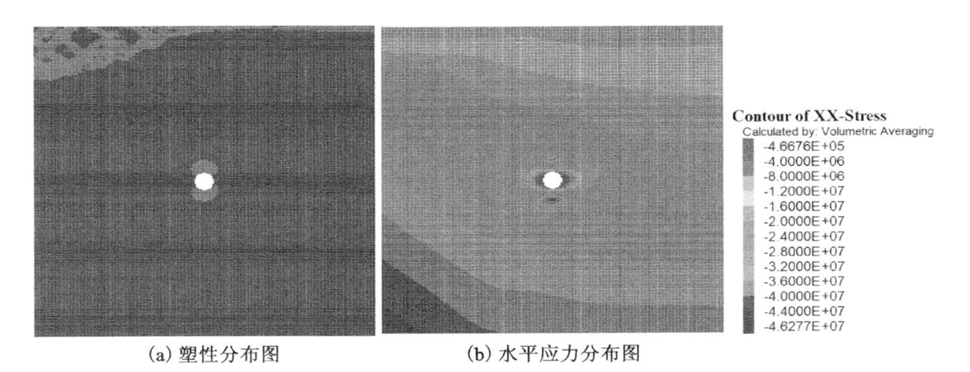

(a) 塑性分布图　　(b) 水平应力分布图

图 3-34　水平位移量为 0.4 m

由图 3-35 所示，当水平位移量为 0.8 m 时，塑性区发展至深度 615 m 左右，该位置处的水平应力为 40 MPa 左右，而深度 500 m 处的水平应力为 32 MPa，侧压系数约为 2.46。

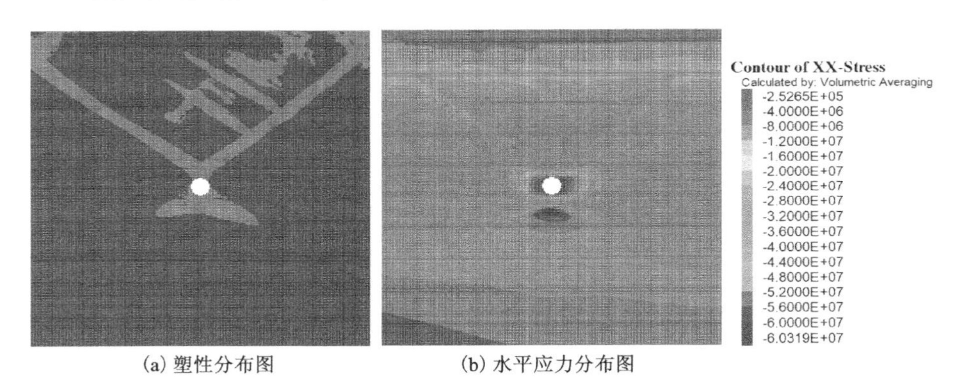

(a) 塑性分布图　　(b) 水平应力分布图

图 3-35　水平位移量为 0.8 m

由图 3-36 所示，当水平位移量为 1.2 m 时，在圆孔周边基本形成了一组共轭塑性区，呈“X”形或蝶形。

如图 3-37 所示，根据测点 1～测点 4 的水平应力变化曲线可知，初始水平应力值大致为 γH，当 0.18×10^4 step 时，各测点的水平应力逐渐增大，且增加的速度大致相同。当岩体进入塑性状态时，水平应力则在较小的范围内变化，表明进入塑性状态的岩体，其水平应力呈相对稳定的状态。

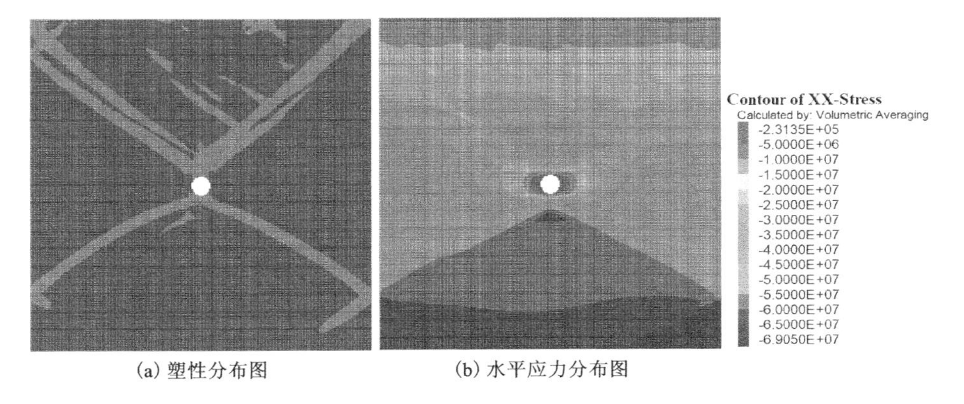

(a) 塑性分布图　　(b) 水平应力分布图

图 3-36　水平位移量为 1.2 m

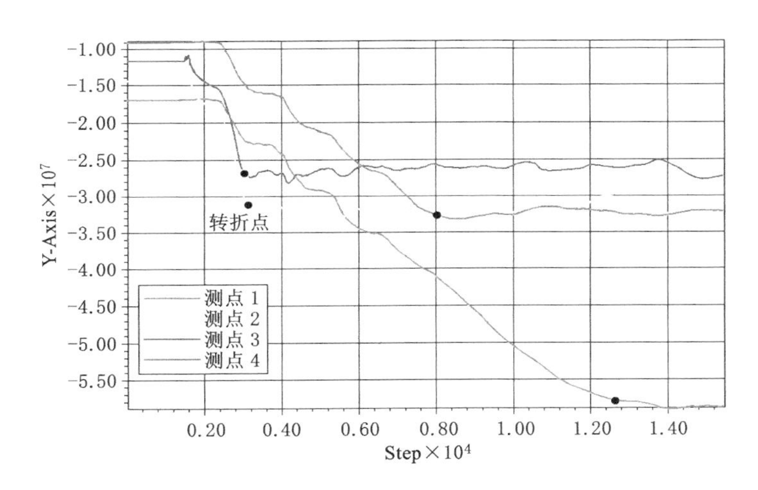

图 3-37　不同深度水平应力变化曲线

3.2.3　方孔周边塑性区分布规律

由图 3-38 可知，在模型的中间位置开挖方形孔洞，其周边所形成的塑性区与图 3-34～图 3-36 所示的圆形孔洞周边塑性区发展规律基本相同，表明孔洞形状对塑性区的发展规律影响不大。

如图 3-39 所示，根据测点 1～测点 4 的水平应力变化曲线可知，初始水平应力值大致为 γH，当 0.24×10^4 step 时，各测点的水平应力逐渐增大。当岩体进入塑性状态时，水平应力则在较小的范围内变化，表明进入塑性状态的岩体，其水平应力呈相对稳定的状态。

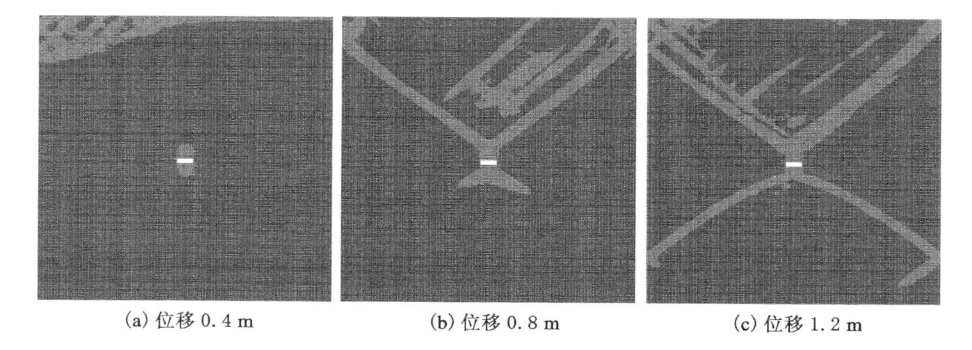

图 3-38 方孔周边塑性区分布图

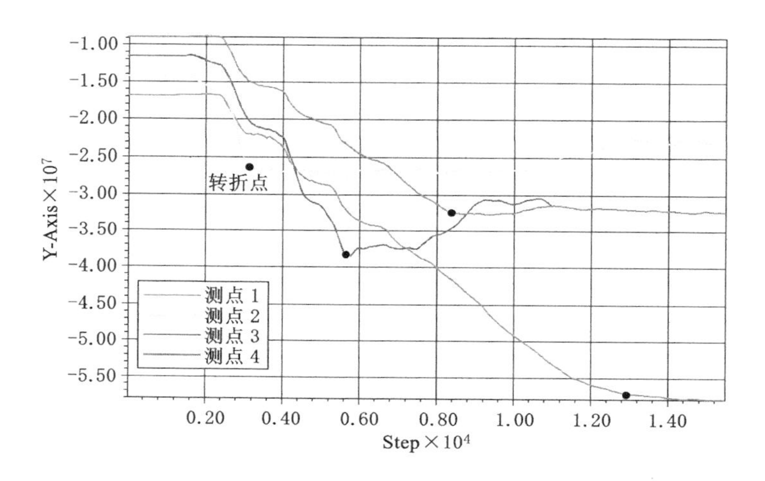

图 3-39 不同深度水平应力变化曲线

3.2.4 圆形地质软弱体周边塑性区分布规律

在模型的中间位置开挖圆形孔洞，即在圆形地质软弱体周边形成塑性区。由图 3-40 所示，当水平位移量为 0.4 m 时，塑性区发育规律和水平应力分布规律与均质体基本相同。塑性区首先出现在模型的上部位置，并逐渐向下发展。

由图 3-41 可知，当水平位移量为 0.8 m 时，塑性区发展至深度 565 m 左右，该位置处的水平应力为 35 MPa，侧压系数约为 2.69。

由图 3-42 所示，当水平位移量为 1.2 m 时，在软弱体周边基本形成了一组共轭塑性区，呈“X”形或蝶形。

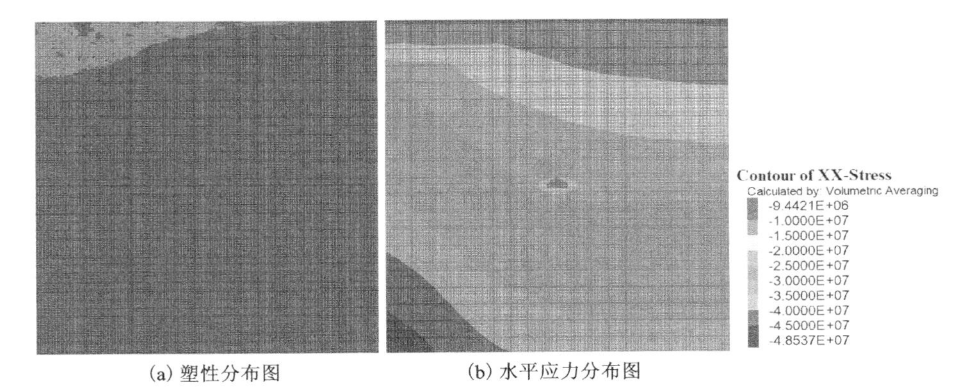

(a) 塑性分布图　(b) 水平应力分布图

图 3-40　水平位移量为 0.4 m

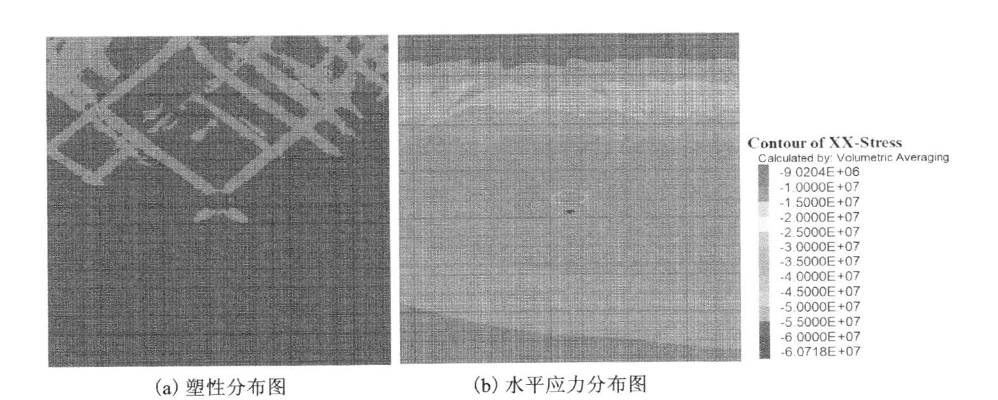

(a) 塑性分布图　(b) 水平应力分布图

图 3-41　水平位移量为 0.8 m

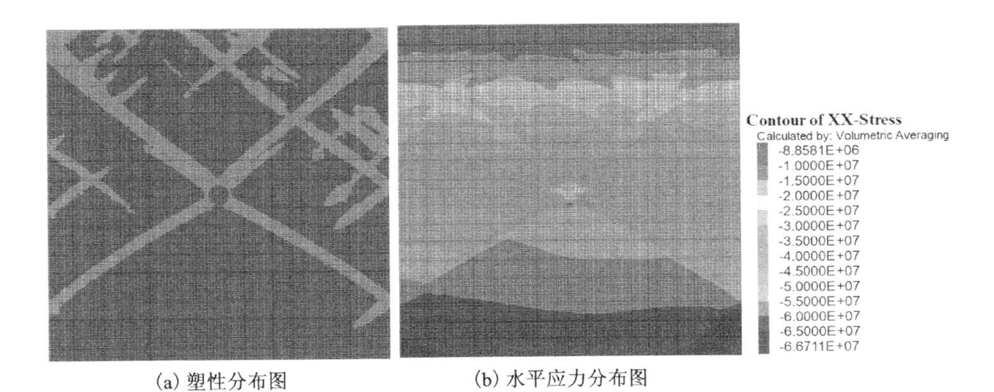

(a) 塑性分布图　(b) 水平应力分布图

图 3-42　水平位移量为 1.2 m

如图 3-43 所示，根据测点 1～测点 4 的水平应力变化曲线可知，初始水平应力值大致为 γH，当 0.24×10^4 step 时，各测点的水平应力逐渐增大。当岩体进入塑性状态时，水平应力则在较小的范围内变化，表明进入塑性状态的岩体，其水平应力呈相对稳定的状态。

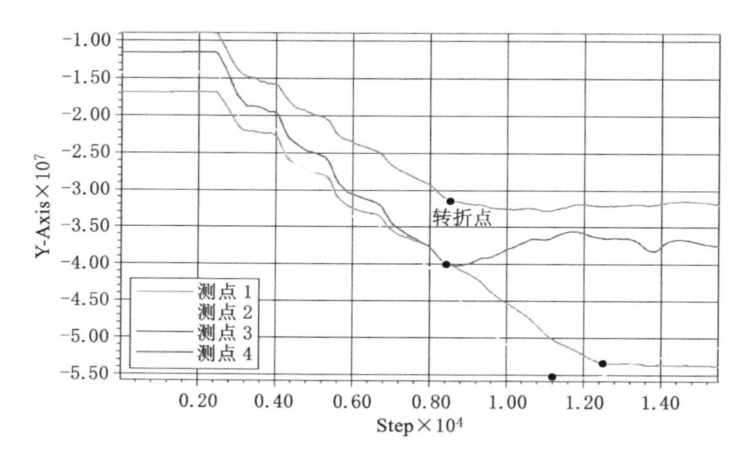

图 3-43 不同深度水平应力变化曲线

3.2.5 方形地质软弱体周边塑性区分布规律

由图 3-44 可知，在模型的中间位置开挖方形孔洞，其周边所形成的塑性区与圆形软弱体周边塑性区发展规律基本相同，表明地质软弱体形状对塑性区的发展规律影响不大。

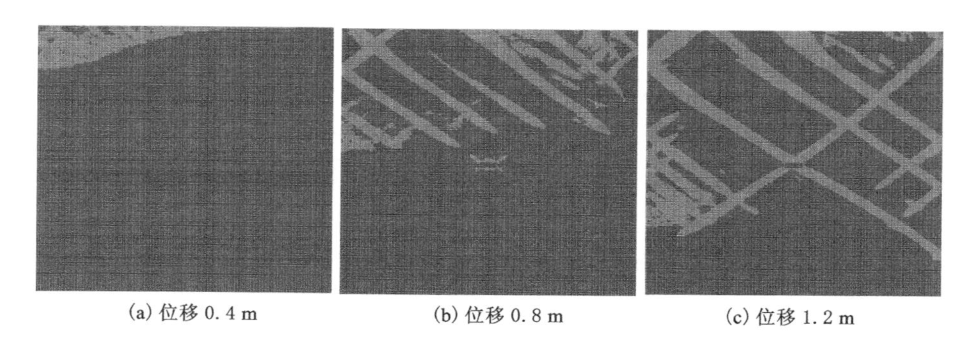

(a) 位移 0.4 m (b) 位移 0.8 m (c) 位移 1.2 m

图 3-44 方孔周边塑性区分布图

如图 3-45 所示，根据测点 1～测点 4 的水平应力变化曲线可知，初始水平应力值大致为 γH，当 0.24×10^4 step 时，各测点的水平应力逐渐增大。当岩体进入塑性状态时，水平应力则在较小的范围内变化，表明进入塑性状态的岩体，其水平应力呈相对稳定的状态。

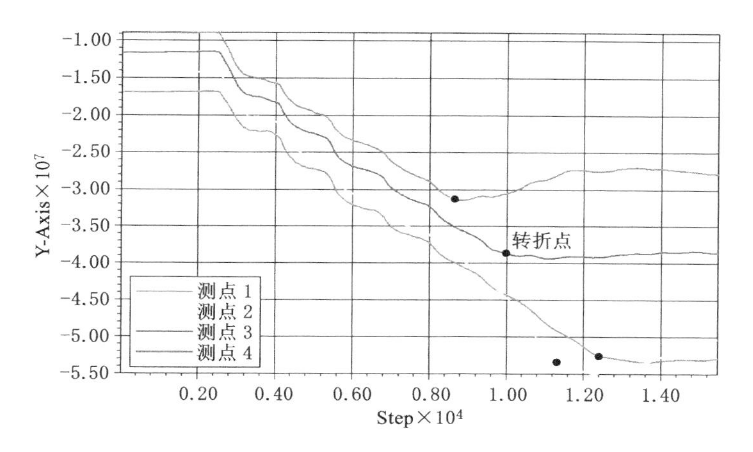

图 3-45 不同深度水平应力变化曲线

3.3 自然界中的共轭现象

蝶形塑性区理论不但阐明了断层的形成机理，还可用于解释自然界中常见的共轭显现，如岩体的节理与裂隙分布，其实质是岩体的共轭破裂；共轭地震现象实际是大地构造活动的宏观呈现。

3.3.1 岩体的节理与裂隙分布

处于高偏应力环境中的软弱体周边出现蝶形塑性破坏时，4 个蝶叶一般呈共轭分布。共轭断层是最常见的断层分布样式之一，共轭现象广泛存在于地壳岩体中。和秋姣等分析了金川矿区内地层和侵入体中的节理构造，对矿区内 27 个测点的节理构造进行野外实测和统计，发现矿区内的剪节理成组出现，同一组节理具有近似的密度、延伸长度，产状稳定；在某些构造位置，剪节理成对出现，且以近 90°的节理相交，平面上呈“X”形样式，形成棋盘格子构造，有共轭特征；共轭的两组节理相互贯通，同时被后期方解石脉充填，且脉宽一致；矿区内的近 EW 向的褶皱构造、F_1、F_2 以及之后容纳含矿超基性岩体的压扭性断裂是阴山陆块与鄂尔多斯陆块碰撞形成华北古陆的西部陆块的结果，并形成了以 NNE-SSW 向挤压为主要特征的古构造应力场。

位于珠江口盆地珠一坳陷东北部的陆丰凹陷，被陆丰中央低凸起分隔成为南、北两个洼陷带。陆丰凹陷新生代地层内发育的断层类型主要为正断层，这些主干断层及其伴生的次级断层在剖面上组成阶梯式、多米诺式、堑垒式、向心式、共轭式、“人”字形等多种类型，分布在不同的次级洼陷之内。其中“人”字形构造样式发育在陆丰中央低凸起的西部，向东逐渐演化为共轭式(“X”形)构造样式。共轭式断层是陆丰凹陷中央低凸起带上发育的典型剖面构造叠加样式，由陆丰7洼南侧边界断层与陆丰13西洼北侧边界断层组成。

沙枣园岩体位于甘肃省西北部嘉峪关市以北约80 km处，海拔1 200～1 500 m，岩性以花岗闪长岩为主，地势北高南低，相对高差几十米，岩体地貌为浑圆状山丘，坡度较小，山谷低平，戈壁砾石较普遍。依据结构面分级方法，将该区域内发育的结构面划分为Ⅱ、Ⅲ、Ⅳ-Ⅴ级。根据沙枣园岩体内Ⅱ级结构面的调研范围及空间展布，岩体内共识别出12条Ⅱ级结构面，走向分为NW向和NE向，NW向结构面发育规模明显大于NE向结构面。其中F_1、F_2、F_3、F_4、F_5、F_{10}、F_{12}断层呈北西走向，F_6、F_7、F_8、F_9、F_{11}断层呈北东走向，两组断层大致呈共轭分布，其走向夹角约为90°左右。

按照空间平面方程，可以计算空间两平面的夹角。空间平面的基本方程为：

$$Ax+By+Cz+D=0$$

根据空间平面方程，空间两断层面的平面方程为：

$$A_1x+B_1y+C_1z+D_1=0 \tag{3-29}$$

$$A_2x+B_2y+C_2z+D_2=0 \tag{3-30}$$

设两面夹角为ϕ，则：

$$\cos\phi=\frac{A_1A_2+B_1B_2+C_1C_2}{\sqrt{A_1^2+B_1^2+C_1^2}\sqrt{A_2^2+B_2^2+C_2^2}} \tag{3-31}$$

当断层面1的倾角为α_1时，即为断层面1与水平面的夹角。

过原点的水平面方程为$z=0$，则：

$$\cos\alpha_1=\frac{C_1}{\sqrt{A_1^2+B_1^2+C_1^2}} \tag{3-32}$$

设断层面1走向为β_1，当$z=0$时，即在xOy平面上的走向线方程为：

$$y=\tan\beta_1\cdot x \tag{3-33}$$

联立式(3-32)、式(3-33)计算化简可得：

$$\begin{cases}A_1=\tan\beta_1\\ B_1=-1\\ C_1=\dfrac{\cot\alpha_1}{\cos\beta_1}\end{cases} \tag{3-34}$$

为便于计算，将两主要断层面简化为过坐标原点的平面，则断层面的基本方程为：$Ax+By+Cz=0$，可得断层面1的平面方程为：

$$\tan\beta_1\cdot x-y+\frac{\cot\alpha_1}{\cos\beta_1}\cdot z=0 \tag{3-35}$$

同理，计算可得：

$$\begin{cases}A_1=\tan\beta_2\\B_2=-1\\C_2=\dfrac{\cot\alpha_2}{\cos\beta_2}\end{cases} \tag{3-36}$$

断层面2的平面方程为：

$$\tan\beta_2\cdot x-y+\frac{\cot\alpha_2}{\cos\beta_2}\cdot z=0 \tag{3-37}$$

断层面1和断层面2的夹角为：

$$\phi=\arccos\frac{A_1A_2+B_1B_2+C_1C_2}{\sqrt{A_1^2+B_1^2+C_1^2}\sqrt{A_2^2+B_2^2+C_2^2}} \tag{3-38}$$

将式(3-34)、式(3-36)代入式(3-38)得：

$$\phi=\arccos\frac{\tan\beta_1\tan\beta_2+1+\dfrac{\cot\alpha_1}{\cos\beta_1}\dfrac{\cot\alpha_2}{\cos\beta_2}}{\sqrt{\tan\beta_1^2+1+\dfrac{\cot^2\alpha_1}{\cos^2\beta_1}}\sqrt{\tan\beta_2^2+1+\dfrac{\cot^2\alpha_2}{\cos^2\beta_2}}} \tag{3-39}$$

按照以上公式计算沙枣园岩体Ⅱ级结构面与F_1断层和F_6断层的夹角，计算结果如表3-1和表3-2所示。由计算结果可知，沙枣园岩体的多个断层符合近似平行或垂直的关系，这种关系与蝶形塑性区理论中的塑性区扩展方向相一致。由表3-1可知，与F_1断层面近似垂直的断层有F_6、F_7、F_8、F_9、F_{11}断层，断层面的夹角在98°～103°之间；而与F_6断层面近似垂直的断层有F_1、F_2、F_3、F_4、F_5、F_{10}、F_{12}，夹角为78°～109°，而F_7、F_8、F_9、F_{11}断层与F_6断层面的夹角为2°～9°，近似平行，从而表明，该区域的二级断层基本呈共轭分布。

表3-1 沙枣园岩体Ⅱ级结构面与F_1断层夹角计算汇总表

断层序号	断层面参数					断层F_1参数					断层面夹角/(°)
	走向	倾向	A_1	B_1	C_1	走向	倾向	A_2	B_2	C_2	
1	315	60	−1.00	−1	0.39	315	60	−1.00	−1	0.41	0.00
2	315	44	−1.00	−1	0.69	315	60	−1.00	−1	0.41	16.00
3	135	65	−1.00	−1	−0.46	315	60	−1.00	−1	0.41	55.00

表 3-1（续）

断层序号	断层面参数					断层 F_1 参数					断层面夹角/(°)
	走向	倾向	A_1	B_1	C_1	走向	倾向	A_2	B_2	C_2	
4	135	62	−1.00	−1	−0.53	315	60	−1.00	−1	0.41	58.00
5	135	75	−1.00	−1	−0.27	315	60	−1.00	−1	0.41	45.00
6	225	63	1.00	−1	0.19	315	60	−1.00	−1	0.41	103.12
7	225	65	1.00	−1	0.17	315	60	−1.00	−1	0.41	102.20
8	225	72	1.00	−1	0.12	315	60	−1.00	−1	0.41	98.89
9	225	65	1.00	−1	0.17	315	60	−1.00	−1	0.41	102.20
10	315	76	−1.00	−1	0.17	315	60	−1.00	−1	0.41	16.00
11	225	65	1.00	−1	0.17	315	60	−1.00	−1	0.41	102.20
12	315	65	−1.00	−1	0.31	315	60	−1.00	−1	0.41	5.00

表 3-2　沙枣园岩体Ⅱ级结构面与 F_6 断层夹角计算汇总表

断层序号	断层面参数					断层 F_6 参数					断层面夹角/(°)
	走向	倾向	A_1	B_1	C_1	走向	倾向	A_2	B_2	C_2	
1	315	60	−1.00	−1	0.39	225	63	1.00	−1	−0.36	103.12
2	315	44	−1.00	−1	0.69	225	63	1.00	−1	−0.36	109.06
3	135	65	−1.00	−1	−0.46	225	63	1.00	−1	−0.36	78.94
4	135	62	−1.00	−1	−0.53	225	63	1.00	−1	−0.36	77.69
5	135	75	−1.00	−1	−0.27	225	63	1.00	−1	−0.36	83.25
6	225	63	1.00	−1	0.19	225	63	1.00	−1	−0.36	0.00
7	225	65	1.00	−1	0.17	225	63	1.00	−1	−0.36	2.00
8	225	72	1.00	−1	0.12	225	63	1.00	−1	−0.36	9.00
9	225	65	1.00	−1	0.17	225	63	1.00	−1	−0.36	2.00
10	315	76	−1.00	−1	0.17	225	63	1.00	−1	−0.36	96.31
11	225	65	1.00	−1	0.17	225	63	1.00	−1	−0.36	2.00
12	315	65	−1.00	−1	0.31	225	63	1.00	−1	−0.36	101.06

3.3.2　共轭地震现象

已有地震记录显示，许多地震区存在相互交叉的共轭发震断层，尤其强震的震源断裂往往呈“X”形共轭断裂，地震震中位于“X”形共轭断裂交汇部位。美国 Superstition Hills 地震序列在 2 组共轭断层上同时出现地表破裂带；美国 Red Rock Valley M_b5.3 地震震源深度为 12.4 km，位于 Monument Ridge 正断层和 Red Rock 断层的共轭交汇处。日本 Kagoshima M6.0 地震同样有共轭断层的存在；H. Horikawa 在研究 1997 年 5 月发生在日本鹿儿岛的地震时发现共轭断层的存在，共轭破裂起始于两断层段的交汇处附近并沿两侧传播；Yukutake 等由双差定位算法反演出主震震源与余震的位置，认为日本 Niigata Chuetsu-Oki M_W6.6 地震破裂主要发生在向东南倾斜的断层面上，主震震源周围西北方向和东南方向倾斜的共轭断层面几乎同时破裂。Chen 等总结了台湾 Chi-Chi 地震(M_L7.3)的余震活动和震源机制，表明轻微东向倾斜的车龙埔断层和陡峭西向倾斜的深层断裂带组成的共轭断层系统主导了震源区南部余震的空间格局。2012 年苏门答腊-沃顿盆地 8.6 级地震中发现地震活动的共轭分布。

中国大陆许多地震区存在相互交叉的共轭发震断层，特别是华北平原、川滇菱形块体等地区常常发生与共轭断层错动相关的双震或震群型地震。华北平原北部有 NW 向张家口-蓬莱断裂带，是 NE 向和 NW 向共轭断层发育区，也是历史上地震强烈活动地带，1679 年三河-平谷 8 级地震和 1976 年河北唐山 7.8 级地震的发震断层分别为 NE 向右旋走滑的夏垫新断裂和唐山断裂。川滇菱形块体与华南克拉通之间鲜水河-小江断裂带东侧，2014 年 8 月 3 日发生的鲁甸 M6.5 地震在地表沿 NW 向包谷垴-小河断裂形成 2.2 km 长的地表破裂带，重新定位后的余震呈 NNW 向和 NEE 向“L”形分布，显示出共轭断层之间存在着破裂触发作用。另外还有：华北平原 1966 年邢台地震群(M6.8、M6.7 和 M7.2)、1988 年澜沧-耿马地震群(M7.6 和 M7.2)等。这些震群的发生无疑与共轭断层相互作用和破裂触发作用有关。

地震时的震源能与“X”形共轭断层扩展时释放的能量之间必然存在某种符合逻辑的相关关系，它们应该可以应用相同的力学模型进行分析。就目前而言，蝶形塑性区与共轭断层和共轭地震现象具有较高的吻合度。

3.4　本章小结

在弹塑性力学的基础上，考虑圆形地质软弱体，基于莫尔-库仑破坏准则，推导了考虑中间主应力作用下的 σ_x-σ_z 平面内岩体塑形破坏规律。

(1) 塑性区发育的形态变化。在其他参数不变的情况下，侧压系数对地质软弱体周边塑性区的形态和半径具有较强的控制作用，在侧压系数从 0.2 逐渐增大至 3.5 的过程中，塑性区大致呈“蝶形-椭圆形-圆形-椭圆形-蝶形”的变化规律。

(2) 塑性区发育具有突变性。在蝶形塑性区发展过程中可能出现突变现象，侧压系数从 0.27 减至 0.25 时，塑性区半径从 11.2 m 增至无穷大，侧压系数从 2.6 增至 2.7 时，塑性区半径从 12.8 m 增至无穷大，即在微小的应力增量作用下，塑性区可按某一方向无限扩展。

(3) 对塑性区影响较大的参数有侧压系数、垂直应力、黏聚力和内摩擦角，这 4 个参数的变化均会导致塑性区半径的无限增大。

(4) 在孔洞体和地质软弱体周边均可形成蝶形塑性区，这可能就是岩石裂隙或者深部岩体断层形成的原因所在。

(5) 不同的地应力条件可形成不同塑性区分布形态。当侧压系数较高时($1.5>\lambda>1.0$)，圆形巷道更容易发生冒顶或底鼓现象；当侧压系数大于 2.0 时，圆形巷道周边产生蝶形破坏，塑性区分布于巷道的肩部和底角；当侧压系数较低时($1.0>\lambda>0.4$)，圆形巷道更容易在两帮发生塑性破坏，发生片帮；当侧压系数小于 0.3 时，圆形巷道周边产生蝶形破坏，塑性区分布于巷道的肩部和底角，具有突变性和方向性。

(6) 共轭是自然界中常见的现象之一，比如岩体的节理裂隙分布、共轭地震等现象与蝶形塑性区理论的一般规律相吻合，因此蝶形塑性分布可能是自然界中广泛分布的一种现象。

4　龙门山断裂带形成过程及其量化分析

龙门山断裂带及附近区域地形地貌独特，地质灾害频发。本章针对龙门山断裂带及附近区域的岩石力学特性、几何分布特征以及板块运动等研究龙门山断裂带的形成过程，并量化分析对应的应力演化时空特征、塑性区扩展过程及应变参数等。

4.1　龙门山断裂带的数值模型建立

4.1.1　模型的几何尺寸与边界条件

选用 FLAC 3D 5.0 数值模拟软件，它是基于拉格朗日差分法的一种显式有限差分程序，内置了莫尔-库仑准则，适于处理大尺度、大变形工程和地质问题。

计算机数值模拟分析模型的主要平面与龙门山断裂带走向垂直。模型的走向长度为 160 km；模型的高度为 40 km，与龙门山断裂带下部的莫霍(Moho)面大致相同；模型的厚度取 1 km。模型的边界条件和加载方式如图 4-1 所示。模型的上部为自由边界；模型的下部大体与莫霍面的深度相同，简化为位移边界条件，在 x 方向可以运动，z 方向为固定铰支座，即 $w=0$；模型的右侧是板块运动相对静止的边界，简化为在 z 方向可以运动，其他方向为固定铰支座，即 $u=v=0$。在模型左侧边界施加位移前，对整个模型范围内的岩

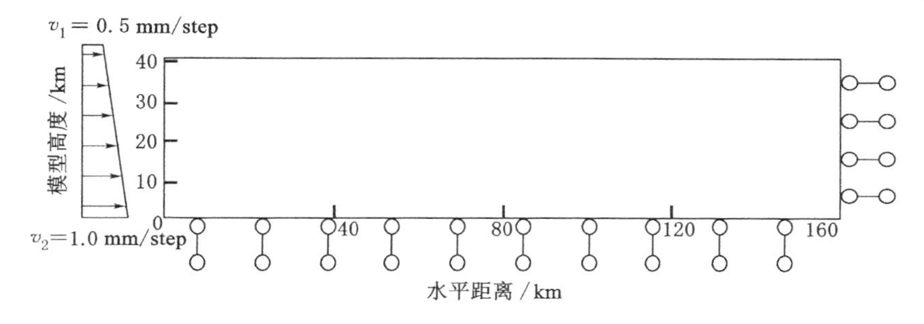

图 4-1　计算机数值模型边界条件与加载模型图

体施加重力应力场,使模型具备初始应力环境。岩体的垂直应力随深度大致呈正比关系,水平应力与垂直应力也大致呈正比关系。模型左侧的移动量按加载步(step)逐步施加,即每 4 个加载步(step)施加 1 年的移动量。模型的左侧边界相对于右侧边界的移动速度取两个边界实际移动速度的差值;考虑到地表与莫霍面的移动速度不同,左侧边界的水平速度随深度的增加成线性增长,上部加载的正向水平速度为 2 mm/a,下部加载的正向水平速度为 4 mm/a。为研究模型不同位置的主应力变化情况,在模型的不同位置设置追踪测点,以监测其应力、位移变化,如表 4-1 所示。

表 4-1 测点坐标汇总表

测点	深度/km	水平/km	测点	深度/km	水平/km
1	1.561	80	17	33.561	80
2	3.561	80	18	35.561	80
3	5.561	80	19	37.561	80
4	7.561	80	20	39.561	80
5	9.561	80	21	0.561	37.5
6	11.561	80	22	0.561	61.3
7	13.561	80	23	0.561	80
8	15.561	80	24	0.561	99
9	17.561	80	25	10.561	32
10	19.561	80	26	10.561	48.6
11	21.561	80	27	10.561	67
12	23.561	80	28	10.561	95
13	25.561	80	29	20.561	21.5
14	27.561	80	30	20.561	40.5
15	29.561	80	31	20.561	55.8
16	31.561	80	32	20.561	85

4.1.2 岩体物理力学参数确定

对岩石破坏的研究选用莫尔-库仑准则,其基本的物理力学参数包括弹性模量、泊松比、黏聚力、内摩擦角、剪胀角和抗拉强度。

迄今为止,对地壳深部岩体力学性质的研究不是很多,仅限于几千米范围内。一般认为,随着地层深度的增加,岩体更加致密,其弹性模量和密度等参数都会随深度的增加而增大。本章数值模拟分析模型岩体的弹性模量参考花岗岩取值，为 $4.0\times10^{10}\sim10.6\times10^{10}$ Pa，对整个模型按均匀梯度进行弹性模量和密度赋值，其他参数为定值。模型岩体物理力学参数如表 4-2 所示。

表 4-2 模型岩体物理力学参数

弹性模量/GPa		抗拉强度/MPa	黏聚力/MPa	内摩擦角/(°)	泊松比	密度/(kg/m^3)		重力加速度/(m/s^2)
地表	深度 40 km					地表	深度 40 km	
40	106	12	16	35	0.286	2 575	2 809	9.8

4.1.3 塑性安定定理

材料发生塑性破坏时，应力状态保持不变。变值载荷下结构的安定下限定理最早由 Bleich 针对简单的不定结构提出，后来被 Melan 推广到一般的三维理想弹塑性结构中，建立了下限安定定理，但当时 Melan 的证明非常复杂，后来 Symonds 和 Koiter 做了重大简化，Koiter 建立了上限安定定理。当一个弹塑性结构受到给定极限值范围内的变值载荷作用时，它可能发生以下几种类型的行为：

(1) 如果结构承受循环拉力和压力，且在两个方向发生塑性变形，那么很可能发生由于塑性变形方向改变导致的断裂，称为交替塑性或低循环疲劳。

(2) 如果结构承受介于两极值之间的循环载荷作用，而极限载荷足够大，那么每一循环加载均可能产生塑性变形。经过相当数量的循环后，这种渐进式的塑性流动可能导致结构发生大变形，称为累计破坏。

(3) 如果结构承受介于两极值之间的循环载荷作用，而极限载荷足够小，那么在每一循环加载初期可能产生塑性变形，而之后的连续加载不会产生进一步的塑性流动，那么结构达到所谓的安定状态，此时结构相应为完全弹性。

因此，根据安定定理，在模型运算过程中，将初期处于塑性状态而后期达到安定状态的单元块再回归至弹性状态；处于循环加载中产生大变形的单元块，即为可能的断裂带。

4.1.4 基于数值计算的岩体失稳判断

数值计算中常用莫尔-库仑模型来确定岩体失稳与否。系统默认 $\sigma_1>\sigma_2>\sigma_3$，则莫尔-库仑强度准则可以在($\sigma_1,\sigma_3$)平面内表示，岩体一般有两种主要破坏机制——拉伸破坏和剪切破坏。在数值计算中，这两种破坏机制同时作为岩体破坏与否的判别准则。当某一点的应力状态先满足拉伸破坏准则时，该点发生拉伸破坏，反之亦然。

如图 4-2 所示，失稳包络线 $f(\sigma_1, \sigma_3)=0$ 的定义如下：

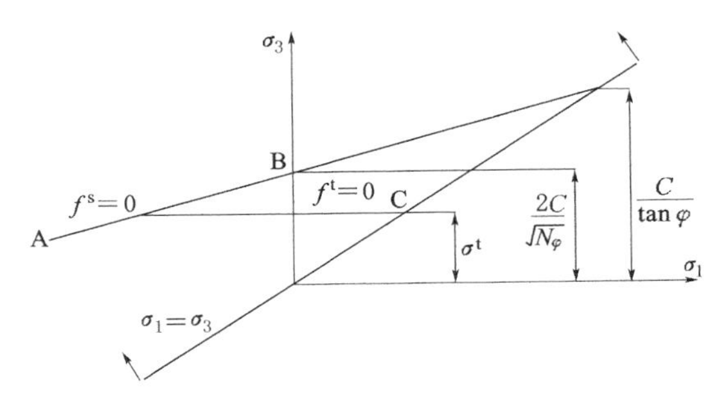

图 4-2　FLAC 3D 莫尔-库仑强度准则

从 A 点至 B 点符合莫尔-库仑失稳准则，当剪切判据 $f^s=0$ 时，该点破坏，f^s 满足如下关系：

$$f^s=\sigma_1-\sigma_3 N_\varphi+2C\sqrt{N_\varphi} \tag{4-1}$$

从 B 点至 C 点符合拉伸破坏准则，当拉应力屈服函数 $f^t=0$ 时，该点破坏，f^t 满足如下关系：

$$f^t=\sigma_3-\sigma^t \tag{4-2}$$

式中，C 为黏聚力；σ^t 为抗拉强度；N_φ 表示与岩石内摩擦角 φ 相关的系数，满足如下关系：

$$N_\varphi=\frac{1+\sin\varphi}{1-\sin\varphi} \tag{4-3}$$

材料的抗拉强度 σ^t 不能超过(σ_1, σ_3)平面内直线 $f^s=0$ 与 $\sigma_1=\sigma_3$ 直线的交点对应的 σ_3，其最大值为：

$$\sigma^t_{\max}=\frac{C}{\tan\varphi} \tag{4-4}$$

势函数通过 g^s 和 g^t 表达，它们分别表示剪切塑性流动和张拉塑性流动。势函数 g^s 和 g^t 应符合非关联法则并有如下形式：

$$g^s=\sigma_1-\sigma_3 N_\varphi \tag{4-5}$$

$$g^t=\sigma_3-\sigma^t \tag{4-6}$$

通过引入以下方法可以给出流动法则的唯一表达。函数 $h(\sigma_1, \sigma_3)=0$ 定义为(σ_1, σ_3)平面内 $f^s=0$ 和 $f^t=0$ 之间的斜线。如图 4-2 所示，根据函数的正域和负域来选择函数，其表达式如下：

$$h=\sigma_3-\sigma^t+a^P(\sigma_1-\sigma^P) \tag{4-7}$$

式中，a^{P}、σ^{P} 为常量，定义为：

$$a^{P}=\sqrt{1+N_{\varphi}^{2}}+N_{\varphi} \tag{4-8}$$

$$\sigma^{P}=\sigma^{t}N_{\varphi}-2C\sqrt{N_{\varphi}} \tag{4-9}$$

假设一弹性点突破了复合屈服函数，如图 4-3 所示，在(σ_1，σ_3)平面内表示该点位于域 1 和域 2 内，分别表示正负域。如果应力点位于域 1 内，表示该点处于剪切屈服状态，且处于曲线 $f^{s}=0$ 上，适用于势函数 g^{s} 推导得到的流动法则；如果应力点位于域 2 内，表示该点处于拉伸屈服状态，满足 $f^{t}=0$，适用于势函数 g^{t} 推导得到的流动法则。

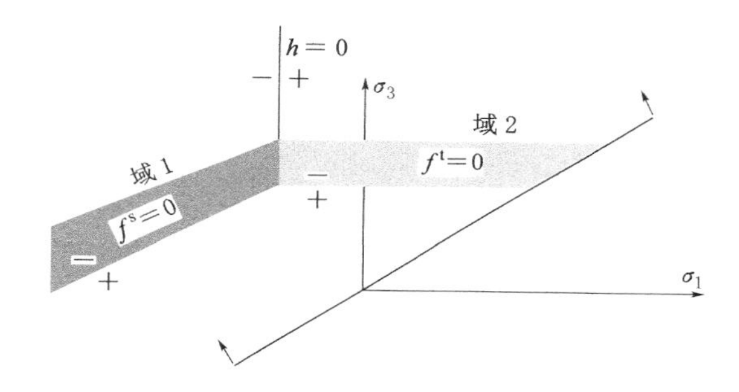

图 4-3　莫尔-库仑流动法则域

4.2　龙门山区域岩体破坏过程模拟

为了表述方便，拟采用时间的概念以确定板块运动的状态。在模型中地表的移动速度为 5 mm/step，当前区域板块运动速度为 2 mm/a，即在计算过程中，每一个时间步(step)代表 2.5 a。由于板块运动的长期性和复杂性，模拟所得结果与实际必然存在差异，但可以描述一般的发展规律。根据图 4-4 所示模拟结果，在左边界施加位移载荷，经过 320 万年后，得到模型的塑性区发育、位移、应力分布的时空特征。

4.2.1　塑性区发育破坏过程

图 4-4 描述了龙门山断裂形成过程。由图可见，区域构造运动 10 万年之前，龙门山地表出现塑性破坏区，地壳下方岩体保持完好，处于弹性状态；区域构造运动 52.97 万年时，在马尔康下方深度约 34.2 km、水平位置 26 km 处开始有塑性区产生，此处为 F_1 断层发育初始位置；到 55 万年时，其右上方的塑性区发育较为明显，F_1 断层初露端倪；到 70 万年时，F_1 断层发育至地表，在莫

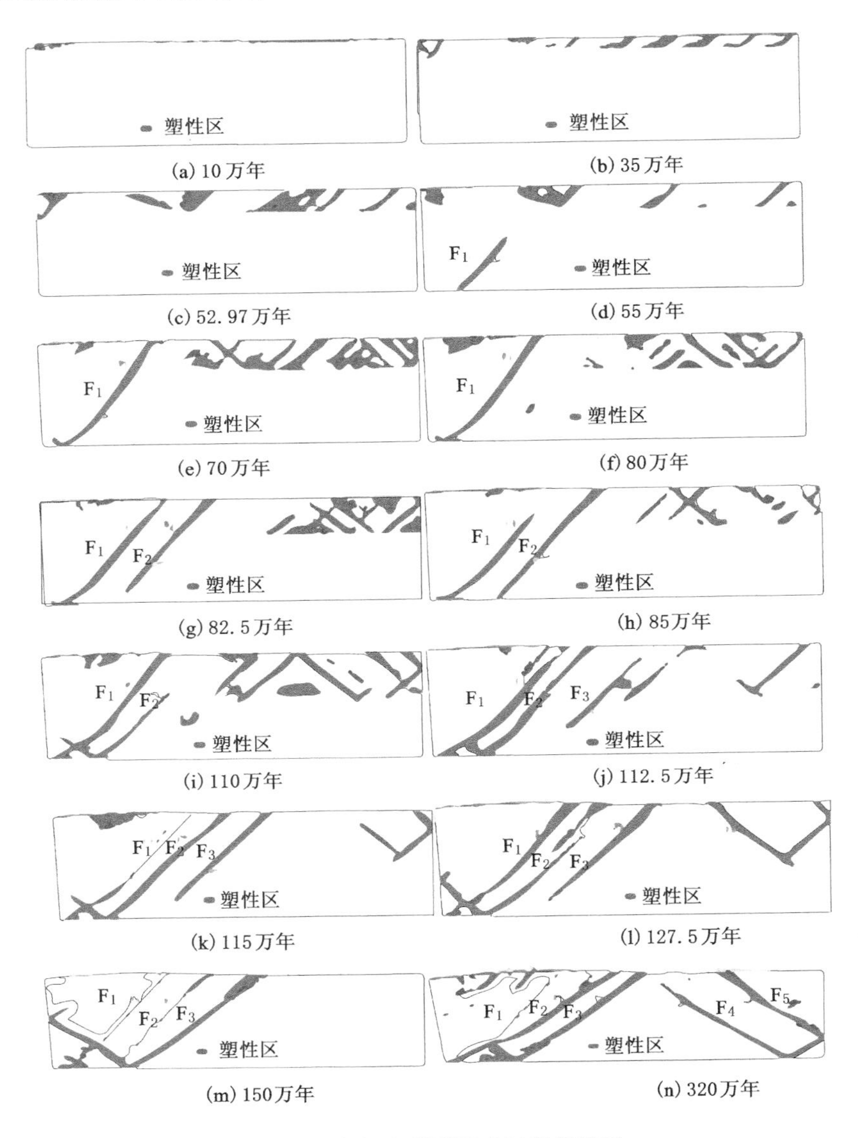

图 4-4　龙门山断裂形成过程模拟图

霍面附近呈现不对称共轭塑性区；到 80 万年时，地表下方 22.0 km、水平位置 57 km 处出现塑性区，此处为 F_2 断层发育初始位置；到 82.5 万年时，F_2 断层由中部向两侧发育；到 85 万年时，F_2 断层发育至地表，其底部同时发育不对称共轭断层；到 110 万年时，在深度为 24 km、水平位置 87 km 位置处出现塑性区，此处为 F_3 断层发育初始位置；到 112.5 万年时，塑性区继续发育；到 150 万年时，F_3 断层基本发育至地表，F_3 断层形成。模拟计算所得断层形成的位置与实际龙门山断裂带3条主要断层的几何分布大致吻合，甚至与龙泉山 F_6 断层的几何分布也有一定的相似性。到320万年时，塑性区依然在原有的位置上。

因此可以认为，F_1、F_2、F_3 断层是从塑性区中部开始向上下两侧发育的，上侧逐渐发展至地表，而且 F_1、F_2、F_3 断层依次形成。这些塑性区的发育方向与水平面的夹角大致在40°～45°之间，并出现了各自的共轭断层，与实际的龙门山断裂大致吻合，如图4-5和图4-6所示。

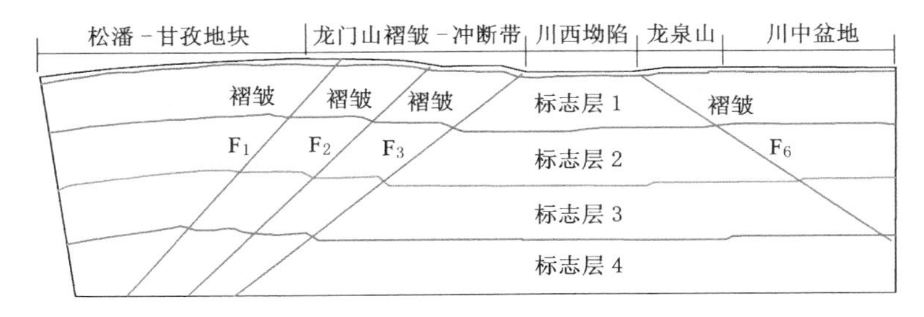

图 4-5　数值模拟结果图

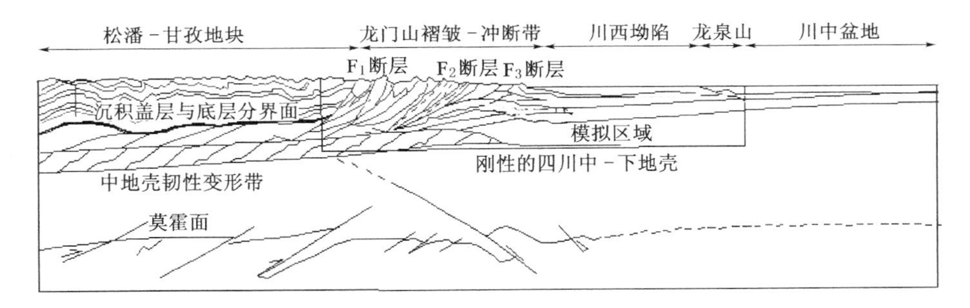

图 4-6　跨龙门山中段深、浅结合的地质结构综合解译图

4.2.2 应力应变时空演化特征

(1) 最大剪应变增量分布特征

当 F_1 断层形成时，在 F_1 断层所在位置形成较高的主应变带，最大应变量可达0.18；当 F_2 断层形成时，在 F_1 断层和 F_2 断层所在位置形成较高的主应变带，最大应变量可达0.28；当 F_3 断层形成时，在 F_1 断层和 F_2 断层所在位置形成较高的主应变带，最大应变量可达0.51。

高剪应变带随着塑性区的贯通呈加速增大趋势，从应变累积量来看，F_3 断层的大于 F_2 断层的大于 F_1 断层的，F_3 断层积累了最大的剪应变量，因此形成了 F_3 断层左侧的龙门山和川西高原及右侧的四川盆地独特地形。

由图 4-4～图 4-7 可知，塑性区分布位置和最大主应变位置具有很好的一致性，即在板块运动的作用下，龙门山及附近区域出现了 3 条具有一定方向的、与地表贯通的塑性区，这些塑性区产生较大的应变，从而导致上盘岩层向

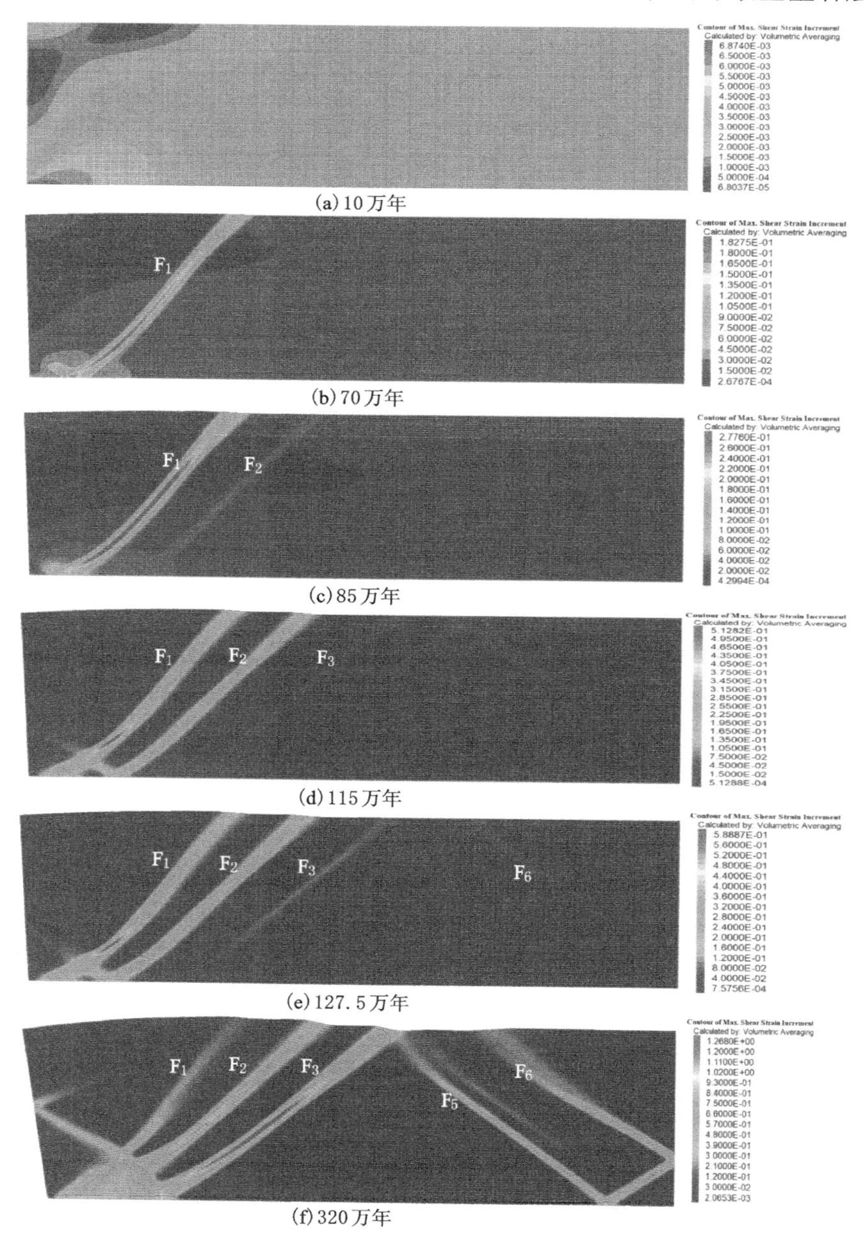

(a) 10 万年

(b) 70 万年

(c) 85 万年

(d) 115 万年

(e) 127.5 万年

(f) 320 万年

图 4-7　不同时期的剪应变图

上移动的逆冲型断层。

（2）不同深度最大、最小主应力演化过程

板块之间的相互运动，必然造成板块岩体应力的变化，通过“世界应力图”发现全球大部分地区的最大水平主应力方向与板块绝对运动迹线保持较好的一致性，反映出构造应力与板块运动的关系密切。

由图 4-8 可知，不同深度测点的最大主应力随着深度的增加而增加，经历了先增大后稳定的过程，但浅部测点较深部测点先达到稳定状态。

不同深度测点都经历多个突变，其时间分别为 56.7 万年、85 万年和 150 万年，与 F_1、F_2、F_3 断层贯通时间基本对应，表明断层的贯通对地壳岩体的地应力具有较大影响。

根据图 4-8 和图 4-9 可获得最大、最小主应力及其比值的时空分布，结果如表 4-3 所示。

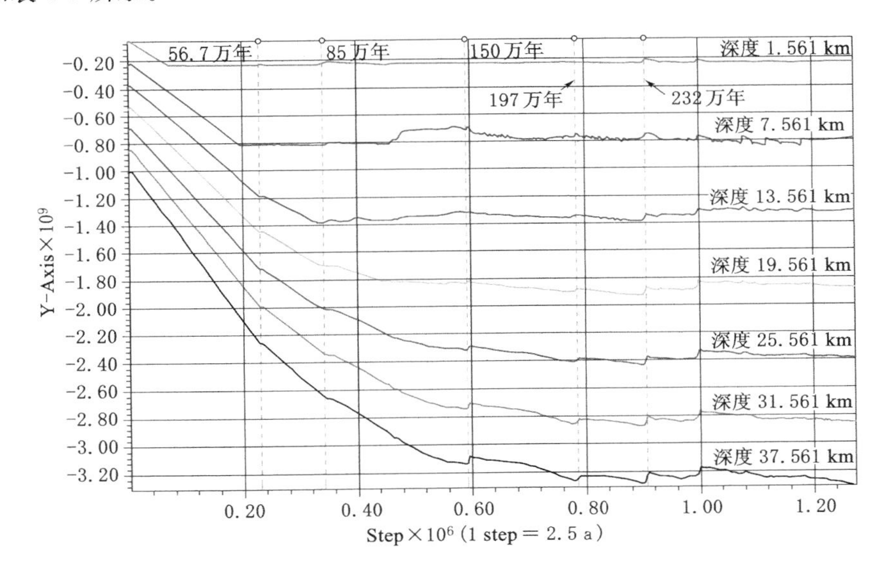

图 4-8　不同深度最大主应力变化曲线图

随着区域板块挤压运动发展，区域内岩体的水平应力必然增大，当应力增大至岩体强度极限时，岩体进入塑性状态。从表 4-3 的最大、最小主应力比值来看，7 个测点在 300 万年的跨度内平均主应力比值为 3.63，其中深度为 1.561 km 处的主应力比值偏大，平均为 4.77；50 万年后的主应力比值逐渐减小，平均为 3.06，且随深度的增大而呈减小趋势；100 万年后 7.561 km 以下各测点的主应力比值在 3.0～4.0 之间，平均为 3.59。根据蝶形塑性区理论，

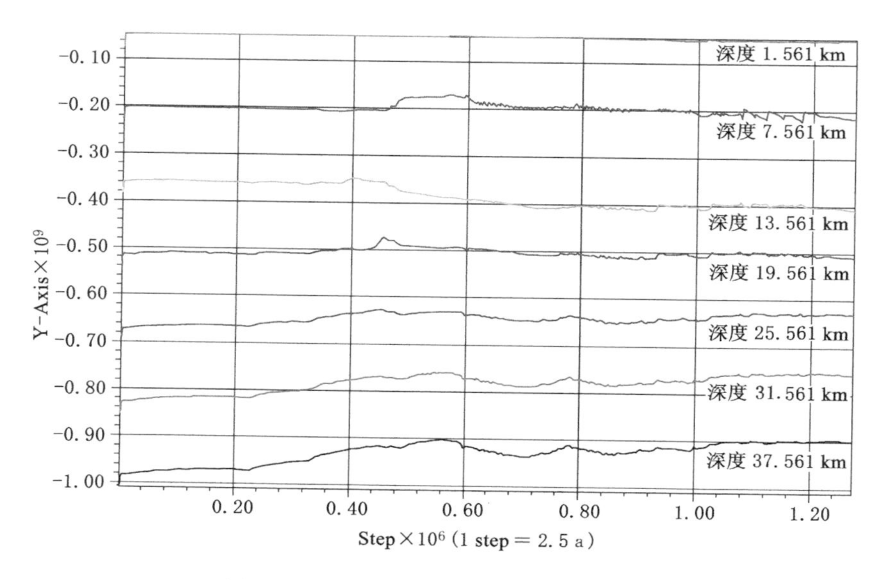

图 4-9　不同深度最小主应力变化曲线图

表 4-3　各测点在不同时间的最大、最小主应力值汇总表

时间/万年	1.561 km 处/MPa			7.561 km 处/MPa		
	最大	最小	比值	最大	最小	比值
50	230.2	45.8	5.03	809.7	203	3.99
100	225.2	47.3	4.76	804.7	205.9	3.91
150	230.2	47.3	4.87	704.8	177.8	3.96
200	230.2	47.3	4.87	769.7	192.6	4.00
250	220.2	48.7	4.52	789.7	208.9	3.78
300	230.2	50.3	4.58	804.7	201.5	3.99

时间/万年	13.561 km 处/MPa			19.561 km 处/MPa		
	最大	最小	比值	最大	最小	比值
50	1 069.4	358.7	2.98	1 329.2	512.9	2.59
100	1 354.2	351.3	3.85	1 738.8	499.6	3.48
150	1 314.2	391.3	3.36	1 823.7	496.6	3.67
200	1 349.2	403.2	3.35	1 878.6	507	3.71
250	1 324.2	407.6	3.25	1 848.7	510	3.62
300	1 314.2	403.2	3.26	1 853.7	507	3.66

表 4-3（续）

时间/万年	25.561 km处/MPa			31.561 km处/MPa		
	最大	最小	比值	最大	最小	比值
50	1 588.9	662.7	2.40	1 843.7	815.5	2.26
100	2 093.4	636	3.29	2 438.1	775.4	3.14
150	2 298.3	637.5	3.61	2 702.8	770.9	3.51
200	2 383.2	640.5	3.72	2 827.7	770.9	3.67
250	2 358.2	641.9	3.67	2 802.8	770.9	3.64
300	2 373.2	630.1	3.77	2 837.7	754.7	3.76

时间/万年	37.561 km处/MPa		
	最大	最小	比值
50	2 098.4	971.2	2.16
100	2 772.8	925.2	3.00
150	3 087.5	917.8	3.36
200	3 232.3	917.8	3.52
250	3 197.4	914.8	3.50
300	3 262.3	898.5	3.63

地壳岩体最大、最小主应力比值达到一定程度时，蝶叶半径会发生突变，出现急剧扩展现象。

如图 4-10 所示，各测点的临界比值在 3.05～3.44 之间，各测点最小主应力变化不大，最大主应力则先增大至临界值而后保持相对稳定的状态。这表明不同深度测点均存在极限或极限比值。

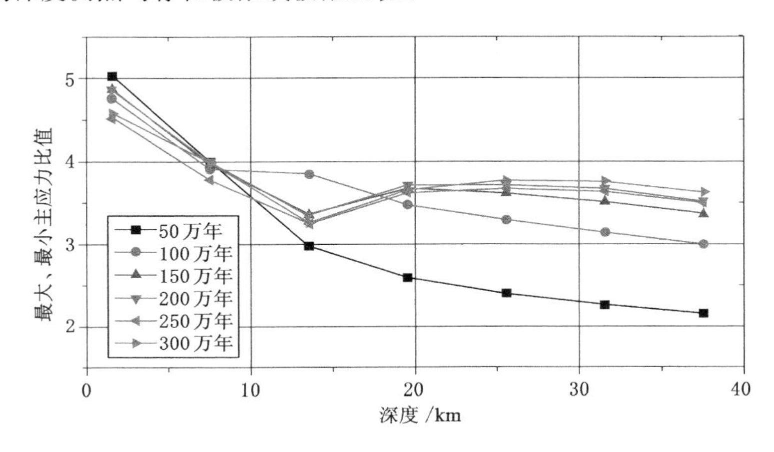

图 4-10　不同深度测点的最大、最小主应力比值曲线图

(3) 最大、最小主应力比值空间分布

由图 4-11 可知，在板块运动初期，深部的最大、最小主应力比值相对较小，基本小于 1.6，浅部靠近地表的最大、最小主应力比值相对较大，因此塑性破坏从地表开始。到 60.23 万年时，F_1 断层最先出现区域的最大、最小主应

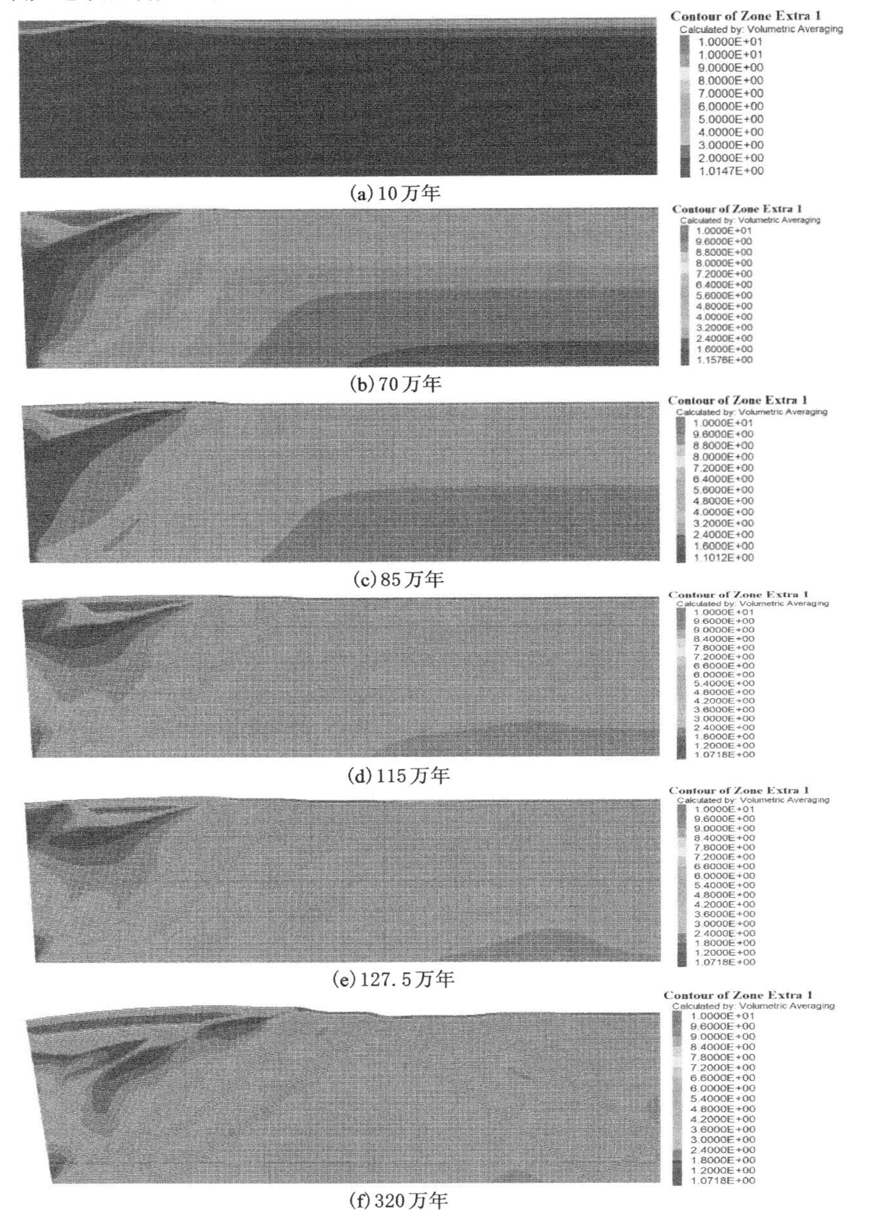

图 4-11 不同时期最大、最小主应力比值空间分布图

力比值达到 3.2；到 100 万年时，F_1 断层附近的最大、最小主应力比值稳定在 3.8 左右，F_2 断层最先出现区域的最大、最小主应力比值达到 3.5；到 130 万年时，F_1 和 F_2 断层附近的最大、最小主应力比值稳定在 3.8 左右，F_3 断层最先出现区域的最大、最小主应力比值达到 3.6。这表明在 3 条断层区域的主应力比值明显高于其周边区域，符合蝶形塑性区的扩展条件。图 4-11 所示的最大、最小主应力比值的分布明显受塑性区发育的影响，比值较大的区域与塑性区贯通区域基本对应，且深部最大、最小主应力比值基本稳定在 3～4 之间。

张红艳利用青藏高原东缘的中强震震源机制解，通过反演计算获得应力分布结果：龙门山应力区的构造应力特征表现为近 EW 向挤压、近 NS 向拉张的走滑型应力结构；其西侧巴颜喀拉应力区表现为 NEE-SWW 向挤压、NNW-SSE 向拉张的走滑型应力结构；其东侧的华南应力区表现为 NWW-SEE向挤压的逆断型应力结构；其北侧的柴达木-西秦岭应力区为 NEE-SWW 向挤压的逆断型应力结构；其南侧的川滇应力区为 NW-SE 向挤压、NE-SW 向拉张的走滑型应力结构。区域构造应力场方向，在横向上，是从巴颜喀拉块体到龙门山块体再到华南块体，最大主应力方向呈顺时针方向旋转；在纵向上，从柴达木-秦岭块体到龙门山块体再到川滇块体，最大主应力亦表现为顺时针方向旋转。龙门山及其周围区域构造应力方向在不同块体之间发生转向，与汶川 $M_S8.0$ 地震地表破裂带在龙门山推覆构造带上引起 11 m 地壳缩短量和 9～10 m 龙门山区隆升的现象均表明，位于青藏高原东缘巴颜喀拉块体和四川盆地之间的龙门山断裂均受到了强烈的挤压。

实际的地应力测量结果显示，处于龙门山断裂带附近的江油、平武、盘龙、康定地区的 6 个测点的最大、最小主应力比值在 1.27～3.87 之间，且其中 4 个测点的比值在 3.11～3.87 之间，见表 4-4。这表明模拟结果的主应力值与实测的主应力数值基本吻合。

表 4-4　龙门山断裂带附近地应力测量值表

钻孔	深度/m	σ_H/MPa	σ_V/MPa	σ_H/σ_V
江油-1	178	11.26	4.73	2.38
江油-2	195	6.55	5.17	1.27
江油-3	193	15.91	5.11	3.11
平武-1	439	37.55	11.63	3.23
盘龙-1	323	33.12	8.56	3.87
康定-1	185	16.61	4.91	3.38

4.3 地质软弱体物理性质对断层形成的影响

4.3.1 塑性区发育范围理论解

为计算不同地质软弱体周边的塑性区发育的差异，在模型坐标(20 km，20 km)、(50 km，20 km)、(80 km，20 km)、(110 km，20 km)、(140 km，20 km)处分别设置均质体、地质软弱体和孔洞体，地质软弱体的抗剪强度为5 MPa、黏聚力为4 MPa、内摩擦角为28°、体积模量为1.1 GPa、剪切模量为0.6 MPa。

根据式(3-20)，从理论上计算深度为20 km处，孔洞体、地质软弱体和均质体对周边岩体的影响。假设该处的垂直应力为540 MPa，黏聚力为16 MPa，分析侧压系数与f值的对应关系，计算模型如图4-12所示。

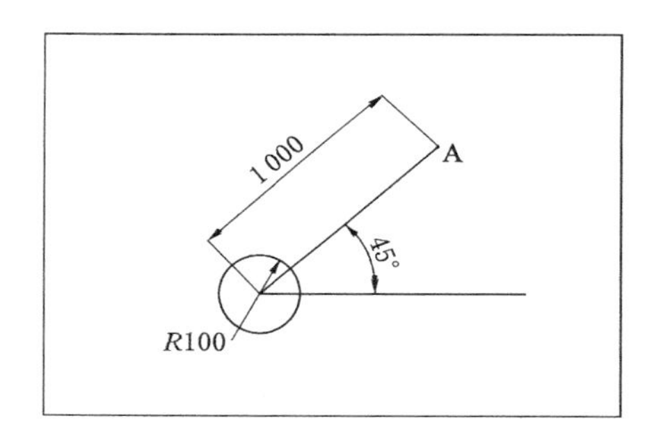

图4-12 理论计算模型示意图(单位:m)

设计计算方案如下。

方案1:均质体;

方案2:孔洞体，半径为100 m;

方案3:地质软弱体，半径为100 m，法向应力为540 MPa，

计算45°方向距离中心点1 000 m处A点的f值，其含义如下:

(1) 当$f>0$时，表明1 000 m处仍处于弹性状态，尚未达到蝶形塑性条件;

(2) 当$f=0$时，表明1 000 m处A点为临界状态;

(3) 当$f<0$时，表明1 000 m处A点已经进入塑性状态，达到蝶形塑性条件。

计算结果如图4-13所示。

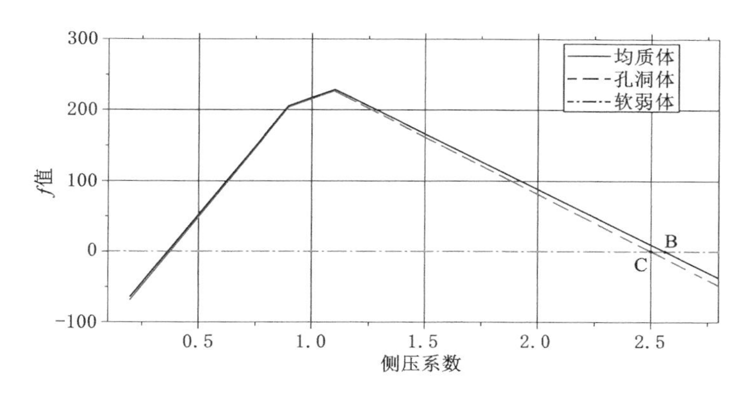

图 4-13　侧压系数与 f 值关系图

由图 4-13 可知，在龙门山 20 km 深处，在板块挤压作用下，侧压系数从 0.3 开始逐渐增大，当侧压系数达到 2.51(C 点)时，孔洞体和地质软弱体方案中的 A 点进入塑性状态；当侧压系数达到 2.56(B 点)时，均质体方案中的 A 点进入塑性状态。这表明在相同的力学条件下，孔洞体和地质软弱体周边可在更早的时间或更小的侧压系数下进入蝶形塑性状态。

4.3.2　不同软弱介质下的断层形成对比分析

提取如表 4-1 所示的测点 31，其坐标为(20.561 km，55.8 km)，在板块作用的 100 万年内的最大、最小主应力数据如图 4-14 所示。当板块运动 25 万年时，最大、最小主应力分别为 945 MPa 和 543 MPa，比值为 1.74，尚未达到蝶形塑性区形成条件；当板块运动 50 万年时，最大、最小主应力分别为

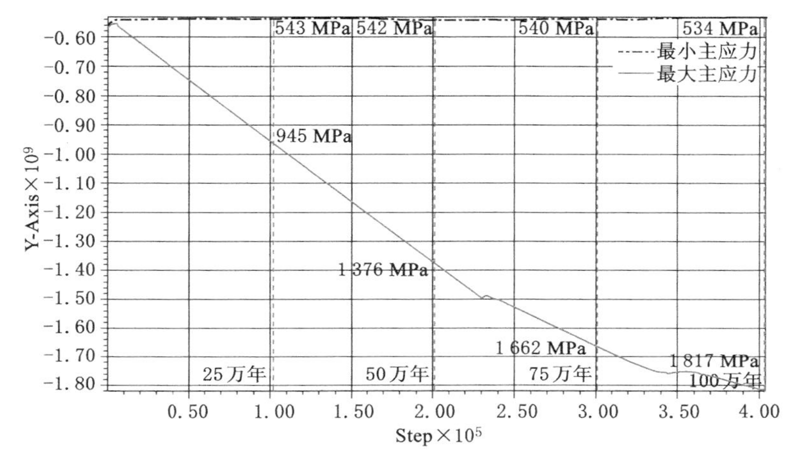

图 4-14　均质体测点最大、最小主应力变化曲线

1 376 MPa 和 542 MPa，比值为 2.53，孔洞体和地质软弱体均达到蝶形塑性区形成条件，而均质体尚未达到蝶形塑性区形成条件；当板块运动 75 万年时，最大、最小主应力分别为 1 662 MPa 和 540 MPa，比值为 3.08，均质体、孔洞体和地质软弱体均达到蝶形塑性区形成条件；当板块运动 100 万年时，最大、最小主应力分别为 1 817 MPa 和 534 MPa，比值为 3.40，表明此时偏应力作用更加显著，可判断此时的蝶形塑性区半径可能无限扩展。

(1) 板块运动 25 万年

当板块运动 25 万年时，塑性区分布形态如图 4-15 所示。均质体和地质软弱体模型深部仍处于弹性状态，与式(3-20)计算结果一致；孔洞体周边一定范围的塑性区大致呈竖向椭圆形分布，与理论计算结果基本吻合。

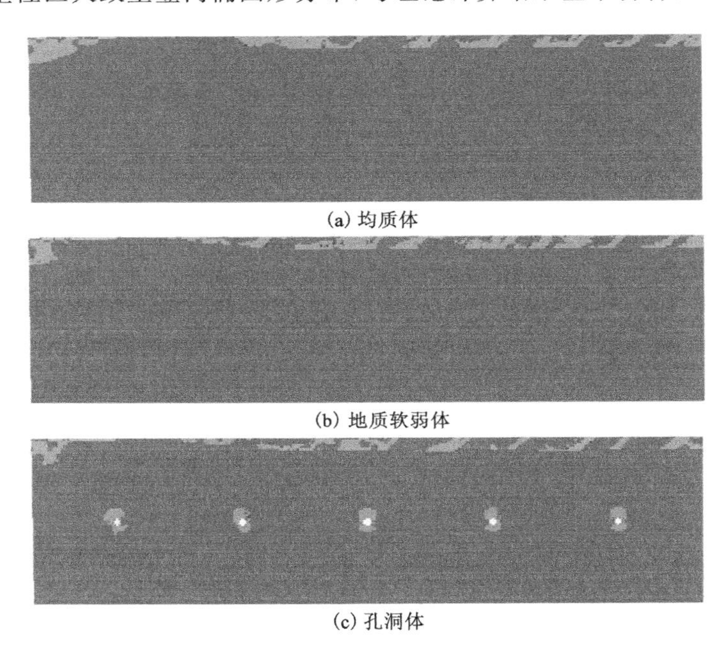

(a) 均质体

(b) 地质软弱体

(c) 孔洞体

图 4-15　不同软弱介质在 25 万年时的塑性区分布形态

(2) 板块运动 50 万年

当板块运动 50 万年时，塑性区分布形态如图 4-16 所示。均质体模型深部仍处于弹性状态；孔洞体和地质软弱体模型周边一定范围的塑性区呈蝶形分布。此时的模拟侧压系数为 2.53，塑性区分布特征与理论分析结果一致。进而表明，在相同的板块条件下，塑性区首先在地质软弱体或孔洞体周边出现，并呈现蝶形、共轭分布。

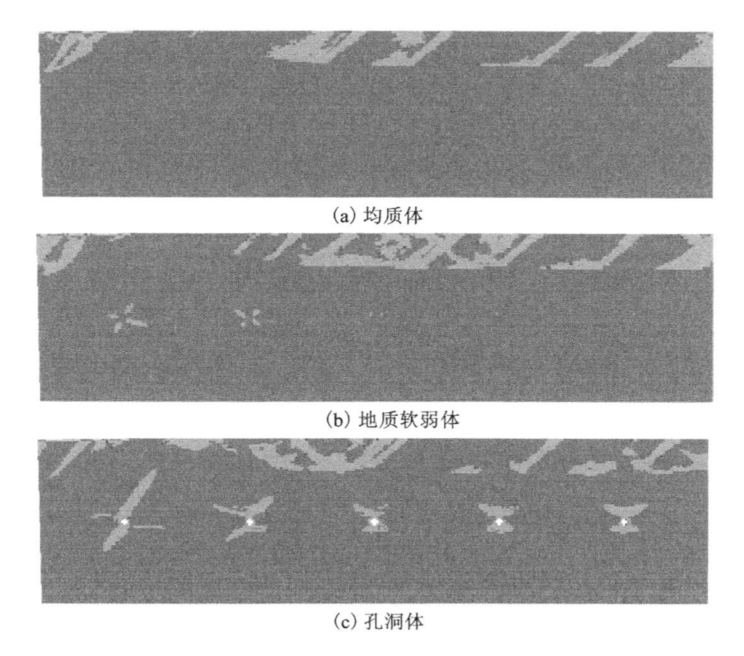
(a) 均质体

(b) 地质软弱体

(c) 孔洞体

图 4-16 不同软弱介质在 50 万年时的塑性区分布形态

(3) 板块运动 75 万年

当板块运动 75 万年时,塑性区分布形态如图 4-17 所示。3 个模型均出现具有方向特性的塑性区,且均贯通于地表,表明此时断层的形成是一种必然结果。但同时可以看出,3 个模型的塑性区分布也有较大差异,均质体模型仅有 1 条塑性区贯通于地表,而其他区域仍为弹性区;地质软弱体模型除拥有与均质体相似的塑性区以外,在其周边发育了较大范围的、呈共轭分布的蝶形塑性区;孔洞体模型的塑性区主要分布于孔洞周边,塑性区呈不对称共轭分布,较大的蝶叶贯通于地表。这表明当有地质软弱体或孔洞体存在时,蝶形塑性区优先沿蝶叶按照一定方向发展,直至贯通。

(4) 板块运动 100 万年

当板块运动 100 万年时,塑性区分布形态如图 4-18 所示。3 个模型均出现 1 组或多组具有方向特性的、与地表贯通的塑性区,表明在板块挤压作用下,区域岩体可形成多组断层。但均质体模型的塑性区出现的位置具有一定的随机性,而地质软弱体和孔洞体模型的塑性区首先出现在地质软弱体和孔洞体周边,并沿着一定方向发展、贯通。

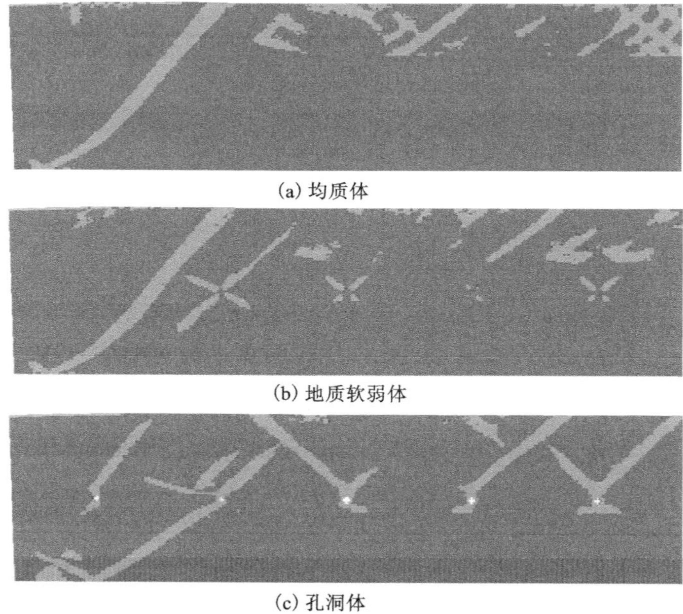

(a) 均质体

(b) 地质软弱体

(c) 孔洞体

图 4-17　不同软弱介质在 75 万年时的塑性区分布形态

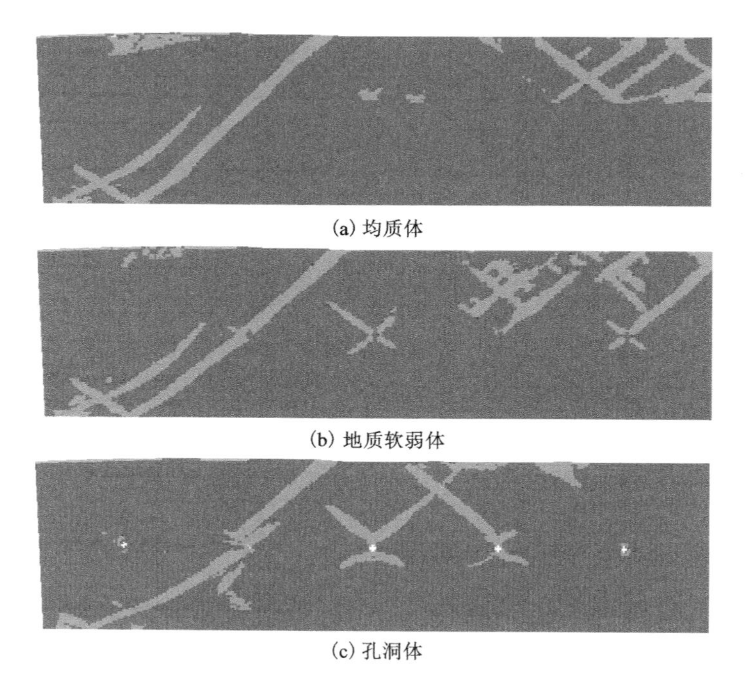

(a) 均质体

(b) 地质软弱体

(c) 孔洞体

图 4-18　不同软弱介质在 100 万年时的塑性区分布形态

4.4 本章小结

根据龙门山及附近区域的岩石力学参数和板块运动速度等，建立了与实际大致吻合的数值模型，经过约145万年的时间跨度，得出了其主要断层F_1、F_2、F_3的形成过程。主要结果如下：

（1）随着板块的挤压作用，在龙门山及附近区域依次出现具有一定方向的塑性区，这些塑性区的发育方向与水平面的夹角大致在40°左右，并出现了各自的共轭断层，与实际的龙门山断裂大致吻合。因此可认为，F_1、F_2、F_3断层是从塑性区中部开始向上下两侧发育的，上侧逐渐发展至地表，而且F_1、F_2、F_3断层依次形成。

（2）随着区域板块挤压运动发展，区域内岩体的水平应力必然增大，地壳岩体最大、最小主应力比值存在极限现象，不同深度测点的比值在3.05～3.44之间，3条断层所在区域的主应力比值明显高于其周边区域，符合蝶形塑性区的扩展条件。

（3）塑性区形成之前，水平应力随着板块的挤压而逐渐增大；当塑性区形成后，其周围岩体的水平应力仅在较小的范围内波动。

（4）地质软弱体及其周边更易形成塑性区优势扩展面，但对后续的塑性区发育速度和形状影响不大，最终在相差不多的时间内形成贯通于上边界的大致呈共轭分布的塑性区。

（5）在板块运动作用下，不同类型的地质软弱体甚至均质体岩层均会产生具有一定方向的塑性区。相对而言，孔洞体或地质软弱体产生蝶形塑性区所需要的应力更小，所需板块运动作用时间更短，孔洞体或地质软弱体周边更易形成塑性区优势扩展面。

5 龙门山断裂带附近区域地形地貌的变化过程

陆内构造特指发生在大陆岩石圈内部，起因不同于板块边缘俯冲和碰撞的构造，具有其特殊的变形形式、滑脱运移与加积加厚过程，同时伴随岩浆活动、变质作用等地质过程。张国伟等将陆内构造划分为了 4 种类型：陆块构造、陆内造山、陆内盆地和陆内变形。而龙门山断裂带及附近区域基本包含了这 4 种类型的构造。

5.1 龙门山区域构造形成的主要猜想模型

龙门山是青藏高原周缘地形梯度最大的山脉，现今龙门山地区只有不到 3 mm/a 的水平缩短速率，因而多种构造机制模型被提出来，用于解释龙门山异常高陡地貌和相对低的缩短速率，如图 5-1 所示。其中，以中-下地壳韧性通道流模型[图 5-1(a)]和上地壳脆性块体逆冲缩短模型[图 5-1(b)]为典型模型。

中-下地壳韧性通道流模型认为，青藏高原中-下地壳物质在重力势能作用下发生了向东流动，在受到刚性的扬子地块阻挡时堆积增厚，引起软弱的下地壳塑性流动上涌，从而导致龙门山强烈的隆升以及高陡地形边缘的形成。上地壳脆性块体逆冲缩短模型则认为，在青藏高原东缘发生着与大陆逃逸构造对应的东向逆冲作用，或伴生与块体旋转对应的右旋走滑作用；这一模型的主要证据在于地壳的缩短变形。

在上述两种模型基础之上，至少衍生出了 6 种模型：青藏高原岩石圈纯剪切模型[图 5-1(c)]，青藏高原岩石圈简单剪切缩短模型[图 5-1(d)]，扬子地壳向青藏高原东缘的俯冲模型[图 5-1(e)]，刚性扬子地壳向软弱的松潘-甘孜地体的楔入模型或鳄鱼嘴状地壳缩短模型[图 5-1(f)]，地壳均衡反弹模型[图 5-1(g)]，以及下地壳流驱动的侵位模型[图 5-1(h)]。

本章所研究的模型与图 5-1(c)和图 5-1(d)所示模型较为相近，该模型仍是以水平挤压为主的剪切模型，但是上部速度较小而下部速度较大，研究结果与实测结果大致吻合。

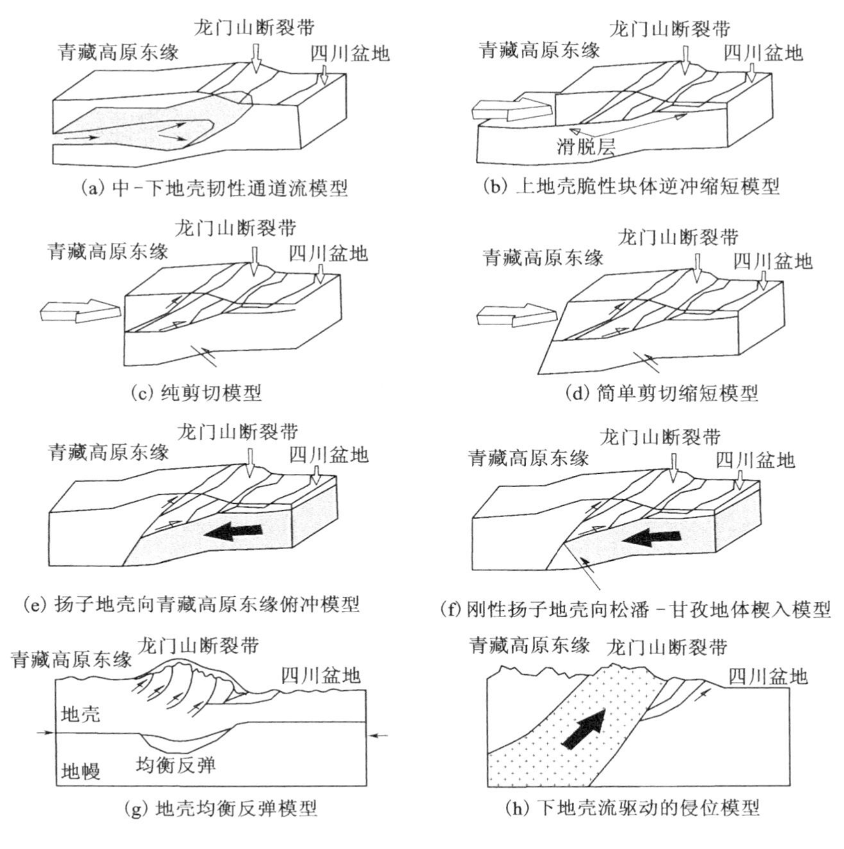

图 5-1 龙门山隆升构造机制模型

5.2 龙门山区域岩体的抬升与形变过程模拟

5.2.1 岩体形变的塑性位错理论

在平面应变问题中,平面上任一点都存在着两个相互垂直的主应力。

根据特征线法求解,可以得到如下公式:

$$dp + 2Cd\theta = -\gamma dy \quad 沿\ \alpha\ 线$$

$$dp - 2Cd\theta = \gamma dy \quad 沿\ \beta\ 线$$

式中,p 为平均应力;θ 为最大主应力与 x 轴方向的夹角;γ 为材料在 y 轴方向的容重。把表示各点主应力方向的线段连接起来,可得到两组相互正交的主应力迹线,如图 5-2 中的 1-1 和 2-2 曲线。当材料处于塑性状态时,每一点都存在两个剪切破坏面，把各点的剪切破坏面连接起来，又可得到2簇滑移线，如图5-2中的α-α和β-β，当应力状态稳定时，塑性区内可形成相互平行的滑移线场。

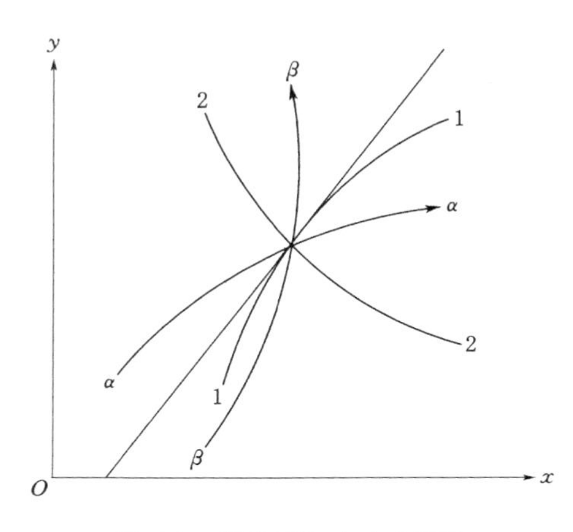

图5-2　滑移面和主应力迹线

5.2.2　龙门山区域岩体的形变特征

为印证塑性区形成过程中的地壳岩体变化和应变特征，分别计算F_1、F_2、F_3等断层在几个关键时期的垂直位移，如图5-3所示。

当板块运动10万年时，在挤压作用下，各岩层呈抬升趋势，最大提升量为38.29 m，平均抬升速度仅为0.38 mm/a；到55万年时，F_1断层贯通，F_1上盘具有较大的抬升量，最大为260.5 m，在45万年间的平均抬升速度为0.58 mm/a；到85万年时，F_2断层贯通，F_1上盘产生了更大的抬升量，在30万年间的抬升量为447.8 m，平均抬升速度为1.49 mm/a；到127.5万年时，F_3断层贯通，F_1和F_2上盘均产生了较大的抬升量，在42.5万年间，F_1上盘抬升量为760.2 m，平均抬升速度为1.79 mm/a，F_2上盘抬升量约为650 m，平均抬升速度为1.53 mm/a；到300万年时，F_1上盘累计抬升量为3 828.6 m，期间的平均抬升速度为1.37 mm/a，F_2和F_3上盘区域同样以较高的速度抬升。从垂直位移量来看，$F_1>F_2>F_3$，上盘大于下盘，浅部大于深部。

从不同时期的垂直位移来看，F_1、F_2、F_3断层的上盘和下盘之间的垂直位移量具有明显差异，其中上盘呈现向上的相对移动趋势，在板块持续挤压作用下，处于贯通状态的断层上盘和下盘之间也持续滑移。F_1、F_2、F_3断层上盘的垂直位移量明显大于下盘的垂直位移量，表明F_1、F_2、F_3断层均具有典型的逆

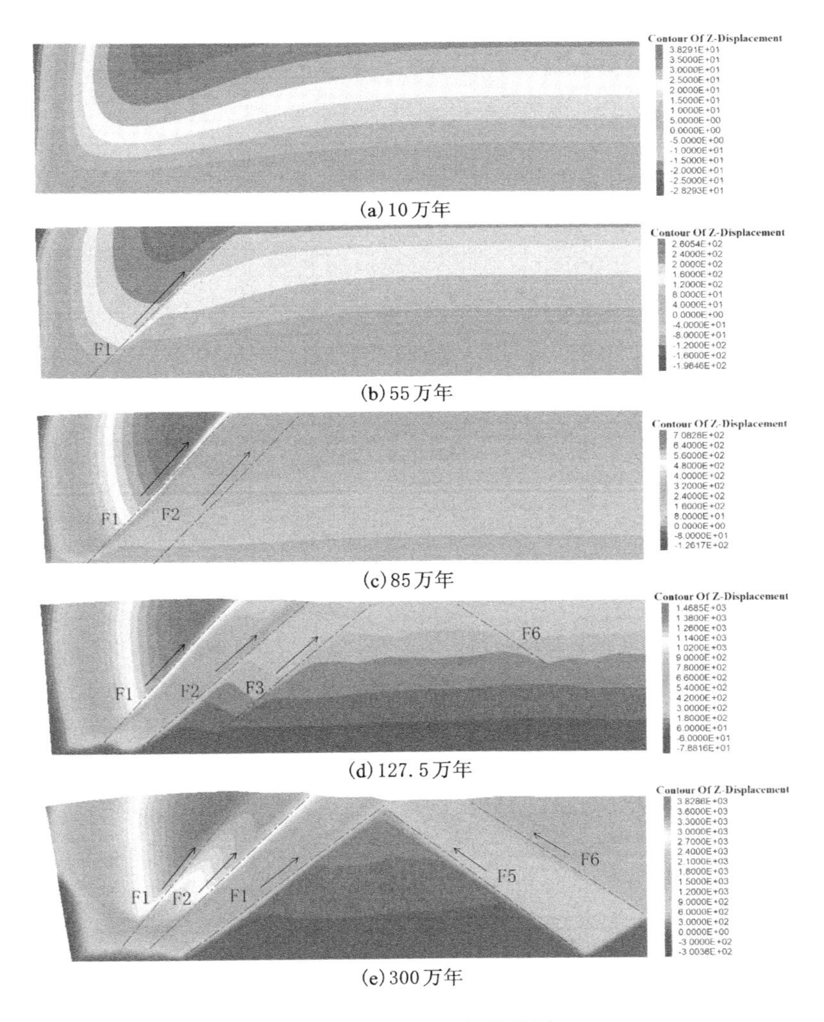

(a) 10万年

(b) 55万年

(c) 85万年

(d) 127.5万年

(e) 300万年

图 5-3 断层的垂直位移图

断层特征。龙门山是一个典型的陆内造山带，是在大陆板块内部伸展-聚敛旋回过程中逐渐形成的，并且在现今仍保持较强的构造活动性。

地质学证据和大地测量证据均表明龙门山断裂带长期以来形变速率很低，如映秀-北川断裂的全新世滑动速率小于 0.5 mm/a、灌县-江油断裂的滑动速率约为 0.6 mm/a。Zhou 等给出龙门山断裂的走滑错动率小于 1.46 mm/a，逆冲错动率小于 1.1 mm/a。在大地测量证据方面，GPS 观测结果将龙门山断裂带现今地壳缩短速率约束到 0～5 mm/a、1～5 mm/a、小于 3 mm/a、不超过约 2 mm/a、(4.0±2.0)mm/a。这些观测结果与模拟结果大致吻合，详见表 5-1。

表 5-1　龙门山及附近区域断裂滑移速度汇总表

编号	断裂名称	产状	长度/km	性质	活动时代	滑动速率/(mm/a)	地震活动
1	平武-青川断裂	N60°～70°E/NW∠60°	250	逆冲兼右旋走滑	Q_{1-2}	～1(水平) 0.9(垂直)	
2	汶川-茂县断裂	N25°～45°E/NW∠50°～70°	500	逆冲兼左旋走滑	Qh	1(水平) 0.8(垂直)	1657 年 6.5 级地震
3	耿达-陇东断裂	N45°E					
4	茶坝-林庵寺断裂	N40°E/NW∠50°～60°			Q_{1-2}		
5	映秀-北川断裂	N35°～45°E/NW∠50°～70°	300	逆冲兼右旋走滑	Qh	1.0(水平) 1.0(垂直)	1958 年 6.2 级地震，2018 年 8.0 级地震
6	盐井-五龙断裂				Q_3		
7	江油-广元断裂				Qp		
8	灌县-江油断裂	N30°～50°E/NW∠50°～70°	500	逆冲兼右旋走滑	Qh	1.0(水平) 1.0(垂直)	1932 年大于 6 级地震，1970 年 6.2 级地震
9	双石-大川断裂	N43°E/NW∠45°～65°			Qh		
10	龙门山山前隐伏断裂带	N50°～60°E/NW∠60°～80°	90	逆冲	Q_3	0.13～0.24	
11	虎牙断裂	NNW/W∠不定	60	逆冲	Qh	1.4(水平) 0.5(垂直)	1976 年 2 次 7.2 级地震
12	岷江断裂	NS/W∠不定	170	左旋走滑兼逆冲	Qh	1.0～2.0(水平) 0.37～0.53(垂直)	1713 年 7 级地震，1960 年 6.75 级地震，1977 年 7.5 级地震

5.2.3　龙门山区域地形地貌演化过程

由图 5-4 可知，地表海拔随着时间的推移而逐渐增大。假设模型上边界初始海拔位置为 0，到 50 万年时，地表呈近水平状态；到 100 万年时，距左边界 48 km 处产生了约 1 000 m 的抬升量，而在距左边界 70 km 以右区域仅有较小的抬升量，且呈水平状态；到 150 万年时，距左边界 48 km 处产生了约

1 800 m 的抬升量，而在距左边界 70 km 以右区域同样只有较小的抬升量，大致呈水平状态；到 200 万年时，距左边界 48 km 处产生了约 2 500 m 的抬升量，而在距左边界 90～110 km 之间区域呈近水平分布，仅有较小的抬升量，而在距左边界 110 km 以右区域开始出现形变；到 250 万年时，距左边界 48 km 处产生了约 3 100 m 的抬升量，而在距左边界 90～110 km 之间区域呈近水平分布，期间也产生了一定的抬升量，但抬升量值较小，而在距左边界 110 km 以右区域形变明显加剧；到 300 万年时，距左边界 48 km 处产生了约 3 500 m 的抬升量，而在距左边界 90～110 km 之间区域的抬升幅度变化不大，在距左边界 110 km 以右区域形变持续加剧；到 320 万年时，距左边界 48 km 处产生了约 3 800 m 的抬升量，而在距左边界 70～110 km 之间区域的抬升幅度变化不大，在距左边界 110 km 以右区域形变持续加大。

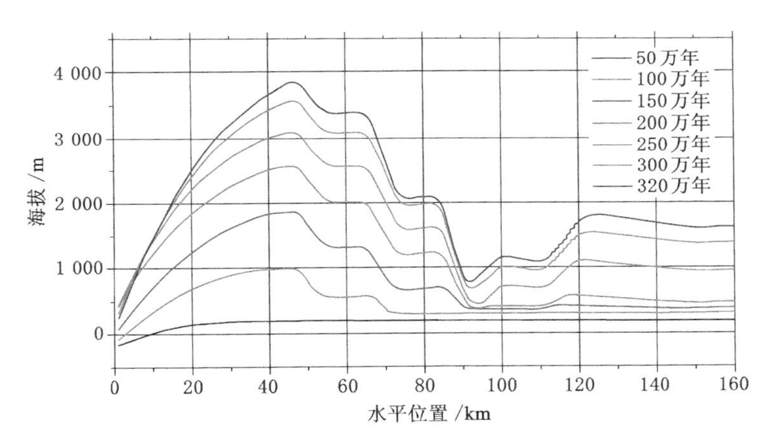

图 5-4　地形地貌演化过程图

从以上分析可以看出，龙门山区域的地形地貌是在板块作用下持续出现断层，并导致断层上盘加速抬升，在 320 万年的时间内，地表抬升量约为 3 800 m。

由图 5-5 可知，在不同深度位置处的垂直位移最大值均在 F_1 断层附近，且断层左侧（上盘）的位移量明显高于右侧（下盘），具有明显的逆断层特征。浅部的垂直位移量最大约为 3 800 m，中部 30 km 高度处的最大位移量约为 3 700 m，中部 20 km 高度处的最大位移量约为 3 500 m，10 km 高度处的最大垂直位移量约为 2 700 m。

从不同深度的垂直位移变化看，在 160 km 范围内大致形成了 5 组褶皱，其断层位置、数量以及地形地貌与实际大致吻合，如图 5-6 所示。

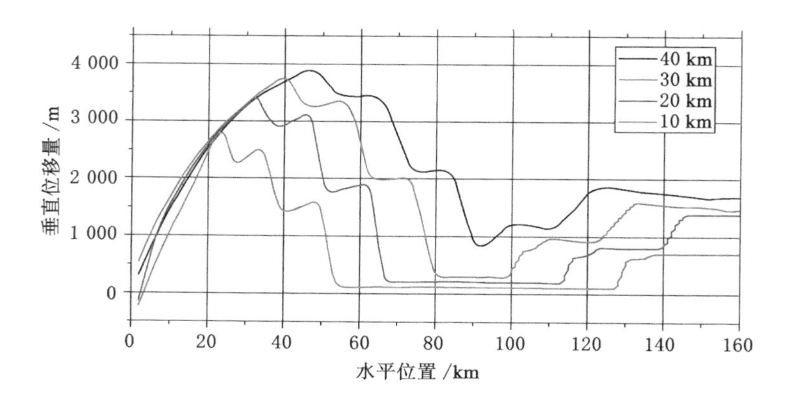

图 5-5　不同深度垂直位移图

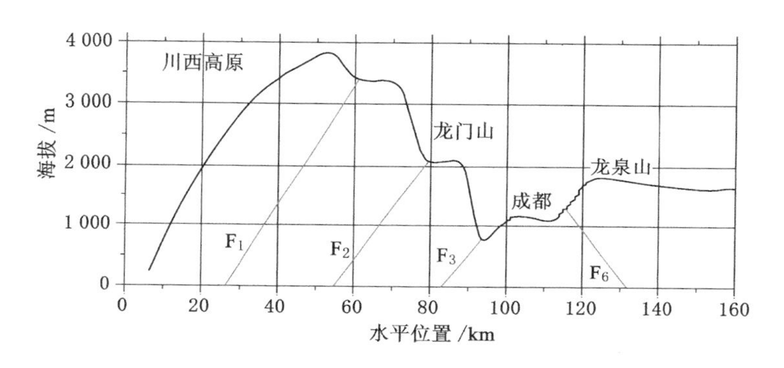

图 5-6　地形地貌演化过程

从时间来看，龙门山区域在经历松潘-甘孜板块与北扬子板块长达 300 多万年的挤压作用后，最终形成高达 4 000 多米的龙门山区域，龙门山的崛起是喜马拉雅 400 万年以来的龙门山缩短、地表变形与高原东部下地壳流动的结果。

汶川地震断裂带科学钻探 1 号孔（WFSD-1）位于龙门山中央断裂带 F_2 上盘，WFSD-1 岩芯总体较为破碎，发育很多断裂岩，从 30～1 201 m 之间可识别出共 12 个大的断裂带，575.7～759 m 之间的断裂岩具有典型的断层岩性特征，较大范围的破坏带与模型中的 F_2 断层塑性带相对应。几条主要断层的形成都经历塑性区出现、发展和贯通三个阶段，在板块挤压作用下，形成贯通的塑性区是一种必然结果，但塑性区出现的位置、时间及形态具有一定的偶然性。本数值计算模型的 F_6 断层形成后则不再形成新的断层，表明这几条断层已经能使地壳岩体内部的水平挤压和垂直隆升形成相对平衡的状态。

5.3 龙门山区域隆升、剥蚀与沉积的互馈过程

地形地貌的形成除了板块构造运动作用外，侵蚀作用也不容忽视。自晚三叠世以来，龙门山前陆盆地充填了 1 万余米的海相至陆相沉积物，包括了上三叠统至第四系巨厚的地层，垂向上具有由海相沉积物到海陆过渡相沉积物再到陆相沉积物的变化特征。根据矿物组合分析可知，四川盆地的沉积物源主要来自龙门山以西的松潘-甘孜褶皱带附近。龙门山前山带（映秀-北川断裂以东）主要分布泥盆系、二叠系、三叠系等地层，而后山带（映秀-北川断裂以西）分布了泥盆系、二叠系、古生界、震旦系和前震旦系等地层，包括沉积岩、变质岩、岩浆岩和杂岩，地层构成极其复杂。颜照坤利用物质平衡法计算龙门山前陆盆地晚三叠世以来残留地层沉积通量，结果表明晚三叠世和晚新生代是剥蚀-沉积过程最强烈的两个阶段，推算出龙门山自晚三叠世开始隆升到现在，龙门山冲断带的地壳隆升幅度大于 10～12 km，平均剥蚀厚度超过 7.05 km。按照 1 mm/a 估算，青藏高原对四川盆地的挤压作用累计时间约为 1 200 万年左右，如图 5-7 所示。

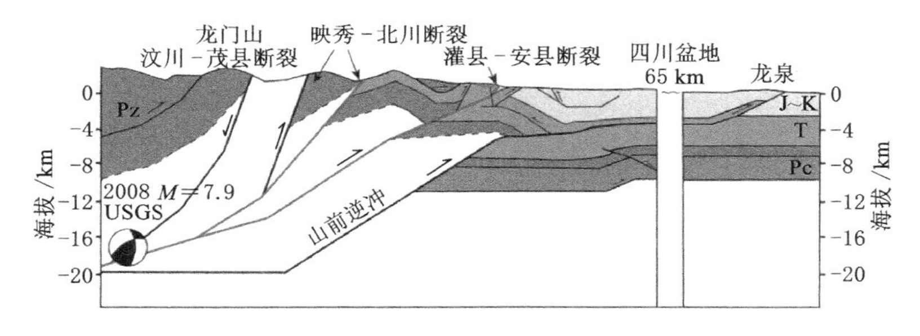

图 5-7　龙门山区域地层剖面图

由以上分析可以得到龙门山区域岩层与地貌形成的演化预想图，如图 5-8 所示。早在二叠纪之前，龙门山区域被海水覆盖，此时青藏高原开始挤压四川盆地，四川盆地为海相沉积，如图 5-8(a)所示；到三叠纪时，F_1 断层和 F_2 断层相继出现，松潘-甘孜高原隆升并高出水平面，此时四川盆地为海陆相沉积，如图 5-8(b)所示；到侏罗纪后，F_3 断层开始形成，松潘-甘孜高原和龙门山持续抬升，同时受到侵蚀作用，被侵蚀的物质沉积于四川盆地，如图 5-8(c)所示；到白垩纪时，松潘-甘孜高原和龙门山在挤压作用下抬升地表高度，地表物质被继续侵蚀并沉积于四川盆地，形成白垩纪沉积层，如

图 5-8(d)所示；到第四纪以来，松潘-甘孜高原和龙门山区域持续隆升-侵蚀，在沉积作用下形成目前的四川盆地，如图 5-8(e)所示。

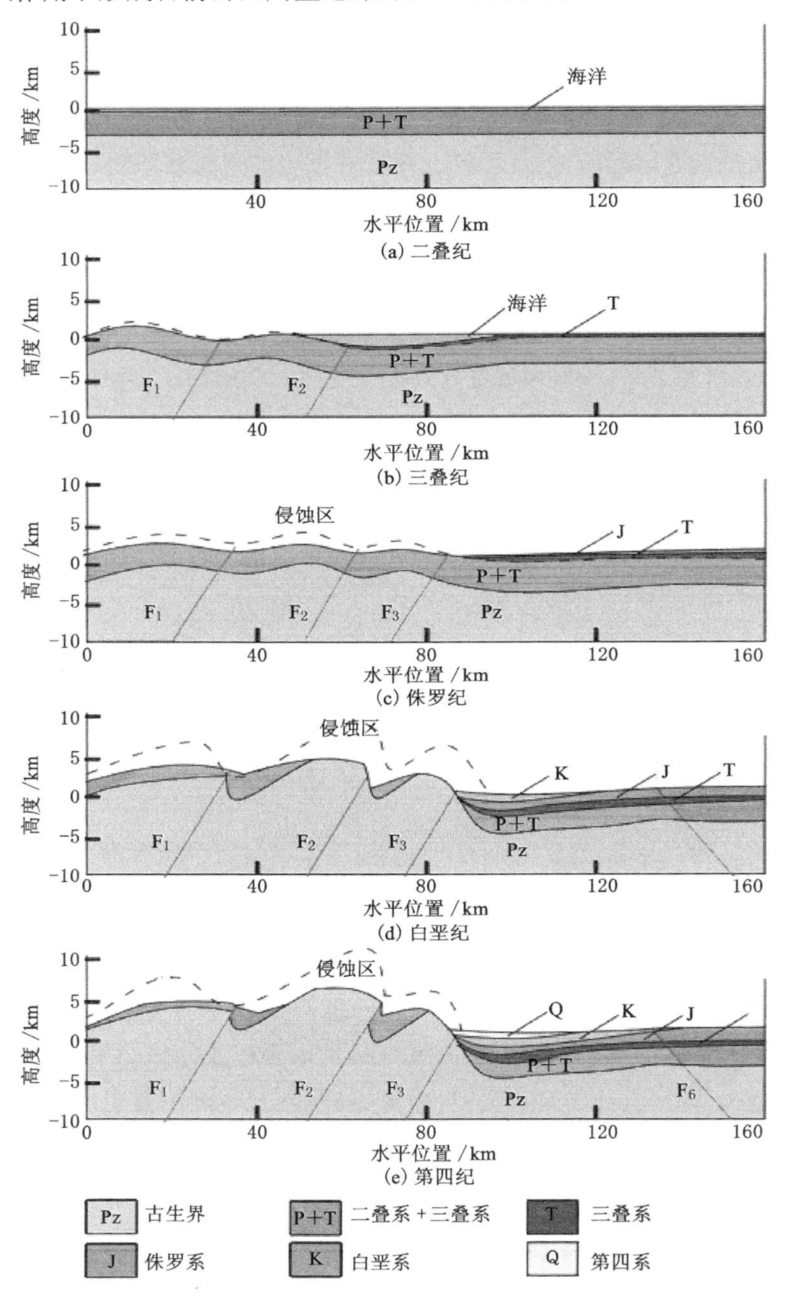

图 5-8　龙门山及附近区域演化预想图

5.4 龙门山区域地形地貌演化预测

从图 5-9 可以看出，在板块运动 55 万年之前，地表 4 个测点按照相同的速度垂直抬起，抬升速度相对较低，平均为 0.36 mm/a；到 55 万年时，F_1 断层的塑性区基本贯通，此时 F_1 断层左侧测点 21 出现转折，抬升速度明显加快，其后 265 万年间平均抬升速度为 1.38 mm/a，其他测点仍以较低的速度抬升；到 85 万年时，F_2 断层的塑性区基本贯通，此时 F_2 断层左侧测点 22 出现转折，抬升速度明显加快，其后 235 万年间平均抬升速度为 1.35 mm/a，其他测点仍以较低的速度抬升；到 117.5 万年时，F_3 断层的塑性区基本贯通，此时 F_3 断层左侧测点 23 出现转折，抬升速度明显加快，其后 202.5 万年间平均抬升速度为 0.90 mm/a，测点 24 仍以较低的速度抬升；到 225 万年时，F_6 断层的塑性区基本贯通，此时 F_6 断层左侧测点 24 出现转折，抬升速度明显加快，其后 95 万年间平均抬升速度为 0.77 mm/a。

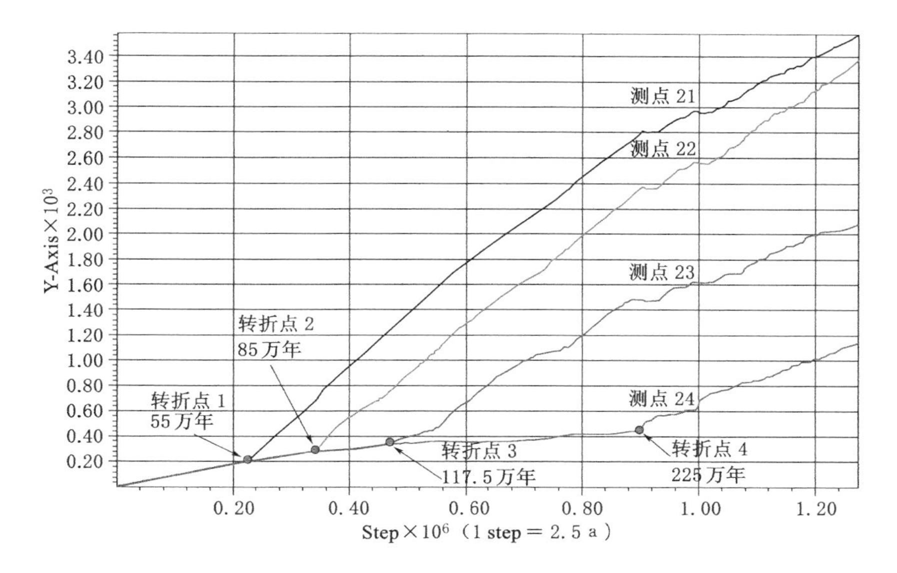

图 5-9 地表测点垂直位移曲线图

大量的实例研究和数值模拟、物理模拟证实了冲断、隆升、气候、剥蚀和沉积之间的互馈对造山楔几何形态、冲断速率、变形方式以及褶皱-冲断带的演化具有强烈的控制作用。晚三叠世以来，龙门山冲断带的地壳隆升幅度大于 10～12 km，平均剥蚀厚度超过 7.05 km，地表隆升幅度主要受地壳隆升幅度和剥蚀厚度两方面因素的影响，且地表抬升量为地壳隆升幅度与剥蚀厚度之差。龙门山现今平均海拔为 2.75 km，可以判断晚三叠世以来龙门山部分地区的地壳隆升幅度大于 12 km。因此，龙门山左侧区域长期经历隆起-剥蚀，龙门山右侧的四川盆地长期经历沉积作用，在漫长的地质作用下形成了独特的山盆构造。可以推测，在今后相当长的时期内，龙门山区域仍将以 1 mm/a 左右的速度向上抬升，百万年后，龙门山以西区域的平均海拔可抬升约 1 000 m，F_1、F_2 和 F_3 断层也将长期处于活动状态。

5.5 本章小结

（1）塑性区两侧的垂直位移量具有明显的差异，F_1、F_2、F_3 断层上盘的最大抬升量分别为 1 620 m、1 013 m、573.2 m，同时在 F_1、F_2、F_3 断层区域形成了较高的主应变带，表明塑性区分布位置、垂直位移差异明显位置和最大主应变位置具有很好的一致性，即在板块运动的作用下，龙门山及其附近区域出现了 3 条具有一定方向的、与地表贯通的塑性区，该塑性区产生较大的应变，从而导致上盘岩层向上移动的逆冲型断层。

（2）当断裂带形成后，在板块挤压作用下，龙门山及其以左的川西高原持续隆起，平均抬升速率约为 1.38 mm/a；龙门山断裂带以右的川西坳陷只有较小的抬升量，二者之间具有较大的落差。

（3）龙门山及松潘-甘孜高原区域经历隆起-剥蚀作用，而四川盆地区域经历沉积作用。依据模拟结果和矿物组合分析推测了龙门山及附近区域的岩层与地貌的演化历程：二叠纪之前该区域被海洋覆盖；三叠纪时山脉隆升，海洋退化；侏罗纪之后，龙门山以西快速隆起，在侵蚀作用下，深部岩体出露于地表；到目前为止，在板块挤压、侵蚀和沉积作用下，该区域由西到东呈现松潘-甘孜地块、龙门山断裂带、川西坳陷、龙泉山和川中盆地，模拟结果与实际的地形地貌大致相符。

（4）模拟结果是在特定的条件下计算出来的，而实际的板块构造运动可能经历多次运动—停止或快速—慢速运动，导致模拟估算的挤压作用时间为 1 200 万年，而实际经历 2 亿年的时间跨度，但模拟结果基本呈现了龙门山断裂带形成和地貌演化过程。

6 地应力比值极限现象的力学机制

主应力差值是岩石破坏与否的重要依据，该方法在浅部或低围压条件下具有较好的应用效果，但对于深部岩体而言，主应力差值随着深度的增大而增大，其离散性的增大导致应用上的不便。根据蝶形塑性区理论，孔洞体周边的塑性区形态与主应力比值具有明显的相关性，随着主应力比值的增大，塑性区形态大致呈“圆形-椭圆形-蝶形”分布，表明岩体的破坏形态与主应力比值关系较大。自然界中的岩体应力状态的分布必然遵从某种规律，Hoek 和 Brown 根据地应力实测资料，给出了最大水平主应力与垂直应力比值的变化范围，浅部比值分布相对分散，随着深度的增大，该比值变化范围逐渐缩小，但没有阐明这种现象的力学本质。师皓宇等在断层形成和错动过程的研究中，发现特定深度的水平应力的增大存在上限，随着板块之间的挤压作用，最大、最小主应力最终稳定于某一定值，这一现象符合自然界中的自平衡规律；王艳华等依据中国大陆 1 780 个二维水压致裂和应力解除的原地应力测量数据，对多个应力参数随深度的变化进行了回归分析，中国大陆地壳浅部的侧压系数随深度的变化呈完整的双曲线形态；杨树新给出的中国大陆地区侧压系数随深度的变化特征为：浅部离散，随着深度增加而集中，并趋向 0.68。主应力比值不但可以判断岩体的破坏状态，还能判断岩体的破坏特征，深部岩体主应力比值的小范围变化和对塑性区扩展的几何特征强控制特性具有应用上的便捷性。本章拟从莫尔-库仑准则入手，研究地应力参数中侧压系数的极限特征及其蕴含的力学机理，为地震的预测预报工作提供了新的思路。

6.1 侧压系数极限特征的力学机理

用最大、最小主应力表示的莫尔-库仑屈服函数为：

$$f=\sigma_1-\sigma_3\frac{1+\sin\varphi}{1-\sin\varphi}-\frac{2C\cos\varphi}{1-\sin\varphi} \tag{6-1}$$

式中 σ_1,σ_2——岩体的最大、最小主应力，MPa；

φ——岩体的内摩擦角，(°)；

C——岩体的黏聚力，MPa。

地壳岩体的垂直应力一般为 γH，设最大水平主应力为 $\lambda_H \gamma H$，最小水平主应力 $\lambda_h \gamma H$，一般而言，地壳岩体的垂直应力、最大水平主应力、最小水平主应力接近于三向主应力值。式(6-1)中，$f=0$ 表示岩体处于临界状态，$f>0$ 表示岩体处于塑性状态，$f<0$ 表示岩体处于弹性状态。地应力状态一般存在三种状态，分别为 $\sigma_H>\sigma_h>\sigma_V$，$\sigma_V>\sigma_H>\sigma_h$，$\sigma_H>\sigma_V>\sigma_h$，$\sigma_H$、$\sigma_h$、$\sigma_V$ 分别表示最大、最小水平主应力和垂直应力。

(1) 当 $\sigma_H>\sigma_h>\sigma_V$，$\lambda_H=\sigma_H/\sigma_V$，$\lambda_h=\sigma_h/\sigma_V$，即 $\lambda_H>\lambda_h>1$ 时，式(6-1)可写作如下形式：

$$f=\lambda_H \gamma H-\gamma H \frac{1+\sin \varphi}{1-\sin \varphi}-\frac{2C \cos \varphi}{1-\sin \varphi} \tag{6-2}$$

当 $f=0$ 时，处于临界状态的 λ_H 值的上限 $\lambda_{H\max}$ 可表示为：

$$\lambda_{H\max}=\frac{1+\sin \varphi}{1-\sin \varphi}+\frac{2C \cos \varphi}{\gamma H(1-\sin \varphi)} \tag{6-3}$$

(2) 当 $\sigma_V>\sigma_H>\sigma_h$，即 $1>\lambda_H>\lambda_h$ 时，式(6-1)可写作如下形式：

$$f=\gamma H-\lambda_h \gamma H \frac{1+\sin \varphi}{1-\sin \varphi}-\frac{2C \cos \varphi}{1-\sin \varphi} \tag{6-4}$$

当 $f=0$ 时，处于临界状态的 λ_h 值的下限 $\lambda_{h\min}$ 可表示为：

$$\lambda_{h\min}=\frac{(1-\sin \varphi)\gamma H-2C \cos \varphi}{\gamma H(1+\sin \varphi)} \tag{6-5}$$

设 $C=5$ MPa，$\varphi=25°$，$\gamma=27$ kN/m^3，计算得出的最大、最小水平主应力极限侧压系数 $\lambda_{H\max}$、$\lambda_{h\min}$ 如图 6-1 所示。

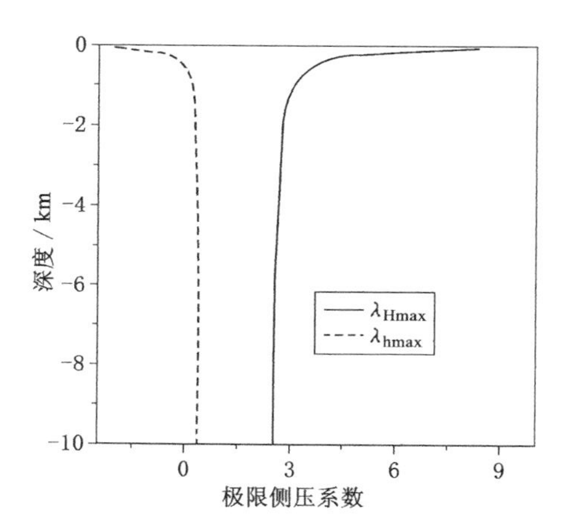

图 6-1 极限侧压系数与深度关系图

根据图 6-1，随着深度的增加，最大、最小水平主应力的侧压系数趋近于某一定值，深部岩体的最大水平主应力侧压系数趋近于$\frac{1+\sin\varphi}{1-\sin\varphi}$，此时的地应力状态易产生逆断层；而最小水平主应力侧压系数则趋近于$\frac{1-\sin\varphi}{1+\sin\varphi}$，易产生正断层。

(3) 当 $\sigma_H > \sigma_V > \sigma_h$，即 $\lambda_H > 1 > \lambda_h$ 时，决定岩体破坏与否的是最大和最小水平主应力，其判断准则如下：

$$f=\lambda_H \gamma H-\lambda_h \gamma H \frac{1+\sin\varphi}{1-\sin\varphi}-\frac{2C\cos\varphi}{1-\sin\varphi}=0 \tag{6-6}$$

则 λ_{Hmax}和 λ_h 表述的屈服准则为：

$$\lambda_{Hmax}=\frac{1+\sin\varphi}{1-\sin\varphi}\lambda_h+\frac{2C\cos\varphi}{\gamma H(1-\sin\varphi)} \tag{6-7}$$

当最小水平主应力侧压系数变化时，最大水平主应力侧压系数的变化规律与其基本相同，但不同的 λ_h 对应的 λ_{Hmax}略有不同，随着 λ_h 的增大，λ_{Hmax}也增大(如图 6-2 所示)，这种地应力状态下的岩体易形成走滑型断层。

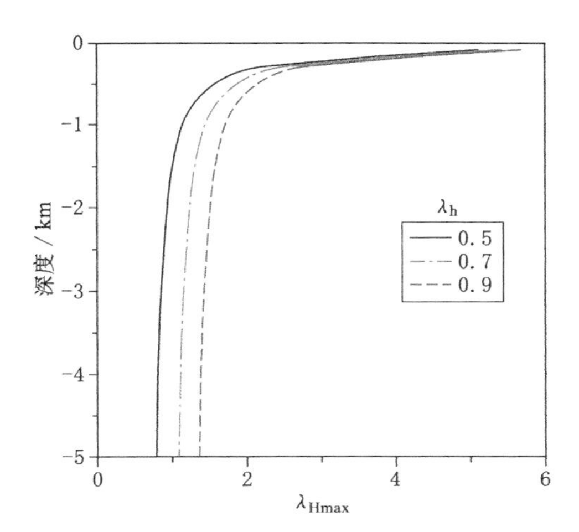

图 6-2　当 λ_h 小于 1 时的 λ_{Hmax}与深度关系图

6.2　内摩擦角和黏聚力对极限侧压系数的影响

岩体的内摩擦角对深部岩体的应力比值影响较大，而对浅部岩体的应力比值影响较小；黏聚力则对浅部岩体的应力比值影响较大，而对深部岩体的应力比值影响较小。由图 6-3(a)可知,随着内摩擦角的增大,极限侧压系数也逐渐增大,并且内摩擦角对深部岩体的极限侧压系数影响较大;内摩擦角愈小,深部岩体的极限侧压系数越接近于1,即静水压力状态。由图 6-3(b)可知,黏聚力对浅部岩体的极限侧压系数影响较大,当黏聚力从 5 MPa 增至 20 MPa 时,深度为 100 m 岩体的极限侧压系数从 7.33 增至 23.2;而黏聚力对深部岩体的极限侧压系数影响较小,当黏聚力从 5 MPa 增至 20 MPa 时,深度为 5 km 岩体的极限侧压系数从 2.15 增至 2.46,增加幅度相对较小。

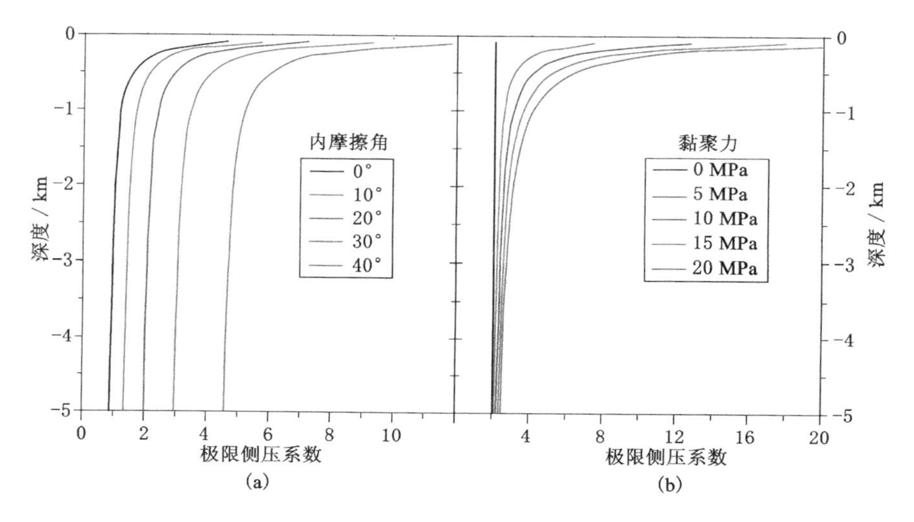

图 6-3 力学参数对极限侧压系数的影响

6.3 侧压系数实测结果及其稳定性判别

著者对 452 个国内实测地应力数据和 122 个国外实测地应力数据进行了统计,结果汇总如表 6-1 所列。

表 6-1 地应力实测结果汇总表

序号	深度/m	σ_H	σ_h	σ_V	σ_H/σ_V	测点位置
1	85.50	6.67	4.39	2.27	2.94	QZ-1 江泊
2	94.94	4.73	3.76	2.52	1.88	QZ-1 江泊
3	104.50	6.68	4.32	2.77	2.41	QZ-1 江泊
4	123.50	7.83	5.29	3.27	2.39	QZ-1 江泊
5	134.50	7.18	5.49	3.56	2.02	QZ-1 江泊

表 6-1（续）

序号	深度/m	σ_H	σ_h	σ_V	σ_H/σ_V	测点位置
6	152.50	9.26	5.51	4.04	2.29	QZ-1 江泊
7	163.47	8.94	6.67	4.33	2.06	QZ-1 江泊
8	178.50	11.26	8.10	4.73	2.38	QZ-1 江泊
9	58.00	2.46	1.82	1.54	1.60	QZ-2 江泊
10	80.00	3.06	2.75	2.12	1.44	QZ-2 江泊
11	91.85	4.64	4.18	2.43	1.91	QZ-2 江泊
12	117.00	4.93	3.70	3.10	1.59	QZ-2 江泊
13	124.00	6.21	4.58	3.29	1.89	QZ-2 江泊
14	133.00	5.57	4.61	3.52	1.58	QZ-2 江泊
15	148.00	4.40	3.86	3.92	1.12	QZ-2 江泊
16	185.00	7.07	6.48	4.90	1.44	QZ-2 江泊
17	195.00	6.55	5.35	5.17	1.27	QZ-2 江泊
18	77.00	5.70	4.27	2.04	2.79	QZ-3 江泊
19	86.00	3.85	2.77	2.28	1.69	QZ-3 江泊
20	95.50	5.05	3.37	2.53	2.00	QZ-3 江泊
21	105.50	8.98	5.65	2.80	3.21	QZ-3 江泊
22	123.00	7.71	5.46	3.26	2.37	QZ-3 江泊
23	133.00	7.50	5.23	3.52	2.13	QZ-3 江泊
24	144.00	8.06	5.60	3.82	2.11	QZ-3 江泊
25	152.00	7.12	5.26	4.03	1.77	QZ-3 江泊
26	166.00	10.88	7.68	4.40	2.47	QZ-3 江泊
27	176.78	11.35	7.00	4.68	2.43	QZ-3 江泊
28	193.00	15.91	9.18	5.11	3.11	QZ-3 江泊
29	99.13	4.90	3.21	2.63	1.86	PW-1 平武
30	120.80	8.05	5.52	3.20	2.52	PW-1 平武
31	137.00	10.22	6.15	3.63	2.82	PW-1 平武
32	153.20	8.48	5.63	4.06	2.09	PW-1 平武
33	165.40	13.25	7.77	4.38	3.03	PW-1 平武
34	171.10	10.21	5.95	4.53	2.25	PW-1 平武
35	178.20	17.29	9.96	4.72	3.66	PW-1 平武
36	202.00	19.76	12.89	5.35	3.69	PW-1 平武
37	230.00	26.77	16.06	6.10	4.39	PW-1 平武

表 6-1（续）

序号	深度/m	σ_H	σ_h	σ_V	σ_H/σ_V	测点位置
38	253.96	45.17	25.39	6.73	6.71	PW-1 平武
39	284.65	20.46	10.41	7.54	2.71	PW-1 平武
40	292.30	30.51	14.77	7.75	3.94	PW-1 平武
41	331.70	22.06	12.12	8.79	2.51	PW-1 平武
42	348.36	18.59	11.42	9.23	2.01	PW-1 平武
43	366.00	46.82	23.77	9.70	4.83	PW-1 平武
44	386.20	34.87	19.43	10.23	3.41	PW-1 平武
45	439.00	37.55	18.14	11.63	3.23	PW-1 平武
46	67.00	2.90	2.55	1.78	1.63	GY-1 盘龙
47	84.00	3.39	2.91	2.23	1.52	GY-1 盘龙
48	96.00	5.18	3.99	2.54	2.04	GY-1 盘龙
49	116.00	3.47	3.12	3.07	1.13	GY-1 盘龙
50	125.00	3.81	3.52	3.31	1.15	GY-1 盘龙
51	147.83	5.27	4.05	3.92	1.34	GY-1 盘龙
52	170.50	5.71	3.96	4.52	1.26	GY-1 盘龙
53	240.00	11.28	7.44	6.36	1.77	GY-1 盘龙
54	270.00	12.89	8.75	7.16	1.80	GY-1 盘龙
55	292.00	12.05	8.52	1.74	6.93	GY-1 盘龙
56	311.60	16.74	11.6	8.26	2.03	GY-1 盘龙
57	323.00	33.12	18.98	8.56	3.87	GY-1 盘龙
58	68.00	2.55	2.07	1.80	1.42	GY-2 三堆
59	84.00	10.51	6.12	2.23	4.71	GY-2 三堆
60	119.00	9.51	6.08	3.15	3.02	GY-2 三堆
61	144.00	9.48	5.24	3.82	2.48	GY-2 三堆
62	165.50	11.43	6.69	4.39	2.60	GY-2 三堆
63	174.50	10.07	7.41	4.62	2.18	GY-2 三堆
64	194.00	6.91	5.37	5.14	1.34	GY-2 三堆
65	218.00	14.63	9.08	5.78	2.53	GY-2 三堆
66	239.00	9.17	5.61	6.33	1.45	GY-2 三堆
67	258.50	18.59	10.74	6.85	2.71	GY-2 三堆
68	280.24	17.48	9.71	7.43	2.35	GY-2 三堆
69	296.93	25.24	13.76	7.87	3.21	GY-2 三堆

表 6-1（续）

序号	深度/m	σ_H	σ_h	σ_V	σ_H/σ_V	测点位置
70	315.02	16.39	11.33	8.35	1.96	GY-2 三堆
71	325.50	14.98	8.67	8.63	1.74	GY-2 三堆
72	348.00	12.81	7.69	9.22	1.39	GY-2 三堆
73	360	24.24		16.6	1.46	CSA mine, Cobar, N. S. W.
74	360	10.40		8.0	1.30	CSA mine, Cobar, N. S. W.
75	540	25.84		15.2	1.70	CSA mine, Cobar, N. S. W.
76	330	14.00		10.0	1.40	CSA mine, Cobar, N. S. W.
77	455	20.90		11.0	1.90	CSA mine, Cobar, N. S. W.
78	245	17.64		8.4	2.10	CSA mine, Cobar, N. S. W.
79	633	27.40		13.7	2.00	CSA mine, Cobar, N. S. W.
80	1 022	10.29		6.2	1.66	NBHC mine, Broken Hill, N. S. W.
81	668	16.15		13.8	1.17	NBHC mine, Broken Hill, N. S. W.
82	668	13.10		4.8	2.73	NBHC mine, Broken Hill, N. S. W.
83	570	20.99		15.9	1.32	NBHC mine, Broken Hill, N. S. W.
84	818	21.40		20.0	1.07	ZC mine, Broken Hill, N. S. W.
85	818	31.47		26.9	1.17	ZC mine, Broken Hill, N. S. W.
86	915	16.90		13.1	1.29	NBHC mine, Broken Hill, N. S. W.
87	915	20.76		21.4	0.97	NBHC mine, Broken Hill, N. S. W.
88	766	17.95		9.7	1.85	NBHC mine, Broken Hill, N. S. W.
89	570	21.02		14.7	1.43	NBHC mine, Broken Hill, N. S. W.
90	570	26.54		12.7	2.09	NBHC mine, Broken Hill, N. S. W.
91	818	34.92		20.3	1.72	NBHC mine, Broken Hill, N. S. W.
92	670	31.20		13.0	2.40	NBHC mine, Broken Hill, N. S. W.
93	1 277	30.72		19.2	1.60	NBHC mine, Broken Hill, N. S. W.
94	1 140	16.56		6.9	2.40	NBHC mine, Broken Hill, N. S. W.
95	1 094	20.91		25.5	0.82	NBHC mine, Broken Hill, N. S. W.
96	1 094	28.78		15.9	1.81	NBHC mine, Broken Hill, N. S. W.
97	1 094	30.13		18.6	1.62	NBHC mine, Broken Hill, N. S. W.
98	1 094	36.05		26.9	1.34	NBHC mine, Broken Hill, N. S. W.
99	1 140	42.47		29.7	1.43	NBHC mine, Broken Hill, N. S. W.
100	1 423	36.54		24.2	1.51	NBHC mine, Broken Hill, N. S. W.
101	664	15.77		19.0	0.83	Mount Isa Mine, Old

表 6-1（续）

序号	深度/m	σ_H	σ_h	σ_V	σ_H/σ_V	测点位置
102	1 089	21.12		16.5	1.28	Mount Isa Mine,Old
103	1 025	24.80		28.5	0.87	Mount Isa Mine,Old
104	970	21.59		25.4	0.85	Mount Isa Mine,Old
105	245	16.80		7.0	2.40	Warrego mine,Tennant Creek,NT
106	245	12.24		6.8	1.80	Warrego mine,Tennant Creek,NT
107	322	14.95		11.5	1.30	Warrego mine,Tennant Creek,NT
108	58	8.25		2.5	3.30	Kanmantoo,SA
109	92	16.24		11.2	1.45	Moune Charlotte mine,WA
110	152	14.77		10.4	1.42	Moune Charlotte mine,WA
111	152	11.30		7.9	1.43	Moune Charlotte mine,WA
112	87	16.28		7.4	2.20	Durkin Mine,Kambalda,WA
113	75	3.24		1.8	1.80	Dolphin Mine,Kings Is,Tas
114	160	14.45		8.5	1.70	Poatina,Tas
115	90	18.90		14.0	1.35	Cethana,Tas
116	200	23.10		11.0	2.10	Gordon River,Tas
117	150	33.34		11.3	2.95	Mount Lyell,Tas
118	300	13.27		12.4	1.07	Windy Creek,Snowy Mts,N. S. W.
119	335	13.20		11.0	1.20	Tumut 1 Power Station,Snowy Mts,N. S. W.
120	215	22.08		18.4	1.20	Tumut 2 Power Station,Snowy Mts,N. S. W.
121	365	24.70		9.5	2.60	Eucumbene Tunnel,Snowy Mts,N. S. W. Canada
122	370	20.77		16.1	1.29	G. W. MacLeod Mine,Wawa,Ontario
123	370	38.35		15.1	2.54	G. W. MacLeod Mine,Wawa,Ontario
124	575	26.45		21.5	1.23	G. W. MacLeod Mine,Wawa,Ontario
125	575	18.25		14.6	1.25	G. W. MacLeod Mine,Wawa,Ontario
126	480	28.80		18.7	1.54	G. W. MacLeod Mine,Wawa,Ontario
127	575	40.43		26.6	1.52	G. W. MacLeod Mine,Wawa,Ontario
128	345	50.00		20.0	2.50	Wawa,Ontario
129	310	28.16		11.0	2.56	Elliot Lake Ontario
130	705	29.24		17.2	1.70	Elliot Lake,Ontario
131	400	32.68		17.2	1.90	Elliot Lake,Ontario
132	300	13.26		7.8	1.70	Churchill Falls,Labrador
133	137	9.66		6.8	1.42	Portage Mountain,B. C.

表 6-1（续）

序号	深度/m	σ_H	σ_h	σ_V	σ_H/σ_V	测点位置
134	220	10.35		6.9	1.50	Mica Dam, B. S. United States
135	1 910	45.24		43.5	1.04	Rangeley, Colorado
136	380	6.30		7.0	0.90	Nevada Test Site
137	300	7.46		8.2	0.91	Fresno, California
138	230	19.34		6.2	3.12	Bad Creek, South Carolina
139	136	11.52		3.5	3.29	Montello, Wisconsin
140	500	12.72		7.9	1.61	Alma, New York
141	810	17.63		14.1	1.25	Falls Township, Ohio
142	270	5.23		5.5	0.95	Winnfield, Louisiana
143	830	46.56		24.0	1.94	Barbeton, Ohio
144	1 670	71.44		56.7	1.26	Silver Summit Mine
145	1 720	22.74		37.9	0.60	Star Mine, Burke, Idaho
146	1 620	47.15		40.3	1.17	Crescent Mine, Idaho
147	625	10.14		18.1	0.56	Red Mountain Colorado
148	790	29.77		24.2	1.23	Henderson Mine, Colorado
149	1 130	29.01		29.6	0.98	Henderson Mine, Colorado
150	400	7.84		9.8	0.80	Piceance Basin, Colordo
151	2 806	49.22		63.1	0.78	Gratiot County, MIchigan Scandinavia
152	200	11.52		6.0	1.92	Bleikvassli Mine, N. Norway
153	250	14.00		7.0	2.00	Bleikvassli Mine, N. Norway
154	70	12.99		2.8	4.64	Bidjovagge Mine, N. Norway
155	100	15.01		2.7	5.56	Bjornevann, N. Norway
156	850	9.90		10.0	0.99	Sulitjelma, N. Norway
157	900	6.05		11.0	0.55	Sulitjelma, N. Norway
158	911	38.53		24.7	1.56	Stallberg, Sweden
159	400	53.89		10.8	4.99	Vingesbacke, Sweden
160	220	21.95		5.9	3.72	Laisvall, Sweden
161	500	32.29		13.4	2.41	Malmberget, Sweden
162	400	24.95		10.8	2.31	Grangesberg, Sweden
163	680	34.96		18.4	1.90	Kiruna, Sweden
164	690	47.99		18.6	2.58	Stalldalen, Sweden
165	900	49.09		24.3	2.02	Stalldalen, Sweden

表 6-1（续）

序号	深度/m	σ_H	σ_h	σ_V	σ_H/σ_V	测点位置
166	470	34.80		12.7	2.74	Hofors, Sweden
167	650	39.60		17.6	2.25	Hofors, Sweden Southern Africa
168	350	15.62		10.7	1.46	Shabani Mine, Rhodesia
169	160	11.78		7.5	1.57	Kafue Gorge, Zambia
170	400	20.00		12.5	1.60	Kafue Gorge, Zambia
171	215	7.80		4.0	1.95	Ruacana, SW Africa
172	110	7.50		3.0	2.50	Drakensberg, S. A.
173	508	13.76		13.9	0.99	Bracken Mine, Evander, S. A.
174	1 226	31.49		38.4	0.82	Winkelhaak Mine, Evander, S. A.
175	1 577	31.68		49.5	0.64	Kinross Mine, Evander, S. A.
176	1 320	18.72		39.0	0.48	Doornfontein Mine, Carletonville, S. A.
177	1 500	16.22		33.1	0.49	Harmony Mine, Vilrginia, S. A.
178	2 300	45.90		68.5	0.67	Durban Roodeport Deep Mine, S. A.
179	2 500	60.18		59.0	1.02	Durban Roodeport Deep Mine, S. A.
180	2 400	26.93		37.4	0.72	East Rand Mine, S. A.
181	279	12.41		8.8	1.41	Prieska copper mine, Copperton, S. A.
182	410	9.70		9.6	1.01	Prieska copper mine, Copperton, S. A.
183	1 770	28.73		45.6	0.63	Western Deep Levels Mine, Carletonville, S. A.
184	2 320	31.59		58.5	0.54	Doornfontein Mine, Carletonville, S. A. Other regions
185	250	11.52		9.0	1.28	Dinorwic, N. Wales, U. K.
186	1 800	48.60		48.6	1.00	Mont Blanc, France
187	360	16.27		8.3	1.96	Idikki, Southeern India
188	296	10.92		10.6	1.03	Woh, Cameron Highlands, Malaysia
189	203	5.18		5.4	0.96	Reykjavik, Iceland
190	285	5.70		7.6	0.75	Reykjavik, Iceland
191	350	6.98		9.3	0.75	Reykjavik, Iceland
192	375	6.40		10.0	0.64	Reykjavik, Iceland
193	376.92	28.77	16.55	9.99	2.88	NK05 测点，冀东地区田兴大贾庄
194	384.82	19.81	11.95	10.20	1.94	NK05 测点，冀东地区田兴大贾庄
195	397.06	6.51	5.29	10.52	0.62	NK05 测点，冀东地区田兴大贾庄

表 6-1（续）

序号	深度/m	σ_H	σ_h	σ_V	σ_H/σ_V	测点位置
196	412.31	15.71	10.01	10.93	1.44	NK05 测点，冀东地区田兴大贾庄
197	422.71	10.42	7.37	11.20	0.93	NK05 测点，冀东地区田兴大贾庄
198	431.11	6.68	5.49	11.42	0.58	NK05 测点，冀东地区田兴大贾庄
199	438.00	12.44	8.90	11.61	1.07	NK05 测点，冀东地区田兴大贾庄
200	447.76	8.02	6.60	11.87	0.68	NK05 测点，冀东地区田兴大贾庄
201	458.31	14.74	9.46	12.15	1.21	NK05 测点，冀东地区田兴大贾庄
202	464.21	9.95	7.24	12.30	0.81	NK05 测点，冀东地区田兴大贾庄
203	403.14	7.83	6.12	10.68	0.73	NK20 测点，冀东地区田兴大贾庄
204	406.90	9.30	6.93	10.78	0.86	NK20 测点，冀东地区田兴大贾庄
205	435.20	18.10	11.41	11.53	1.57	NK20 测点，冀东地区田兴大贾庄
206	474.98	22.42	13.65	12.59	1.78	NK20 测点，冀东地区田兴大贾庄
207	478.06	24.44	14.90	12.67	1.93	NK20 测点，冀东地区田兴大贾庄
208	480.01	23.55	14.61	12.72	1.85	NK20 测点，冀东地区田兴大贾庄
209	482.41	28.12	17.64	12.78	2.20	NK20 测点，冀东地区田兴大贾庄
210	340.00	14.97	11.53	9.01	1.66	GK1-2 测点，马城
211	386.00	20.50	14.38	10.23	2.00	GK1-2 测点，马城
212	413.50	20.97	14.22	10.96	1.91	GK1-2 测点，马城
213	450.78	19.02	13.38	11.95	1.59	GK1-2 测点，马城
214	506.00	18.56	13.49	13.41	1.38	GK1-2 测点，马城
215	557.00	20.03	14.37	14.76	1.36	GK1-2 测点，马城
216	605.00	22.14	15.40	16.03	1.38	GK1-2 测点，马城
217	649.26	22.05	15.49	17.21	1.28	GK1-2 测点，马城
218	700.00	25.30	17.29	18.55	1.36	GK1-2 测点，马城
219	748.00	23.00	16.48	19.82	1.16	GK1-2 测点，马城
220	818.00	23.22	17.04	21.68	1.07	GK1-2 测点，马城
221	874.59	29.82	20.27	23.18	1.29	GK1-2 测点，马城
222	922.44	28.24	19.46	24.44	1.16	GK1-2 测点，马城
223	184.10	15.08	8.31	4.88	3.09	唐山强震区，迁安
224	208.90	13.82	7.40	5.54	2.49	唐山强震区，迁安
225	212.92	12.43	5.66	5.64	2.20	唐山强震区，迁安
226	225.68	17.19	7.77	5.98	2.87	唐山强震区，迁安
227	251.65	18.93	9.69	6.67	2.84	唐山强震区，迁安

表 6-1（续）

序号	深度/m	σ_H	σ_h	σ_V	σ_H/σ_V	测点位置
228	305.88	16.36	6.83	8.11	2.02	唐山强震区，迁安
229	335.28	20.46	9.17	8.88	2.30	唐山强震区，迁安
230	380.68	16.70	7.12	10.09	1.66	唐山强震区，迁安
231	468.68	22.43	10.44	12.42	1.81	唐山强震区，迁安
232	475.03	27.79	12.66	12.59	2.21	唐山强震区，迁安
233	511.30	28.51	12.76	13.55	2.10	唐山强震区，迁安
234	543.50	26.34	11.13	14.40	1.83	唐山强震区，迁安
235	562.00	23.88	9.61	14.89	1.60	唐山强震区，迁安
236	590.32	25.59	10.68	15.64	1.64	唐山强震区，滦县
237	340.00	14.97	11.53	9.01	1.66	唐山强震区，滦县
238	386.00	20.50	11.38	10.23	2.00	唐山强震区，滦县
239	413.50	20.97	11.22	10.96	1.91	唐山强震区，滦县
240	450.78	19.02	13.38	11.95	1.59	唐山强震区，滦县
241	506.00	18.56	13.49	13.41	1.38	唐山强震区，滦县
242	557.00	20.03	14.37	14.76	1.36	唐山强震区，滦县
243	605.00	22.14	15.10	16.03	1.38	唐山强震区，滦县
244	649.26	22.05	15.49	17.21	1.28	唐山强震区，滦县
245	700.00	25.30	17.29	18.55	1.36	唐山强震区，滦县
246	748.00	23.00	16.48	19.82	1.16	唐山强震区，滦县
247	818.00	23.22	17.04	21.68	1.07	唐山强震区，滦县
248	922.44	28.24	19.46	24.44	1.16	唐山强震区，滦县
249	79.67	6.02	5.85	2.11	2.85	张北
250	95.56	4.92	4.88	2.53	1.94	张北
251	149.65	9.69	7.54	3.97	2.44	张北
252	171.26	10.10	8.85	4.54	2.22	张北
253	206.45	10.86	8.52	5.47	1.99	张北
254	227.53	11.00	9.19	6.03	1.82	张北
255	249.87	24.29	14.48	6.62	3.67	张北
256	271.08	17.55	12.12	7.18	2.44	张北
257	290.60	19.22	14.27	7.70	2.50	张北
258	380.13	24.74	15.14	10.07	2.46	张北
259	432.66	34.13	21.30	11.47	2.98	张北

表 6-1（续）

序号	深度/m	σ_H	σ_h	σ_V	σ_H/σ_V	测点位置
260	499.31	30.91	19.51	13.23	2.34	张北
261	96.50	4.31	4.23	2.56	1.68	邢台
262	122.00	5.64	4.88	3.23	1.75	邢台
263	165.00	6.39	6.07	4.37	1.46	邢台
264	195.00	8.07	7.40	5.17	1.56	邢台
265	228.50	10.45	8.43	6.06	1.72	邢台
266	272.00	11.81	10.16	7.21	1.64	邢台
267	291.00	13.44	10.41	7.71	1.74	邢台
268	346.00	20.23	13.28	9.17	2.21	邢台
269	378.50	16.72	11.43	10.03	1.67	邢台
270	425.30	19.56	14.29	11.27	1.74	邢台
271	442.00	18.64	13.32	11.71	1.59	邢台
272	470.50	18.71	12.34	12.47	1.50	邢台
273	581.80	25.42	17.43	15.42	1.65	邢台
274	62.41	3.31	2.88	1.65	2.01	平谷(PG)
275	151.19	7.54	4.90	4.01	1.88	平谷(PG)
276	170.00	6.64	5,07	4.51	1.47	平谷(PG)
277	192.77	13.32	8.69	5.11	2.61	平谷(PG)
278	232.00	8.15	6.62	6.15	1.33	平谷(PG)
279	250.00	14.90	9.08	6.63	2.25	平谷(PG)
280	281.00	13.74	8.58	7.45	1.84	平谷(PG)
281	297.40	15.88	9.94	7.88	2.02	平谷(PG)
282	320.32	12.47	8.06	8.49	1.47	平谷(PG)
283	349.00	12.14	8.05	9.25	1.31	平谷(PG)
284	354.00	12.95	8.40	9.38	1.38	平谷(PG)
285	362.00	11.75	7.79	9.59	1.23	平谷(PG)
286	376.62	10.22	7.84	9.98	1.02	平谷(PG)
287	388.00	12.76	9.99	10.28	1.24	平谷(PG)
288	394.00	13.02	8.64	10.44	1.25	平谷(PG)
289	409.00	15.13	10.97	10.84	1.40	平谷(PG)
290	441.50	16.19	11.12	11.70	1.38	平谷(PG)
291	454.60	20.16	12.41	12.05	1.67	平谷(PG)

表 6-1（续）

序号	深度/m	σ_H	σ_h	σ_V	σ_H/σ_V	测点位置
292	477.20	20.10	12.83	12.65	1.59	平谷(PG)
293	514.50	22.70	15.20	13.63	1.67	平谷(PG)
294	527.00	23.53	15.59	13.97	1.68	平谷(PG)
295	553.06	25.31	15.89	14.66	1.73	平谷(PG)
296	103.00	5.30	3.91	2.74	1.93	十三陵(SSL)
297	111.20	6.25	4.71	2.95	2.12	十三陵(SSL)
298	130.85	6.16	4.32	3.47	1.78	十三陵(SSL)
299	163.70	6.07	4.44	4.34	1.40	十三陵(SSL)
300	181.00	4.33	3.33	4.80	0.90	十三陵(SSL)
301	207.50	4.87	4.04	5.50	0.89	十三陵(SSL)
302	180.50	8.05	5.61	4.78	1.68	西峰寺(XFS)
303	231.50	5.84	5.36	6.13	0.95	西峰寺(XFS)
304	257.03	13.07	7.53	6.81	1.92	西峰寺(XFS)
305	260.73	13.15	7.61	6.91	1.90	西峰寺(XFS)
306	261.15	6.70	6.23	6.92	0.97	西峰寺(XFS)
307	273.50	6.40	6.90	7.25	0.88	西峰寺(XFS)
308	300.50	16.60	9.66	7.96	2.09	西峰寺(XFS)
309	334.68	27.27	14.67	8.87	3.07	西峰寺(XFS)
310	382.33	21.99	14.50	10.13	2.17	西峰寺(XFS)
311	416.50	20.17	12.71	11.04	1.83	西峰寺(XFS)
312	429.50	32.79	17.85	11.38	2.88	西峰寺(XFS)
313	532.78	34.44	19.98	14.12	2.44	西峰寺(XFS)
314	568.73	27.65	16.22	15.07	1.83	西峰寺(XFS)
315	611.73	31.60	19.36	16.21	1.95	西峰寺(XFS)
316	657.73	20.33	13.42	17.43	1.17	西峰寺(XFS)
317	700.35	14.55	10.48	18.56	0.78	西峰寺(XFS)
318	730.43	42.95	23.20	19.36	2.22	西峰寺(XFS)
319	182.60	8.30	7.18	4.84	1.71	密云(MY)
320	327.20	13.13	12.63	8.67	1.51	密云(MY)
321	331.10	12.18	10.31	8.77	1.39	密云(MY)
322	350.50	12.59	10.64	9.29	1.36	密云(MY)
323	365.00	15.53	12.61	9.67	1.61	密云(MY)

表 6-1（续）

序号	深度/m	σ_H	σ_h	σ_V	σ_H/σ_V	测点位置
324	367.30	15.61	12.52	9.73	1.60	密云(MY)
325	372.70	16.19	12.59	9.88	1.64	密云(MY)
326	478.50	17.57	13.59	12.68	1.39	密云(MY)
327	482.20	18.79	14.47	12.78	1.47	密云(MY)
328	524.00	21.64	15.30	13.89	1.56	密云(MY)
329	530.80	21.97	14.85	14.07	1.56	密云(MY)
330	550.00	20.87	15.15	14.58	1.43	密云(MY)
331	566.50	25.03	18.18	15.01	1.67	密云(MY)
332	606.80	26.42	18.39	16.08	1.64	密云(MY)
333	627.50	26.84	18.09	16.63	1.61	密云(MY)
334	648.50	21.32	15.43	17.19	1.24	密云(MY)
335	650.40	20.71	14.92	17.24	1.20	密云(MY)
336	685.50	26.44	18.17	18.17	1.46	密云(MY)
337	713.90	27.67	18.08	18.92	1.46	密云(MY)
338	748.00	29.44	21.67	19.82	1.49	密云(MY)
339	769.40	30.39	21.85	20.39	1.49	密云(MY)
340	820.50	28.84	20.28	21.74	1.33	密云(MY)
341	836.60	31.32	21.69	22.17	1.41	密云(MY)
342	865.00	31.77	21.02	22.92	1.39	密云(MY)
343	896.70	30.88	22.03	23.76	1.30	密云(MY)
344	921.50	29.87	21.30	24.42	1.22	密云(MY)
345	959.22	28.07	20.53	25.42	1.10	密云(MY)
346	975.80	30.33	21.40	25.86	1.17	密云(MY)
347	416.66	13.10	8.88	11.04	1.19	李四光纪念馆(LSG)
348	443.13	13.98	9.45	11.74	1.19	李四光纪念馆(LSG)
349	452.00	10.96	9.03	11.98	0.91	李四光纪念馆(LSG)
350	464.05	14.10	9.54	12.30	1.15	李四光纪念馆(LSG)
351	489.65	10.13	7.76	12.98	0.78	李四光纪念馆(LSG)
352	499.59	11.55	8.74	13.24	0.87	李四光纪念馆(LSG)
353	510.55	15.08	10.44	13.53	1.11	李四光纪念馆(LSG)
354	526.13	16.22	11.43	13.94	1.16	李四光纪念馆(LSG)
355	539.71	14.70	10.55	14.30	1.03	李四光纪念馆(LSG)

表 6-1（续）

序号	深度/m	σ_H	σ_h	σ_V	σ_H/σ_V	测点位置
356	546.50	14.98	10.34	14.48	1.03	李四光纪念馆(LSG)
357	561.21	13.76	9.93	14.87	0.93	李四光纪念馆(LSG)
358	582.04	13.89	10.04	15.42	0.90	李四光纪念馆(LSG)
359	86.58	5.24	3.37	2.31	2.27	ZK1,川藏公路
360	100.99	8.34	4.50	2.69	3.10	ZK1,川藏公路
361	82.83	14.93	7.83	2.21	6.76	ZK2,川藏公路
362	89.89	12.49	7.23	2.39	5.23	ZK2,川藏公路
363	92.88	11.53	6.43	2.47	4.67	ZK2,川藏公路
364	96.51	11.07	5.97	2.57	4.31	ZK2,川藏公路
365	104.35	12.70	7.05	2.78	4.57	ZK3,川藏公路
366	124.58	10.90	6.25	3.31	3.29	ZK3,川藏公路
367	136.58	11.02	6.37	3.36	3.28	ZK3,川藏公路
368	149.91	11.15	6.25	3.98	2.80	ZK3,川藏公路
369	163.62	16.29	8.64	4.35	3.74	ZK3,川藏公路
370	189.57	5.80	3.90	5.03	1.15	CK4,川藏公路
371	232.83	6.83	4.83	6.18	1.11	CK4,川藏公路
372	464.32	30.65	17.65	12.32	2.49	CK4,川藏公路
373	342.10	17.30	9.90	9.80	1.77	CK3,川藏公路
374	707.43	53.47	32.08	18.76	2.85	CK3,川藏公路
375	579.39	23.92	14.80	15.36	1.56	CK2,川藏公路
376	630.90	31.00	17.81	16.73	1.85	CK2,川藏公路
377	641.19	28.03	16.91	17.00	1.65	CK2,川藏公路
378	537.90	20.20	11.88	14.27	1.42	SZK10,川藏公路
379	550.10	16.67	10.30	14.59	1.14	SZK10,川藏公路
380	600.48	17.32	11.20	15.92	1.09	SZK10,川藏公路
381	327.25	19.94	11.57	8.68	2.30	SZK9,川藏公路
382	355.55	15.72	9.76	9.43	1.67	SZK9,川藏公路
383	510.60	18.89	11.91	13.54	1.40	SZK9,川藏公路
384	523.30	24.32	14.53	13.88	1.75	SZK9,川藏公路
385	536.67	26.62	15.82	14.23	1.87	SZK9,川藏公路
386	601.08	18.45	12.21	15.94	1.16	SZK9,川藏公路
387	241.56	10.17	6.37	6.28	1.62	SK4,川藏公路

表 6-1（续）

序号	深度/m	σ_H	σ_h	σ_V	σ_H/σ_V	测点位置
388	260.34	10.16	6.76	6.77	1.50	SK4,川藏公路
389	312.25	14.56	9.06	8.12	1.79	SK4,川藏公路
390	259.50	9.04	6.04	6.87	1.32	SK3,川藏公路
391	315.40	11.59	7.59	8.35	1.39	SK3,川藏公路
392	398.50	11.40	7.90	10.54	1.08	SK3,川藏公路
393	428.50	15.70	10.20	11.34	1.38	SK3,川藏公路
394	487.60	17.28	11.28	12.90	1.34	SK3,川藏公路
395	572.00	18.10	12.10	15.14	1.20	SK3,川藏公路
396	178.50	9.75	6.25	4.72	2.07	SK2,川藏公路
397	250.90	11.96	7.46	6.64	1.80	SK2,川藏公路
398	305.50	13.99	8.99	8.08	1.73	SK2,川藏公路
399	362.80	17.06	10.56	9.60	1.78	SK2,川藏公路
400	250.56	12.12	6.46	6.39	1.90	FXZK3,川藏公路
401	334.29	15.56	8.28	8.53	1.82	FXZK3,川藏公路
402	348.24	16.84	8.92	8.88	1.90	FXZK3,川藏公路
403	367.04	18.00	9.60	9.36	1.92	FXZK3,川藏公路
404	371.69	19.7	10.15	9.48	2.08	FXZK3,川藏公路
405	187.55	15.47	8.19	4.96	3.12	BXZK2,川藏公路
406	224.44	21.86	11.61	5.49	3.98	BXZK2,川藏公路
407	233.29	20.07	11.11	6.18	3.25	BXZK2,川藏公路
408	250.33	19.74	10.8	6.63	2.98	BXZK2,川藏公路
409	259.10	21.38	11.68	6.86	3.12	BXZK2,川藏公路
410	280.46	25.53	13.53	7.42	3.44	BXZK2,川藏公路
411	189.00	12.87	7.36	5.01	2.57	BXZK1,川藏公路
412	219.00	10.83	6.45	5.80	1.87	BXZK1,川藏公路
413	317.00	18.28	11.09	8.40	2.18	BXZK1,川藏公路
414	760.00	17.50	7.70	3.60	4.86	二郎山隧道
415	760.00	35.30	15.30	8.10	4.36	二郎山隧道
416	760.00	18.12	9.80	5.10	3.55	二郎山隧道
417	760.00	9.10	6.20	3.70	2.46	二郎山隧道
418	760.00	34.90	17.80	7.10	4.92	二郎山隧道
419	760.00	17.30	6.70	4.60	3.76	二郎山隧道

表 6-1（续）

序号	深度/m	σ_H	σ_h	σ_V	σ_H/σ_V	测点位置
420	760.00	17.70	7.20	4.80	3.69	二郎山隧道
421	760.00	7.80	4.40	3.20	2.44	二郎山隧道
422	102.50	3.74	2.74	2.72	1.38	林芝
423	115.00	6.68	4.18	3.05	2.19	林芝
424	125.50	6.85	4.26	3.33	2.06	林芝
425	137.50	4.73	3.22	3.64	1.30	林芝
426	149.20	5.12	3.66	3.95	1.30	林芝
427	156.00	4.01	3.04	4.03	1.00	林芝
428	165.00	3.92	3.11	4.37	0.90	林芝
429	182.30	8.32	5.63	4.83	1.72	林芝
430	188.40	8.54	6.28	4.99	1.71	林芝
431	196.40	5.24	3.88	5.20	1.01	林芝
432	208.00	8.09	6.44	5.51	1.47	林芝
433	239.53	7.39	4.99	6.35	1.16	林芝
434	250.20	12.62	7.88	6.63	1.90	林芝
435	288.00	9.45	6.15	7.63	1.24	林芝
436	295.93	7.22	5.04	7.84	0.92	林芝
437	105.40	13.20	7.98	3.99	3.31	朗县
438	183.86	15.16	9.03	4.87	3.11	朗县
439	222.98	18.66	11.15	5.91	3.16	朗县
440	242.90	20.52	12.69	6.44	3.19	朗县
441	250.90	22.29	13.52	6.65	3.35	朗县
442	117.00	5.45	3.42	3.10	1.76	乃东
443	131.20	6.37	4.20	3.48	1.83	乃东
444	146.50	9.25	6.00	3.88	2.38	乃东
445	178.30	5.22	3.76	4.72	1.11	乃东
446	190.80	6.83	4.48	5.06	1.35	乃东
447	216.80	11.85	6.94	5.75	2.06	乃东
448	226.30	14.90	8.67	6.00	2.48	乃东
449	247.23	14.02	8.50	6.55	2.14	乃东
450	273.30	12.97	7.83	7.24	1.79	乃东
451	295.80	9.53	6.15	7.84	1.22	乃东

表 6-1（续）

序号	深度/m	σ_H	σ_h	σ_V	σ_H/σ_V	测点位置
452	370.00	23.4	14.52	9.81	2.39	乃东
453	396.30	30.30	16.69	10.50	2.89	乃东
454	463.70	28.84	16.25	12.29	2.35	乃东
455	79.00	7.05	4.95	2.18	3.23	ZK1,龙门山
456	84.04	6.99	4.62	2.31	3.03	ZK1,龙门山
457	95.74	6.83	4.12	2.63	2.60	ZK1,龙门山
458	105.00	6.78	5.02	2.88	2.35	ZK1,龙门山
459	140.00	5.69	4.00	3.85	1.48	ZK1,龙门山
460	155.02	7.19	5.24	4.26	1.69	ZK1,龙门山
461	200.70	10.29	7.63	5.52	1.86	ZK1,龙门山
462	219.35	8.09	5.49	6.02	1.34	ZK1,龙门山
463	229.13	9.01	6.95	6.30	1.43	ZK1,龙门山
464	241.20	9.10	7.15	6.62	1.37	ZK1,龙门山
465	255.70	9.53	6.71	7.03	1.36	ZK1,龙门山
466	45.20	7.96	4.84	1.25	6.37	ZK2,龙门山
467	82.70	6.13	3.81	2.28	2.69	ZK2,龙门山
468	112.50	8.02	4.80	3.10	2.59	ZK2,龙门山
469	173.70	19.52	10.90	4.78	4.08	ZK2,龙门山
470	214.70	13.47	8.35	5.91	2.28	ZK2,龙门山
471	220.70	11.38	6.86	6.08	1.87	ZK2,龙门山
472	230.20	12.08	7.26	6.33	1.91	ZK2,龙门山
473	235.20	12.02	7.30	6.47	1.86	ZK2,龙门山
474	20.40	1.40	0.95	0.54	2.59	HFZK1,乌鲁木齐市
475	21.40	2.09	1.21	0.57	3.67	HFZK1,乌鲁木齐市
476	23.40	1.86	1.23	0.62	3.00	HFZK1,乌鲁木齐市
477	24.40	2.37	1.49	0.65	3.65	HFZK1,乌鲁木齐市
478	26.40	2.39	1.26	0.70	3.41	HFZK1,乌鲁木齐市
479	32.40	2.20	1.32	0.86	2.56	HFZK1,乌鲁木齐市
480	57.20	2.46	1.66	1.51	1.63	HFZK2,乌鲁木齐市
481	60.20	3.19	2.09	1.59	2.01	HFZK2,乌鲁木齐市
482	63.40	3.22	2.12	1.68	1.92	HFZK2,乌鲁木齐市
483	68.20	3.77	3.17	1.80	2.09	HFZK2,乌鲁木齐市

表 6-1（续）

序号	深度/m	σ_H	σ_h	σ_V	σ_H/σ_V	测点位置
484	42.00	1.69	1.41	1.11	1.52	HFZK3,乌鲁木齐市
485	46.00	2.23	1.45	1.22	1.83	HFZK3,乌鲁木齐市
486	48.00	2.25	1.47	1.27	1.77	HFZK3,乌鲁木齐市
487	50.00	3.02	2.24	1.32	2.29	HFZK3,乌鲁木齐市
488	52.00	3.29	2.51	1.38	2.38	HFZK3,乌鲁木齐市
489	54.00	2.56	1.78	1.43	1.79	HFZK3,乌鲁木齐市
490	57.00	2.84	2.56	1.51	1.88	HFZK3,乌鲁木齐市
491	59.00	2.36	1.83	1.56	1.51	HFZK3,乌鲁木齐市
492	18.60	2.43	1.43	0.49	4.96	HFZK4,乌鲁木齐市
493	18.50	1.93	1.18	0.49	3.94	HFZK5,乌鲁木齐市
494	20.50	2.20	1.45	0.54	4.07	HFZK5,乌鲁木齐市
495	22.50	2.22	1.47	0.60	3.70	HFZK5,乌鲁木齐市
496	24.50	2.12	1.49	0.65	3.26	HFZK5,乌鲁木齐市
497	26.50	2.26	1.51	0.70	3.23	HFZK5,乌鲁木齐市
498	12.40	0.90	0.87	0.33	2.73	HFZK6,乌鲁木齐市
499	14.60	1.92	1.89	0.39	4.92	HFZK6,乌鲁木齐市
500	15.80	2.42	1.40	0.42	5.76	HFZK6,乌鲁木齐市
501	17.40	1.70	0.92	0.46	3.70	HFZK6,乌鲁木齐市
502	20.40	2.23	1.45	0.54	4.13	HFZK6,乌鲁木齐市
503	51.00	3.00	2.50	1.35	2.22	HFZK7,乌鲁木齐市
504	54.00	4.15	2.65	1.43	2.90	HFZK7,乌鲁木齐市
505	57.50	4.44	2.81	1.52	2.92	HFZK7,乌鲁木齐市
506	20.50	1.95	1.20	0.54	3.61	HFZK8,乌鲁木齐市
507	25.50	2.50	1.50	0.67	3.73	HFZK8,乌鲁木齐市
508	12.50	1.87	1.12	0.33	5.67	HFZK9,乌鲁木齐市
509	14.50	2.77	1.52	0.38	7.29	HFZK9,乌鲁木齐市
510	16.50	2.91	1.66	0.44	6.61	HFZK9,乌鲁木齐市
511	18.50	3.43	1.93	0.49	7.00	HFZK9,乌鲁木齐市
512	26.50	3.51	2.01	0.70	5.01	HFZK9,乌鲁木齐市
513	33.50	2.33	1.58	0.89	2.62	HFZK10,乌鲁木齐市
514	35.50	3.10	2.35	0.94	3.30	HFZK10,乌鲁木齐市
515	10.50	1.85	1.10	0.28	6.61	HFZK11,乌鲁木齐市

表 6-1（续）

序号	深度/m	σ_H	σ_h	σ_V	σ_H/σ_V	测点位置
516	12.50	2.12	1.12	0.33	6.42	HFZK11，乌鲁木齐市
517	38.50	2.58	1.58	1.02	2.53	HFZK12，乌鲁木齐市
518	39.50	4.99	2.79	1.05	4.75	HFZK12，乌鲁木齐市
519	40.50	5.40	3.20	1.07	5.05	HFZK12，乌鲁木齐市
520	51.00	6.70	3.50	1.35	4.96	HFZK12，乌鲁木齐市
521	1 125.80	20.14	16.98	22.86	0.88	DQ（永庆乡东清村）
522	1 153.60	20.85	17.95	23.64	0.88	DQ（永庆乡东清村）
523	1 254.30	20.01	18.29	26.44	0.76	DQ（永庆乡东清村）
524	1 259.60	17.09	15.97	26.61	0.64	DQ（永庆乡东清村）
525	1 262.00	20.03	17.79	26.68	0.75	DQ（永庆乡东清村）
526	46.85	5.11	3.41	1.24	4.12	BHT（松江镇冰湖屯村）
527	48.55	7.22	4.03	1.29	5.60	BHT（松江镇冰湖屯村）
528	68.00	8.94	5.30	1.80	4.97	BHT（松江镇冰湖屯村）
529	77.95	9.10	5.47	2.07	4.40	BHT（松江镇冰湖屯村）
530	84.09	10.71	6.13	2.25	4.76	BHT（松江镇冰湖屯村）
531	89.15	12.39	7.02	2.36	5.25	BHT（松江镇冰湖屯村）
532	40.65	9.25	5.79	1.08	8.56	DQC（仙桥镇大青川村）
533	46.00	5.14	3.00	1.22	4.21	DQC（仙桥镇大青川村）
534	55.75	7.04	4.44	1.48	4.76	DQC（仙桥镇大青川村）
535	60.40	7.77	4.17	1.60	4.86	DQC（仙桥镇大青川村）
536	79.95	10.67	6.09	2.12	5.03	DQC（仙桥镇大青川村）
537	92.15	11.55	6.72	2.44	4.73	DQC（仙桥镇大青川村）
538	44.30	2.31	1.39	1.17	1.97	海南乐东
539	52.90	3.41	1.84	1.40	2.44	海南乐东
540	56.50	4.09	2.17	1.50	2.73	海南乐东
541	69.50	6.87	3.21	1.84	3.73	海南乐东
542	74.30	7.16	3.38	1.97	3.63	海南乐东
543	77.00	7.15	3.53	2.04	3.50	海南乐东
544	95.50	7.18	3.79	2.53	2.84	海南乐东
545	74.70	2.74	2.43	1.98	1.38	海南乐东
546	80.50	2.83	2.53	2.13	1.33	海南乐东
547	86.50	4.23	3.44	2.29	1.85	海南乐东

表 6-1（续）

序号	深度/m	σ_H	σ_h	σ_V	σ_H/σ_V	测点位置
548	91.40	6.56	4.37	2.42	2.71	海南乐东
549	104.60	6.57	4.99	2.77	2.37	海南乐东
550	108.30	6.29	3.86	2.87	2.19	海南乐东
551	110.60	3.83	3.11	2.93	1.31	海南乐东
552	115.80	3.31	3.06	3.07	1.08	海南乐东
553	119.80	3.35	2.98	3.17	1.06	海南乐东
554	124.80	4.22	3.36	3.31	1.27	海南乐东
555	130.80	4.35	3.89	3.47	1.25	海南乐东
556	135.20	4.40	3.61	3.58	1.23	海南乐东
557	140.80	3.84	3.54	3.73	1.03	海南乐东
558	159.30	5.41	4.39	4.22	1.28	海南乐东
559	173.80	5.34	4.50	4.61	1.16	海南乐东
560	194.80	4.97	4.83	5.16	0.96	海南乐东
561	119.80	7.88	6.01	5.29	1.49	海南乐东
562	206.20	6.55	5.59	5.46	1.20	海南乐东
563	224.80	7.30	5.35	5.96	1.22	海南乐东
564	230.90	7.70	5.28	6.08	1.27	海南乐东
565	232.30	8.76	5.70	6.16	1.42	海南乐东
566	237.30	8.19	5.87	6.29	1.30	海南乐东
567	250.20	10.41	6.48	6.63	1.57	海南乐东
568	265.00	6.61	4.83	7.02	0.94	海南乐东
569	267.30	9.36	6.12	7.08	1.32	海南乐东
570	270.70	7.85	5.47	7.17	1.09	海南乐东
571	274.30	8.22	5.82	7.27	1.13	海南乐东
572	281.10	11.29	7.52	7.45	1.52	海南乐东
573	287.10	6.97	5.42	7.61	0.92	海南乐东
574	297.90	9.76	7.04	7.89	1.24	海南乐东

根据表 6-1 中地应力实测数据计算的应力比值分布如图 6-4 所示。由图可知，统计的 574 个地应力测点的应力比值数据基本落于 $\lambda_{hmin}\sim\lambda_{Hmax}$之间，表

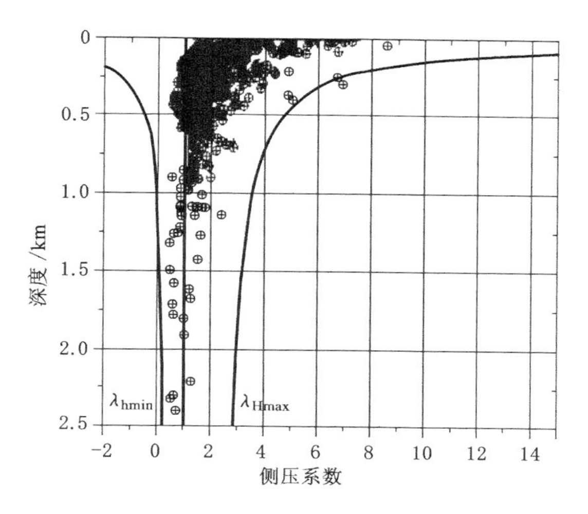

图 6-4 地应力实测侧压系数分布图

明地应力比值基本服从莫尔-库仑准则；当地应力比值接近于 λ_{hmin} 或 λ_{Hmax} 时，该区域的岩体将处于不稳定临界状态，产生大范围的塑性区，形成断层，甚至发生地震等动力现象。

由上述可知，当侧压系数接近于极限时，岩层将处于不稳定的临界状态。截取 $\lambda_H>2.8$ 得到表 6-2 所列数据，可以看出川藏公路的二郎山附近、龙门山附近的四川平武和盘龙以及河北张北等地区的侧压系数 λ_H 值明显偏高。当实测结果接近于侧压系数的理论极限时，该区域可能处于不稳定状态。

表 6-2 实测结果接近于理论比值极限的区域分布

测点深度/m	λ_{Hmax}	λ_{hmin}	σ_H	σ_h	σ_V	$\lambda_H=\sigma_H/\sigma_V$	测点位置
215.0	5.34	−1.26	17.5	7.70	3.60	4.86	川藏公路二郎山
253.9	4.81	−0.98	45.17	25.39	6.73	6.71	PW-1 四川平武
292.0	4.44	−0.79	12.05	8.52	1.74	6.93	GY-1 四川盘龙
386.2	3.82	−0.47	34.87	19.43	10.23	3.41	PW-1 四川平武
432.6	3.62	−0.36	34.13	21.30	11.47	2.98	河北张北
439.0	3.59	−0.35	37.55	18.14	11.63	3.23	西藏朗县
707.4	2.96	−0.02	53.47	32.08	18.76	2.85	川藏公路二郎山

6.4 本章小结

(1) 垂直应力和水平应力的分布大致服从莫尔-库仑准则,即任何区域的侧压系数必然落于 λ_{hmin}～λ_{Hmax}之间。当侧压系数接近于 λ_{hmin}或 λ_{Hmax}时,该区域的地壳岩体将处于不稳定临界状态,可能导致地震等动力现象的发生;而当侧压系数接近于 1 时,该区域处于稳定状态。

(2) 内摩擦角和黏聚力对极限侧压系数具有较大的影响。随着内摩擦角的减小,极限侧压系数范围随着深度的增加而逐渐收窄;当内摩擦角趋近于 0°时,极限侧压系数趋近于 1。随着黏聚力的增大,浅部岩体的极限侧压系数愈加离散,而深部岩体的极限侧压系数变化较小。

(3) 应用侧压系数分析区域岩体的稳定性具有很好的便捷性。浅部岩体的侧压系数与垂直应力较为离散,当岩体处于亚失稳的临界状态时,在微小的应力触发下,可打破其临界状态,岩体可释放应变能,进而引发地震等动力现象。

7 先存断层错动的力学条件

当断层贯通后，在板块运动作用下致使断层上下盘发生错动，即断层错动是在一定的应力条件下产生的。本章依据地应力方向与断层面产状的力学关系，阐述断层错动、破裂传导和能量释放的力学机制，提出倾向趋势判据 n、走向错动趋势判据 f_1 以及断层是否发生错动判据 f_2，依照这三个判据，可推测断层破裂与否以及错动类型。

7.1 断层面力学状态分析

假设断层斜面走向与最小主应力方向的夹角为 ϕ，倾角为 θ，最大、最小水平主应力和垂直应力分别为 σ_H、σ_h、σ_V，斜面 ABC 为单位面积，其与主应力关系如图 7-1 所示。

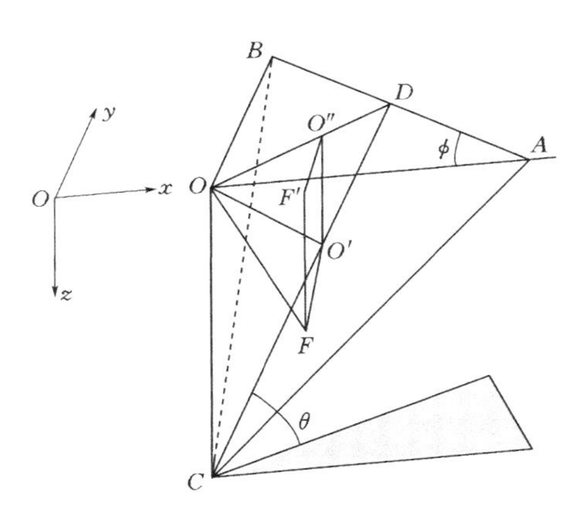

图 7-1 断层产状与主应力方向对应关系图

设断层面的基本方程为：

$$ax+by+cz+d=0 \tag{7-1}$$

当断层面的倾角为 θ 时，设过原点的水平面方程为 $z=0$，则

$$\cos\theta=\frac{c}{\sqrt{a^2+b^2+c^2}} \tag{7-2}$$

当 $z=0$ 时，即在 xOy 平面上的走向线 AB 的方程为：

$$y=-\tan\phi\cdot x \tag{7-3}$$

联立式(7-2)、式(7-3)计算化简可得：

$$\begin{cases} a=\tan\phi \\ b=1 \\ c=\dfrac{1}{\cos\phi\ \tan\theta} \end{cases} \tag{7-4}$$

因而断层面的平面方程为：

$$\tan\phi\cdot x+y+\frac{1}{\cos\phi\ \tan\theta}\cdot z+d=0 \tag{7-5}$$

$$\sqrt{a^2+b^2+c^2}=\frac{1}{\sin\theta\cos\phi}$$

则线 OO' 的单位向量为：

$$\boldsymbol{e}_{OO'}=\sin\theta\sin\phi\cdot i+\sin\theta\cos\phi\cdot j+\frac{1}{\cos\theta}\cdot k \tag{7-6}$$

由图 7-1 可知，面 OBC 的法向量为：

$$\boldsymbol{x}=0 \tag{7-7}$$

面 OAC 的法向量为：

$$\boldsymbol{y}=0 \tag{7-8}$$

面 OAB 的法向量为：

$$\boldsymbol{z}=0 \tag{7-9}$$

斜面 ABC 与面 OBC、OAC、OAB 的夹角分别为 α、β、γ，根据式(7-5)可得：

$$\cos\alpha=\frac{a}{\sqrt{a^2+b^2+c^2}}=\tan\phi\sin\theta\cos\phi=\sin\theta\sin\phi \tag{7-10}$$

$$\cos\beta=\frac{b}{\sqrt{a^2+b^2+c^2}}=\sin\theta\cos\phi \tag{7-11}$$

$$\cos\gamma=\frac{c}{\sqrt{a^2+b^2+c^2}}=\frac{\sin\theta\cos\phi}{\cos\phi\tan\theta}=\cos\theta \tag{7-12}$$

OA 的单位向量为：

$$\boldsymbol{OA}=i \tag{7-13}$$

OB 的单位向量为：

$$\boldsymbol{OB}=j \tag{7-14}$$

OC 的单位向量为：

$$\boldsymbol{OC}=k \tag{7-15}$$

因斜面 ABC 为单位面积，则 3 个主应力对斜面 ABC 的作用力分别为：

$$F_x=\sigma_H\cdot\cos\alpha\cdot\boldsymbol{OA}=\sigma_H\cdot\sin\phi\sin\theta\cdot i \tag{7-16}$$

$$F_y=\sigma_h\cdot\cos\beta\cdot\boldsymbol{OB}=\sigma_h\cdot\cos\phi\sin\theta\cdot j \tag{7-17}$$

$$F_z=\sigma_V\cdot\cos\gamma\cdot\boldsymbol{OC}=\sigma_V\cdot\cos\theta\cdot k \tag{7-18}$$

其合力为：

$$F_{OF}=\sigma_H\sin\phi\sin\theta\cdot i+\sigma_h\cos\phi\sin\theta\cdot j+\sigma_V\cos\theta\cdot k \tag{7-19}$$

其向量为：

$$|\boldsymbol{F}_{OF}|=\sqrt{(\sigma_H\sin\phi\sin\theta)^2+(\sigma_h\cos\phi\sin\theta)^2+(\sigma_V\cos\theta)^2} \tag{7-20}$$

则 F_{OF} 与斜面 ABC 法向量 $\boldsymbol{n}$ 的夹角 φ_1 为：

$$\varphi_1=\arccos\frac{\sigma_H\sin\phi\sin\theta\tan\phi+\sigma_h\cos\phi\sin\theta+\sigma_V\cos\theta\dfrac{1}{\cos\phi\tan\theta}}{\sqrt{\dfrac{1}{\cos\phi\sin\theta}}\sqrt{(\sigma_H\sin\phi\sin\theta)^2+(\sigma_h\cos\phi\sin\theta)^2+(\sigma_V\cos\theta)^2}} \tag{7-21}$$

图 7-1 所示的 $F_{OO'}$ 的模为：

$$|\boldsymbol{F}_{OO'}|=|\boldsymbol{F}_{OF}|\sin\varphi_1 \tag{7-22}$$

$$\begin{aligned}\boldsymbol{F}_{OO'}&=|\boldsymbol{F}_{OO'}|\boldsymbol{e}_{OO'}\\&=\frac{|\boldsymbol{F}_{OF}|\sin\varphi_1}{\sin\phi\cos\theta}\left(\sin\phi\cos\theta\tan\phi\cdot i+\sin\phi\cos\theta\cdot j+\frac{\sin\phi\cos\theta}{\cos\phi\tan\theta}\cdot k\right)\\&=|\boldsymbol{F}_{OF}|\sin\varphi_1\left(\tan\phi\cdot i+1\cdot j+\frac{1}{\cos\phi\tan\theta}\cdot k\right)\end{aligned} \tag{7-23}$$

则

$$\boldsymbol{F}_{OF}=\boldsymbol{F}_{OO'}+\boldsymbol{F}_{O'F} \tag{7-24}$$

可求得 $\boldsymbol{F}_{O'F}$ 为：

$$\begin{aligned}\boldsymbol{F}_{O'F}&=\boldsymbol{F}_{OF}-\boldsymbol{F}_{OO'}\\&=(\sigma_H\sin\phi\sin\theta-|\boldsymbol{F}_{OF}|\sin\varphi_1\tan\phi)\cdot i+\\&\quad(\sigma_h\cos\phi\sin\theta-|\boldsymbol{F}_{OF}|\sin\varphi_1)\cdot j+\\&\quad\left(\sigma_V\cos\theta-\frac{|\boldsymbol{F}_{OF}|\sin\varphi_1}{\cos\phi\tan\theta}\right)\cdot k\end{aligned} \tag{7-25}$$

设

$$l=\sigma_H\sin\phi\sin\theta-|\boldsymbol{F}_{OF}|\sin\varphi_1\tan\phi \tag{7-26}$$

$$m=\sigma_h\cos\phi\sin\theta-|\boldsymbol{F}_{OF}|\sin\varphi_1 \tag{7-27}$$

$$n=\sigma_V\cos\theta-\frac{|\boldsymbol{F}_{OF}|\sin\varphi_1}{\cos\phi\tan\theta} \tag{7-28}$$

则

$$\boldsymbol{F}_{O'F}=l\cdot i+m\cdot j+n\cdot k \tag{7-29}$$

当 $n>0$ 时，断层有向下滑动趋势；当 $n=0$ 时，断层无垂直方向滑动趋势；当 $n<0$ 时，断层有向上滑动趋势。因此，可将 n 作为正、逆断层滑移判据。

$\boldsymbol{F}_{O'F}$ 在面 OAB 上的投影向量 $\boldsymbol{F}_{O''F'}$ 为：

$$\boldsymbol{F}_{O''F'}=\sqrt{\frac{n^2}{l^2+m^2+n^2}}(l\cdot i+m\cdot j) \tag{7-30}$$

将 $\boldsymbol{F}_{O''F'}$ 逆时针旋转 ϕ 时，$\boldsymbol{F}_{O''F'}$ 可写作：

$$\boldsymbol{F}_{O''F'}=\sqrt{\frac{n^2}{l^2+m^2+n^2}}[(l\cdot\cos\phi+m\cdot\sin\phi)\cdot i-(l\cdot\sin\phi-m\cdot\cos\phi)\cdot j] \tag{7-31}$$

设

$$f_1=l\cdot\cos\phi+m\cdot\sin\phi \tag{7-32}$$

当 $f_1>0$ 时，断层面上盘有向右侧滑动趋势；当 $f_1=0$ 时，断层无走滑趋势；当 $f_1<0$ 时，断层面上盘有向左侧滑动趋势。因此，可将 f_1 作为走滑判据。

断层是否发生滑移，还与断层面的内摩擦角和黏聚力有关，因斜面 ABC 为单位面积，则斜面 ABC 的法向应力值为 $|\boldsymbol{F}_{O'O}|$，切向应力值为 $|\boldsymbol{F}_{O'F}|$，可得如下关系：

$$f_2=\sigma_s-\sigma_n\tan\varphi_1-C \tag{7-33}$$

$$|\boldsymbol{F}_{O'O}|=\sin\varphi_1\sqrt{(\sigma_H\sin\phi\sin\theta)^2+(\sigma_h\cos\phi\sin\theta)^2+(\sigma_V\cos\theta)^2} \tag{7-34}$$

$$|\boldsymbol{F}_{O'F}|=\cos\varphi_1\sqrt{(\sigma_H\sin\phi\sin\theta)^2+(\sigma_h\cos\phi\sin\theta)^2+(\sigma_V\cos\theta)^2} \tag{7-35}$$

当 $f_2>0$ 时，断层发生滑移；当 $f_2\leqslant0$ 时，断层不发生滑移。因此，可将 f_2 作为走滑判据。

根据以上分析结果可知：

(1) 当 $n>0, f_1>0, f_2>0$ 时，断层有向下且向右错动趋势，即正断层兼左旋型错动；

(2) 当 $n>0, f_1=0, f_2>0$ 时，断层有向下错动趋势，即正断层型错动；

(3) 当 $n>0, f_1<0, f_2>0$ 时，断层有向下且向左错动趋势，即正断层兼右旋型错动；

(4) 当 $n=0, f_1>0, f_2>0$ 时，断层面上盘有向右错动趋势，即左旋型错动；

(5) 当 $n=0$，$f_1=0$，此时 $f_2\leqslant 0$，断层面上盘无错动趋势；

(6) 当 $n=0$，$f_1<0$，$f_2>0$ 时，断层面上盘有向左错动趋势，即右旋型错动；

(7) 当 $n<0$，$f_1>0$，$f_2>0$ 时，断层有向上且向右错动趋势，即逆断层兼左旋型错动；

(8) 当 $n<0$，$f_1=0$，$f_2>0$ 时，断层有向上错动趋势，即逆断层型错动；

(9) 当 $n<0$，$f_1<0$，$f_2>0$ 时，断层有向上且向左错动趋势，即逆断层兼右旋型错动。

7.2 断层错动特征及影响因素

给定一组断层数据：断层倾角 $\theta=45°$，主应力 σ_1 方向与断层走向夹角 $\phi=25°$，深度 $H=10$ km，侧压系数 $\lambda=3$，断层面内摩擦角 $\varphi=20°$，黏聚力 $C=2$ MPa，主应力 $\sigma_3=\gamma H$，$\sigma_2=0.5(1+\lambda)\sigma_3$。经过分析可以得到如下关系结果。

如图 7-2(a)所示，当侧压系数 λ 为 0.1 时，$n>0$，$f_1<0$，$f_2>0$，表明此时断层可产生正断层兼右旋型滑动；当侧压系数 λ 在 0.1～2.7 之间时，$f_2<0$，表明断层未发生滑动；当侧压系数大于 2.8 时，$n<0$，$f_1>0$，$f_2>0$，表明断层可产生逆断层兼左旋型滑动。这说明在高偏应力环境中，断层更容易发生滑动。

如图 7-2(b)所示，当断层倾角 θ 小于 22°或大于 52°时，$f_2<0$，表明断层未发生滑动；当断层倾角 θ 在 22°～52°之间时，$n<0$，$f_1>0$，$f_2>0$，表明断层可产生逆断层兼左旋型滑动。这说明断层更容易在倾角为 40°位置处发生滑动。

如图 7-2(c)所示，当最大水平主应力与断层面的夹角 ϕ 大于 15°时，$f_2>0$，断层面发生滑移，其中 $n<0$，表明断层发生逆冲型滑移；而当夹角 ϕ 为 15°～26°、38°～52°、64°～78°时，$f_1>0$，表明断层面上盘向右滑移，即逆冲兼左旋型滑移；当夹角 ϕ 为 26°～38°、52°～64°、78°～90°时，$f_1<0$，表明断层面上盘向左滑移，即逆冲兼右旋型滑移。

如图 7-2(d)所示，当深度 H 大于 1 km 时，$n<0$，$f_1>0$，$f_2>0$，表明断层发生逆冲兼左旋型滑移，但深度 H 对 f_2 值影响相对较小，说明震源深度的离散性。

如图 7-2(e)所示，当断层面内摩擦角 φ 小于 21°时，$n<0$，$f_1>0$，$f_2>0$，表明断层发生逆冲兼左旋型滑移，当断层面内摩擦角 φ 大于 21°时，$f_2<0$，表明断层不发生滑移。这说明断层面的内摩擦角对断层的滑移具有较大影响。

如图 7-2(f)所示，断层面之间的黏聚力 C 相对较小，黏聚力在 0～5.1 MPa 之间变化时，n、f_1、f_2 值变化幅度较小，表明这 3 个值对断层滑移影响较小，因此对于深部断层而言，可以忽略断层面黏聚力的作用。

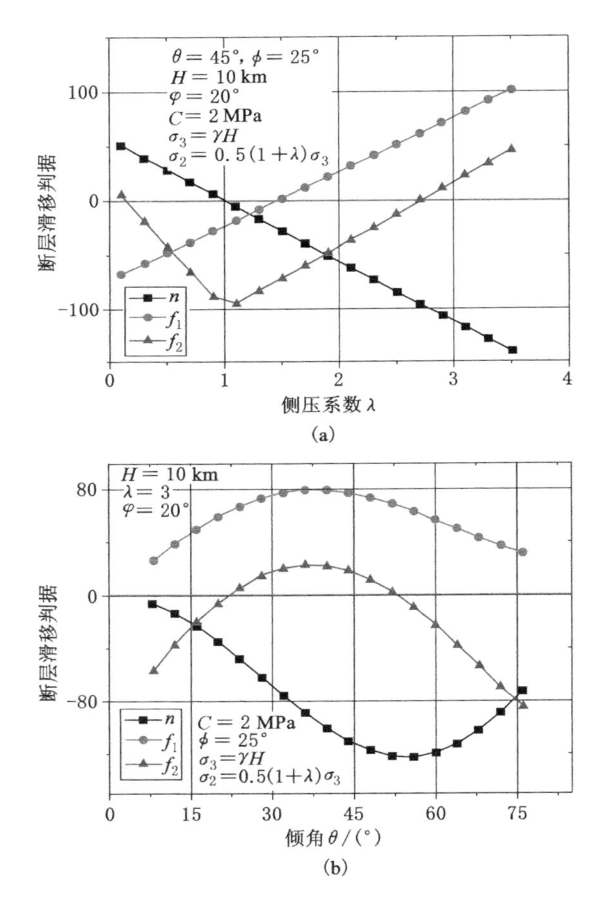

图 7-2　不同参数下的断层滑移判据数值图

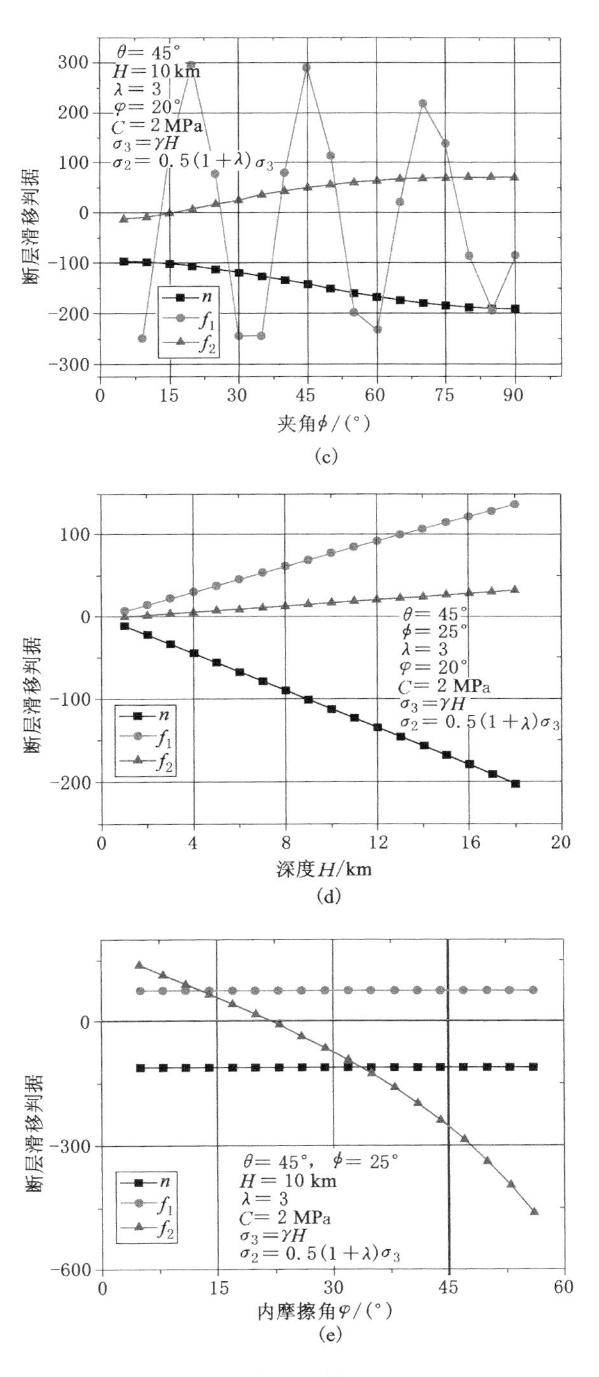
θ= 45°
H= 10 km
λ= 3
φ= 20°
C= 2 MPa
σ3 =γH
σ2= 0.5(1+λ)σ3
断层滑移判据
n
f1
f2
夹角ϕ/(°)
(c)
θ= 45°
ϕ= 25°
λ= 3
φ= 20°
C= 2 MPa
σ3 =γH
σ2= 0.5(1+λ)σ3
断层滑移判据
深度H/km
(d)
θ= 45°, ϕ= 25°
H= 10 km
λ= 3
C= 2 MPa
σ3 =γH
σ2= 0.5(1+λ)σ3
断层滑移判据
内摩擦角φ/(°)
(e)

图 7-2（续）

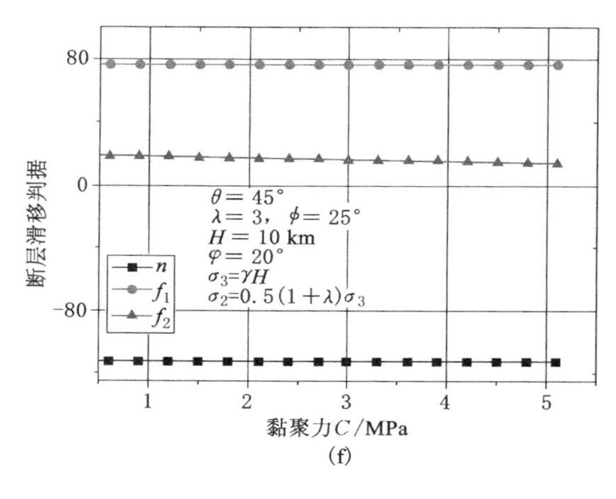

(f)

图 7-2（续）

以上 6 个参数中，断层倾角、主应力方向和断层走向夹角、深度等参数在板块运动的一定时期内为固定参数，断层面黏聚力对断层面滑移的影响相对较小。侧压系数和内摩擦角对断层影响相对较大，这 2 个参数为可变参数，如板块运动、远程地震、引潮作用等将使局部区域的地应力产生微小的变化，对处于临界状态的断层，如 f_2 值趋近于 0 时，微小的地应力变化可能促使断层瞬间滑移，发生地震；人类工程活动，如石油开采、采矿活动，使大量的水进入断层，断层面的摩擦系数降低，进而引发地震。

7.3 断层错动力学条件的合理性验证

依据正断层型或逆断层型错动趋势判据 n、左旋或右旋走滑型错动趋势判据 f_1 以及断层是否发生错动判据 f_2，可推测断层滑移与否以及滑移类型。对断层滑移特征具有影响的参数有：断层倾角、主应力方向与断层走向夹角、深度、侧压系数、断层面的内摩擦角和黏聚力等 6 个参数。发生错动的断层一般具有以下特征：一是处于高偏应力环境中，如侧压系数小于 0.1 或大于 2.8 时，而侧压系数趋近于 1 的区域则不发生断层错动；二是与断层倾角关系较大，断层更容易在倾角为 40°位置处发生滑动；三是低断层面内摩擦角更容易发生滑动。为此，设计 5 组模拟方案，其断层的产状和力学参数与区域主应力状态如表 7-1 所示，将参数依次代入式(7-1)～式(7-35)，可获得断层滑移判据 n、f_1、f_2 值。按照理论计算结果可知，方案 1 和方案 2 的断层尚未产生滑移，而方案 3～方案 5 的断层产生滑移，且 $n<0$，$f_1>0$，可判断断层产生逆冲兼左旋型滑移。模拟结果与理论计算结果基本一致，如图 7-3 所示，且方案 3～方案 5 的滑移趋势与理论计算结果吻合，如图 7-4 所示，断层面上盘产生了向上且向右的位移，表明该断层发生了逆冲兼左旋型错动。

表 7-1 模拟方案与计算结果汇总表

模拟方案	倾角/(°)	夹角/(°)	σ_1/MPa	σ_2/MPa	σ_3/MPa	内摩擦角/(°)	黏聚力/MPa	n	f_1	f_2
1	54	45	405	250	270	20	1	−22.07	178.99	−44.46
2	54	45	540	400	270	20	1	−57.64	230.83	−14.44
3	54	45	675	450	270	20	1	−93.22	282.67	17.92
4	54	45	810	400	270	20	1	−128.80	334.51	50.98
5	54	45	540	300	270	17	1	−57.64	230.83	6.99

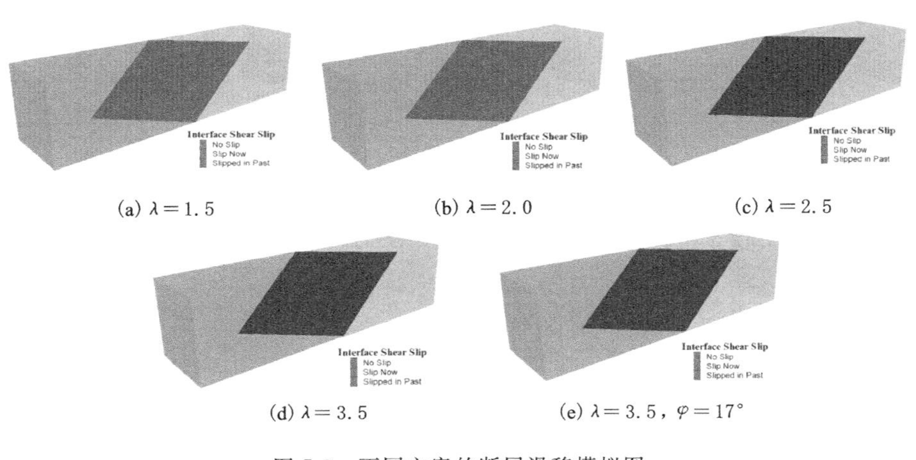

(a) $\lambda=1.5$　(b) $\lambda=2.0$　(c) $\lambda=2.5$

(d) $\lambda=3.5$　(e) $\lambda=3.5$，$\varphi=17°$

图 7-3 不同方案的断层滑移模拟图

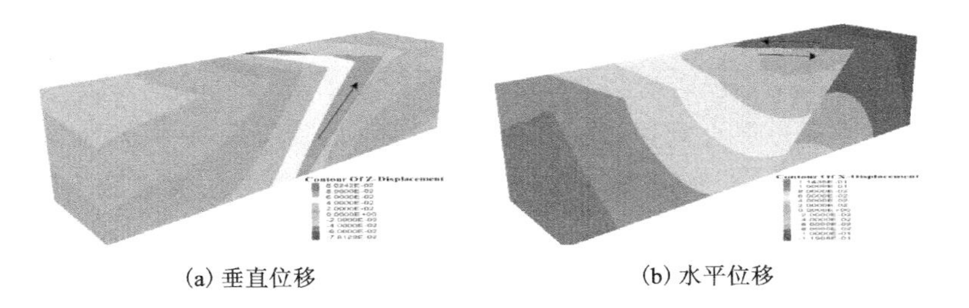

(a) 垂直位移　(b) 水平位移

图 7-4 方案 3 的逆冲兼左旋型滑移图

以龙门山断裂带为例，垂直应力按 γH 计算，γ 取 27 kN/m³，地应力实测数据见表 7-2，侧压系数取 1.0～5.0，最大水平主应力方向与断层走向夹角约为 80°。设龙门山断裂带黏聚力为 2 MPa，内摩擦角为 20°，龙门山断裂带为典型的铲型逆冲断层，其倾角与深度的关系为 $\theta=76°-4H$，如图 7-5 所示。通过计算可得不同侧压系数下的断层滑移情况，如图 7-6 所示。当侧压系数小于 2.0 时，断层面不发生滑移；当侧压系数大于 2.5 时，断层面深部 12 km 处首先发生滑移，且随着侧压系数的增大，发生滑移的范围也增大，但断层浅部仍处于闭锁状态。此时 n 和 f_1 值均小于 0，表明当侧压系数大于 2.5 时，该断层发生逆冲兼右旋型滑移或地震。因此，处于临界状态的断层，当施加微小的应力变量时，侧压系数随之改变，断层的破裂范围相应扩大，地震被微小应力变化触发是可能的，触发应力包括动态应力和静态应力。如板块运动和其他构造过程可引起的缓慢且稳定变化的构造应力、固体潮汐力、水库水位变化、天体引潮力、强震应力波均可引起动态应力变化。

表 7-2　龙门山断裂带地应力测量值表

钻孔	深度/m	σ_H/MPa	σ_V/MPa	σ_H/σ_V
江油-1	178	11.26	4.73	2.38
江油-2	195	6.55	5.17	1.27
江油-3	193	15.91	5.11	3.11
平武-1	439	37.55	11.63	3.23
盘龙-1	323	33.12	8.56	3.87
康定-1	185	16.61	4.91	3.38
磽碛 QQ-99	280	25.53	7.42	3.44
磽碛 QQ-09	214	23.73	5.68	4.18
磽碛 QQ-14	188	21.02	11.51	4.98
映秀 YX-02	733	28.04	19.81	1.42
映秀 YX-09	178	16.36	4.72	3.47

断层的破裂是由点到面、由深到浅的过程，当断层深部一点的滑移判据 $f_2>0$ 时，该点发生错动，必将导致该点周边的切向应力增大或减小，从而致使其附近的断层滑移。当断层发生滑移的范围较小时，可造成小地震；当断层滑移范围扩展至地表时，可造成大范围地表破裂的大地震。断层发生错动，必然导致断层附近的局部岩体体积膨胀、应力降低、释放能量，释放的应变能可成为地震的能量源。如汶川地震破裂过程是以 NW 向小鱼洞断裂为起始破

裂段，该断裂的破裂触发了北川-映秀断裂和彭灌断裂，并导致北川-映秀断裂向 NE 方向发生级联破裂。

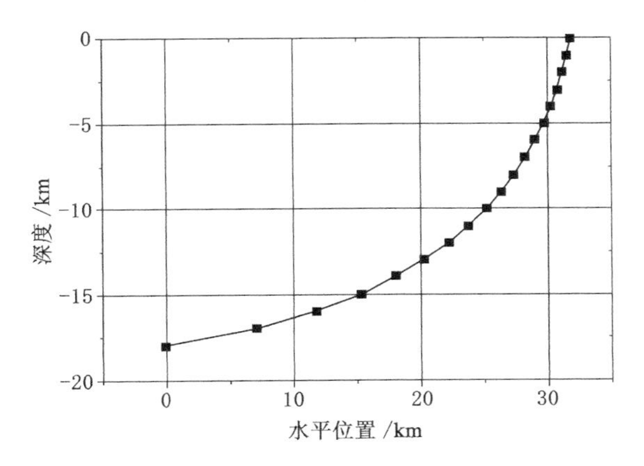

图 7-5　龙门山断层产状示意图

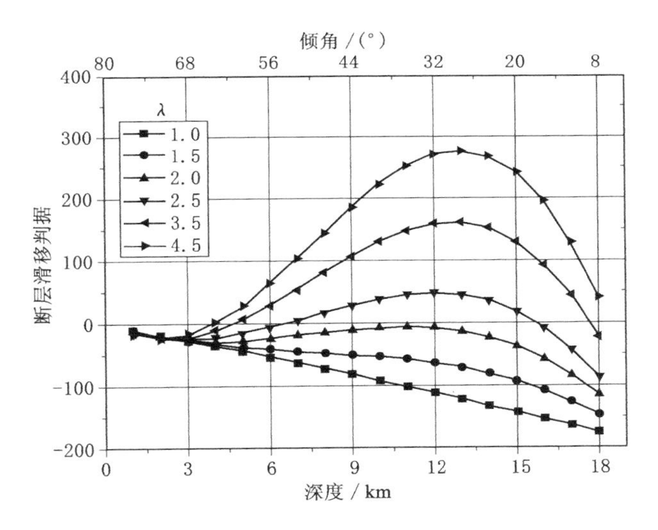

图 7-6　不同侧压系数下断层滑移判据图

7.4　本章小结

(1) 断层错动是在一定的力学机制下产生的。本章依据地应力和断层产状关系提出了 3 个判据，即断层倾向错动趋势判据 n、走向错动趋势判据 f_1 以及断层是否发生错动的判据 f_2。依据这 3 个判据可直接评价断层的稳定性，如 f_2 接近于 0 时，该断层具有错动的危险性。

（2）断层的错动往往是由点到面、由深部到浅部的过程，如汶川地震的断层破裂过程即具有这种特征。

（3）应用本章的力学模型，可计算主要断层不同深度的错动判据值，对断层的稳定性进行评价，而对于不稳定断层则应进一步监测地应力的变化。但目前深部地应力测试工作尚不完善，如果能够提高深部地应力的测量精度，那么对地震的预测必将更为精确。

8 龙门山断裂带的错动与滑移过程模拟

当龙门山断裂带形成后，在板块挤压作用下，断层的上下盘将沿断层面发生错动。本章依据龙门山实际的断层分布几何特征，设计了接近于实际的 F_1、F_2、F_3 断层，研究断层的滑移与错动特征及其地应力演化。

8.1 龙门山断裂带的数值模拟分析

8.1.1 模型的几何尺寸与边界条件

计算机数值模拟选取的平面与龙门山断裂带走向垂直，设计数值计算模型的走向长度为 160 km，包含马尔康至四川盆地的部分区域；模型的高度为 40 km，与龙门山断裂带下部的莫霍面大致相同；模型的厚度取 1 km。模型的上部为自由边界，地形的起伏简化为折线；模型的下部大体与莫霍面的深度相同，简化为位移边界条件，在 x 方向可以运动，z 方向为固定铰支座，即 $w=0$；模型的右侧边界是板块运动相对静止的边界，简化为在 z 方向可以运动，其他方向为固定铰支座，即 $u=v=0$。在对模型的左侧边界施加位移前，对整个模型范围内的岩体施加重力应力场，使模型具备初始应力环境。岩体的垂直应力随深度大致呈正比关系，水平应力与垂直应力也大致呈正比关系。模型的左侧边界的移动量按加载步逐步施加，即每一个加载步施加 1 年的移动量。模型的左侧边界相对于右侧边界可以移动，移动速度取两个边界实际移动速度的差值；考虑到地表与莫霍面处的移动速度不同，在模型左侧边界上的水平移动速度根据深度的增加成线性增长，模型上部加载的正向水平移动速度为 2 mm/a，下部加载的正向水平移动速度为 4 mm/a。龙门山断裂数值计算建模如图 8-1 所示。

为研究模型不同位置的主应力变化情况，在 F_1、F_2、F_3 断层附近设置追踪测点，地表下 0.7 km、14 km、21 km 位置设置位移和最大、最小主应力追踪测点共 18 个，其位置坐标详见图 8-1 和表 8-1。

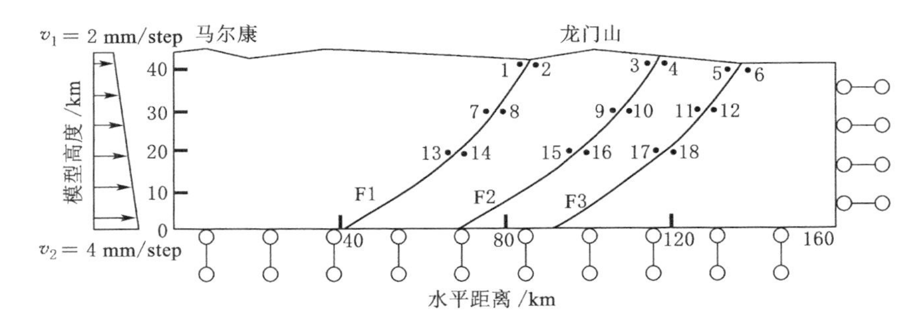

图 8-1 龙门山断裂数值计算建模图

表 8-1 模型测点坐标值

测点	水平位置/km	深度/km	测点	水平位置/km	深度/km
1	86.10	0.7	10	113.25	14
2	86.50	0.7	11	129.44	14
3	117.70	0.7	12	133.77	14
4	120.40	0.7	13	67.66	21
5	137.12	0.7	14	74.03	21
6	138.72	0.7	15	100.10	21
7	74.83	14	16	106.00	21
8	81.00	14	17	121.40	21
9	106.80	14	18	127.80	21

注：水平位置即与模型左侧边界的距离。

8.1.2 地壳岩体物理力学性质

岩石破坏选用莫尔-库仑准则，其基本的物理力学参数包括弹性模量、泊松比、黏聚力、内摩擦角、剪胀角和抗拉强度。

迄今为止，对地壳深部岩石力学性质的研究不是很多，仅限于几千米范围内。一般认为，随着深度的增加，岩体更加致密，岩体的密度和弹性模量等都会增大。本章数值模拟分析模型的岩体弹性模量参考花岗岩的弹性模量取值为 $4.0\times10^{10}\sim10.6\times10^{10}$ Pa，对整个模型按均匀梯度对弹性模量和密度进行赋值，其他参数为定值。模型岩体物理力学参数如表 8-2 所示，断层面力学参数见表 8-3。

表 8-2　模型岩体物理力学参数

力学参数	弹性模量/GPa		抗拉强度/MPa	黏聚力/MPa	内摩擦角/(°)	泊松比	密度/(kg/m^3)		重力加速度/(m/s^2)
	地表	深度 40 km					地表	深度 40 km	
数值	40	106	12	16	35	0.286	2 575	2 809	9.8

表 8-3　断层面力学参数

力学参数	法向刚度/GPa	切向刚度/GPa	内摩擦角/(°)
数值	1.0	0.5	10

根据 Jaeger 摩擦定律，断层之间的摩擦活动受控于剪应力、正应力、摩擦系数及抗剪强度。为提高计算精度，在模型的左侧边界上施加位移载荷，按照 0.05～0.1 mm/step 的方式加载。根据龙门山地区的板块运动速度，则每 40 step 相当于 1 年，本模型计算了 2×10^7 step，相当于 50 万年。

8.2　断层的滑移与形变过程

8.2.1　不同时期垂直位移分布特征

不同时期岩体垂直位移的计算结果见图 8-2。如图 8-2(a)所示，在 10 万年时，3 条断层的上盘和下盘之间没有明显的垂直位移差，表明在断层挤压初期，3 条断层均处于闭锁状态，尚未发生明显的错动。如图 8-2(b)、(c)所示，在 20 万年和 30 万年时，龙门山区域呈现整体提升，30 万年的提升量为 128.9 m；将 30 万～31 万年期间的位移数据提取出来，可以看出 3 条断层的上盘和下盘之间仅有较小的位移量，在 1 万年时间内，F_1、F_2 和 F_3 断层的相对位错总量基本稳定在 25 m、10 m 和 12 m 左右，断层的年均位移量非常微小，见图 8-3(a)。如图 8-2(d)所示，在 40 万年时，F_3 断层的错动量明显高于其他 2 条断层，提取 40 万～41 万年期间测点位移数据见图 8-3(b)，F_1、F_2 和 F_3 断层的相对位错总量分别为 43 m、66 m 和 450 m，表明在 1 万年的时间内，F_3 断层发生了明显的错动。如图 8-2(e)所示，在 50 万年时，F_2 和 F_3 断层具有较高的错动量，提取 50 万～51 万年期间测点位移数据见图 8-3(c)，F_1、F_2 和 F_3 断层的相对位错总量分别为 14 m、450 m 和 501 m，表明在 1 万年的时间内，F_2 和 F_3 断层发生了明显的错动，其相对位错量分别为9.7 m、443.4 m 和 51 m，平均逆冲速率分别为 0.1 mm/a、4.4 mm/a 和0.5 mm/a。GPS 观测结果显示，龙门山断裂带的逆冲速率分别为：汶川-茂县断裂（F_1）为 0.3～0.8 mm/a，映秀-北川断裂（F_2）为 0.4～1.2 mm/a，灌县-安县断裂（F_3）为 0.3 mm/a，利用地貌断错和年代测定得到龙门山断裂晚第四纪的滑动速率为 2～3 mm/a。模拟结果与实际监测结果相差不大，表明模拟结果是可信的。同时可以看出，龙门山附近和 F_1 断层左侧区域呈抬升趋势，而 F_3 断层右侧的四川盆地的竖向位移则保持稳定。

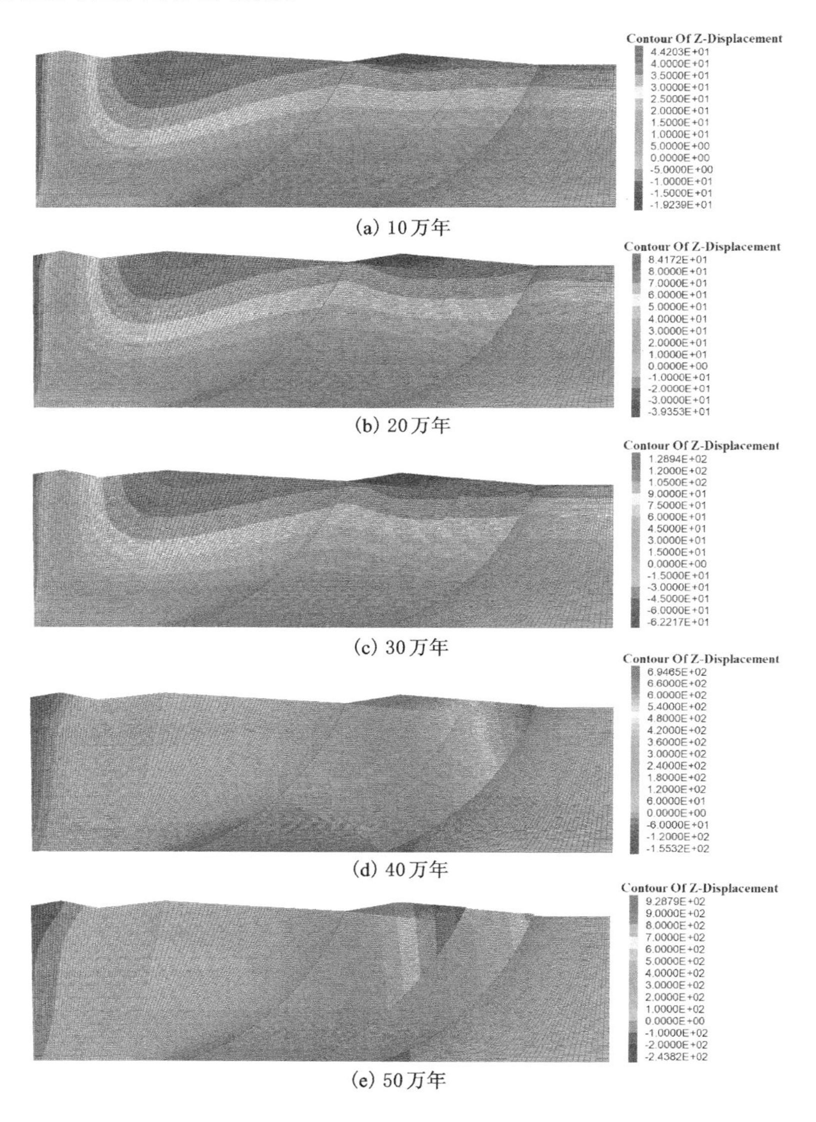

图 8-2　不同时期岩体垂直位移分布图

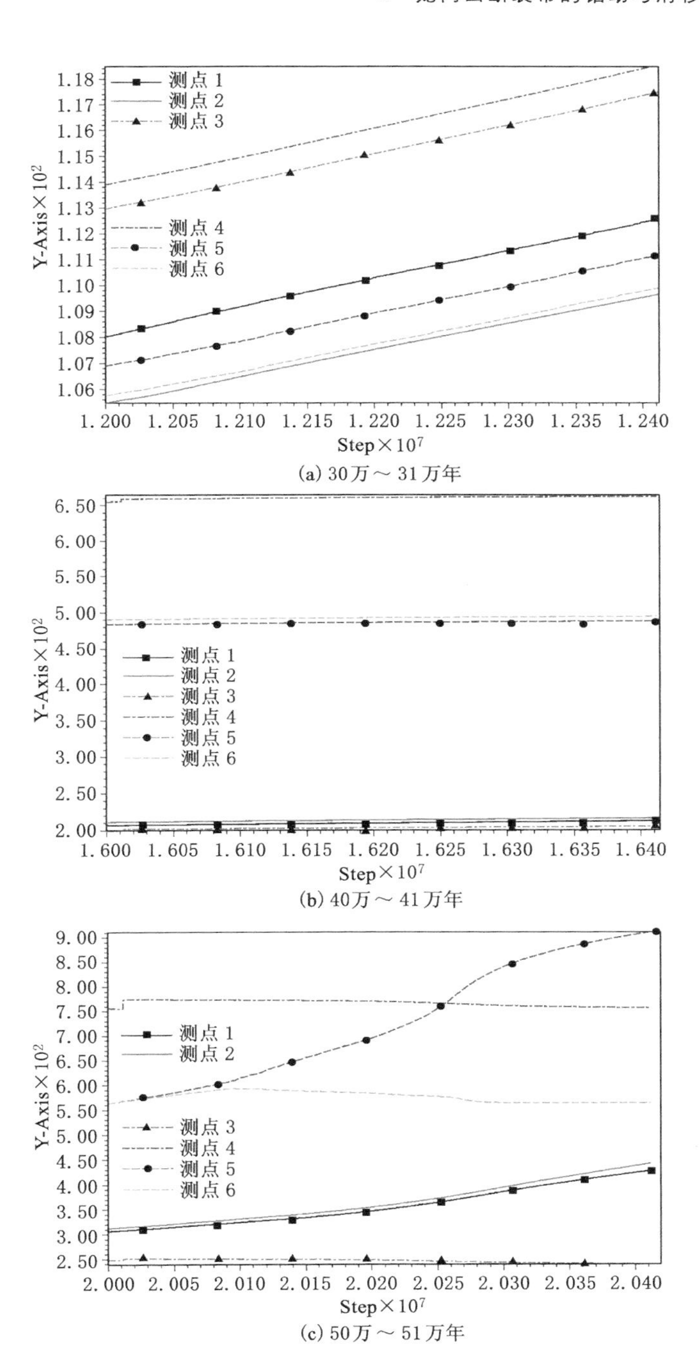

(a) 30万～31万年

(b) 40万～41万年

(c) 50万～51万年

图 8-3 测点 1～测点 6 垂直位移曲线图

8.2.2 断层位错的时间演化特征

在 50 万年的板块运动作用下，F_3 断层经历了复杂的错动过程，F_3 断层不同深度测点的垂直位移曲线如图 8-4 所示。

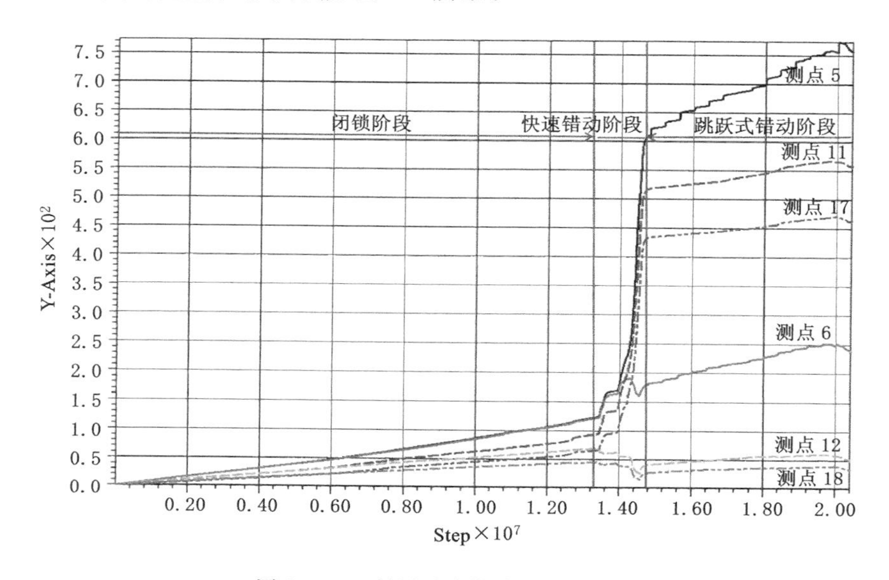

图 8-4 F_3 断层垂直位移全过程曲线

由图 8-4 可以看出，F_3 断层大致经历 3 个阶段，从开始到 33 万年为第一阶段，该阶段断层闭锁，各测点之间不发生明显活动。从 33 万年到 37 万年为第二阶段，该阶段 F_3 断层快速错动，测点 5 和测点 6 之间的错动量为 440 m，平均位错量为 11 mm/a；测点 11 和测点 12 之间的错动量约为 440 m，平均位错量为 11 mm/a；测点 17 和测点 18 之间的错动量约为 410 m，平均位错量为 10 mm/a。从 37 万年到 50 万年为第三阶段，该阶段 F_3 断层间歇跳跃式错动，测点 5 和测点 6 之间的错动量为 90 m，平均位错量为 0.69 mm/a；测点 11 和测点 12 之间的错动量为 300 m，平均位错量为 0.23 mm/a；测点 17 和测点 18 之间的错动量为 200 m，平均位错量为 0.15 mm/a。

在跳跃式错动阶段，测点 5 共经历了 13 次跳跃式错动，平均 1 次/万年，每次跳跃时测点 5 的垂直位移量为 10 m 左右，大致与龙门山区域大地震时的断层上下盘相对错动量相吻合。

8.3 最大主应力演化过程

8.3.1 不同时期最大主应力分布特征

由图 8-5 可知，在板块运动的 30 万年之前，最大主应力随着深度的增大而大致呈线性增大，且随着板块挤压作用的加强，最大主应力值逐步增大，10

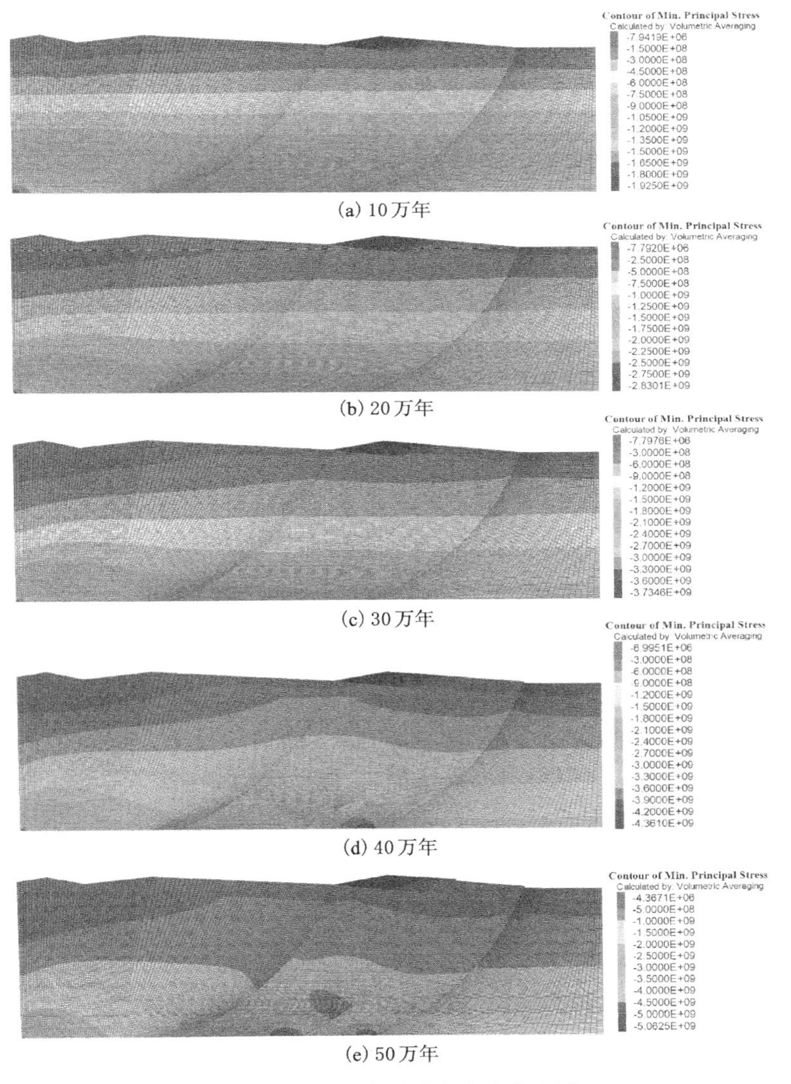

图 8-5 不同时期最大主应力分布图

万年、20 万年和 30 万年的最大主应力最大值分别为 1.925 GPa、2.830 GPa、3.735 GPa。在板块运动的 40 万年之后，F_3 断层经历了快速错动过程，最大主应力的层状分布状态被打破，在 F_3 断层的底部出现了差异变化较大的最大主应力分布态势。

8.3.2 主应力变化的时间演化特征

提取 F_3 断层上盘测点 5、测点 11 和测点 17 的最大、最小主应力数据，如图 8-6 所示。

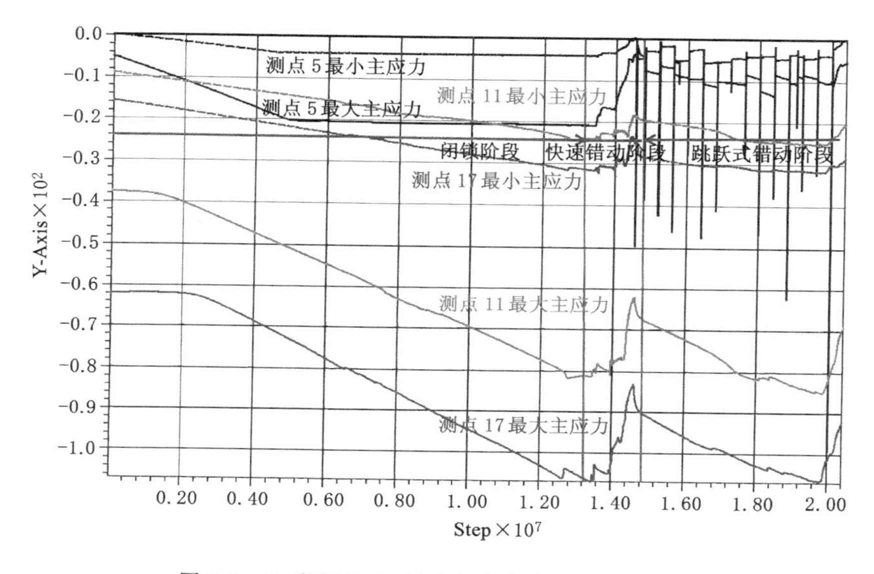

图 8-6　F_3 断层最大、最小主应力演化全过程曲线

由图 8-6 可以看出断层上盘 3 个测点的最大主应力变化曲线，在闭锁阶段，地表测点 5 经历"增大-平稳"两个阶段；深 14 km 处测点 11 经历"平稳-增大-平稳"三个阶段；深 21 km 处测点 17 在 30.75 万年（1.23×10^7 step）时出现了一次应力波动，即先减小后增大，结合图 8-3 可认为，在闭锁阶段后期，处于深部的断层已经开始出现小的错动，并造成深部岩体应力的变化，表明该阶段是地应力积累阶段。在快速错动阶段，测点 5 的应力变化呈现台阶式减小，而测点 11 和测点 17 的应力变化呈现波动式减小，表明该阶段总体上是地应力减小阶段。在跳跃式错动阶段，浅部最大主应力呈跳跃式变化，表明该位置处的最大主应力出现多次应力波动，波动出现的时间与图 8-4 所示的垂直位移跳跃基本对应；而深部最大主应力整体呈增大趋势，局部出现几次小幅度的

减小；到49万年后，深部测点11和测点17的应力变化又出现减小趋势。由弹性应变能可知，每一次最大主应力的减小均意味着一次应变能的释放，可能意味着是一次地震的发生。

主应力的变化与板块运动呈现明显的相关性，前期最大主应力随着水平位移量的增大而逐渐增大；当主应力值达到某一临界值时，主应力值逐渐趋于稳定。由于塑性区的扩展和断裂带的逆冲滑移，其岩体内部因区域构造运动而增加的主应力与释放的主应力将形成相对平衡的状态，该平衡机制类似于自组织临界性。同时可以确定，龙门山断裂带附近的主应力稳定于并将长期处于某种临界状态，处于"稳定-地震"的临界状态。当地震发生后，局部区域有一定的应力降低现象，但数值相对较小，龙门山断裂带及附近区域将长期处于地震活跃状态。

每间隔5万年提取一次最大、最小主应力数据，如表8-4所示。

表8-4 F_3断层测点最大、最小主应力值及其比值汇总表

时间/万年	测点5主应力值/MPa			测点11主应力值/MPa			测点17主应力值/MPa		
	最小	最大	比值	最小	最大	比值	最小	最大	比值
5	0.14	1.09	7.79	1.10	4.00	3.64	1.81	6.20	3.43
10	0.32	1.73	5.41	1.32	4.72	3.58	2.68	6.89	2.57
15	0.37	2.03	5.49	1.52	5.45	3.59	2.30	7.75	3.37
20	0.37	2.06	5.57	1.83	6.29	3.44	2.56	8.53	3.33
25	0.39	2.08	5.33	1.99	6.95	3.49	2.81	9.45	3.36
30	0.39	2.06	5.28	2.23	7.73	3.47	3.05	10.29	3.37
35	0.34	1.56	4.59	2.34	7.79	3.33	3.07	10.21	3.33
40	0.48	0.89	1.85	2.06	7.23	3.51	2.98	9.59	3.22
45	0.37	0.89	2.41	2.44	8.14	3.34	3.12	10.26	3.29

通过理论计算可以得知，深度为0.7 km、14 km和21 km的极限侧压系数分别为5.2、2.7和2.6，略低于图8-7所示结果，但基本规律大致吻合，表明随着深度的增大，极限侧压系数值逐渐减小，该值与黏聚力、内摩擦角等参数相关。

实际的地应力测量结果显示，处于龙门山断裂带附近的江油、平武、盘龙、康定地区的6个测点的最大、最小主应力比值在1.27～3.87之间，且其中4

个测点的主应力比值在 3.11～3.87 之间，表明模拟结果的主应力值与实测的主应力数值基本吻合。

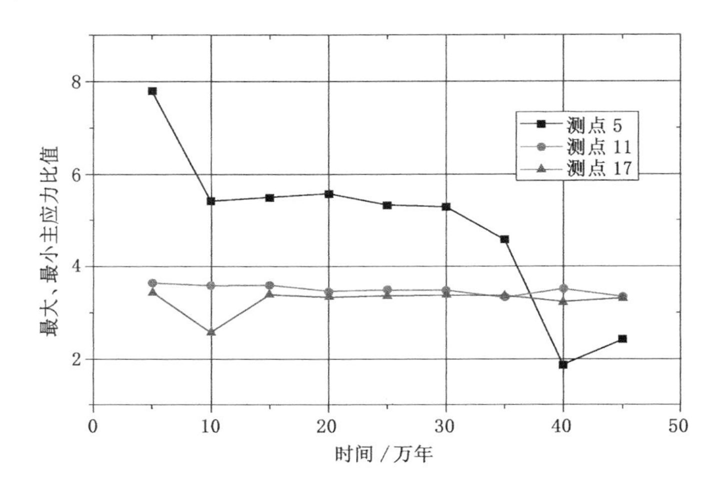

图 8-7 最大、最小主应力比值分布图

8.4 断层面滑动应力与剪切位移特征

库仑应力研究的是断层面的应力变化量，而忽略其本身的应力状态。根据 Jaeger 定律，当 $\tau = S_0 + \mu\sigma_n$ 时，结构面发生错动，设

$$f = \tau - S_0 - \mu\sigma_n \tag{8-1}$$

式中，τ 为结构面的切应力；S_0 为结构面的黏聚力；μ 为结构面摩擦系数；σ_n 为结构面正应力。提取计算模型中不同时刻断层面的力学参数和应力数据，将数据代入式(8-1)可以得到 f 值。为便于表述，将 f 值定义为滑动力。

当 $f \geqslant 0$ 时，结构面发生错动；

当 $f < 0$ 时，结构面闭锁。

(1) 10 万年

由图 8-8 可知，在 10 万年时，3 条断层面上的滑动应力均为负值，表明此时的断层均处于闭锁状态。

如图 8-9 所示，经过 10 万年的板块运动，3 条断层最大的剪切位移量仅为 4.757 m，最大错动位置位于模型高度 10 km 处，平均位错量为 0.048 mm/a，远小于正常的位错量，可认为此时 3 条断层处于锁定状态。

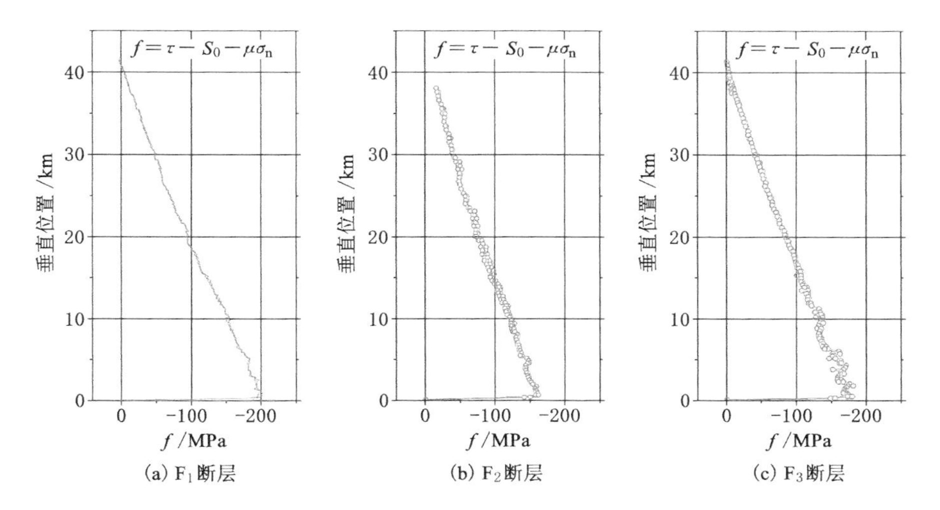

(a) F_1断层　(b) F_2断层　(c) F_3断层

图 8-8　10 万年时断层面滑动应力图

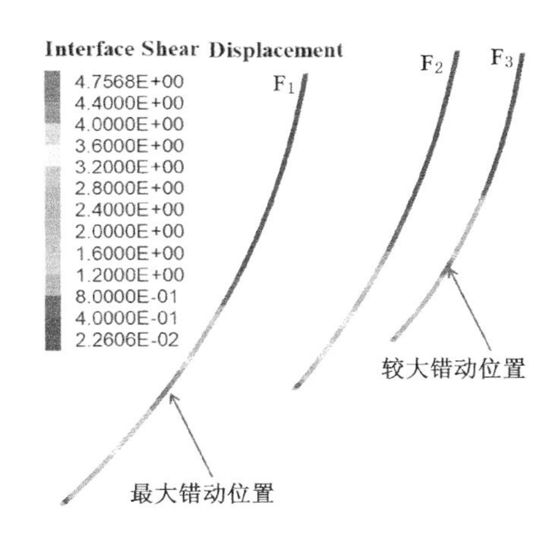

图 8-9　10 万年时断层剪切位移分布图

(2) 20 万年

由图 8-10 可知，在 20 万年时，F_1 断层浅部出现滑动状态，垂直位置 38 km 以下部分的 f 值均小于 0，表明 F_1 断层处于闭锁状态；F_2 断层的 f 值均小于 0，表明 F_2 断层全部处于闭锁状态；F_3 断层浅部处于临界状态，深部多数测点的 f 值小于 0，个别测点的 f 值接近于 0，表明此时深部断层面处于不连续的闭锁状态，可能出现多个局部滑动区域。

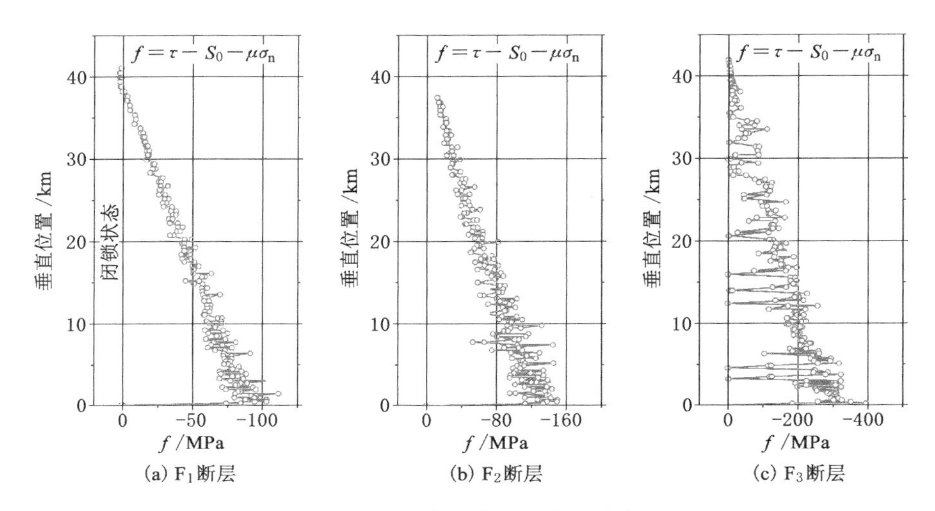

(a) F_1断层　(b) F_2断层　(c) F_3断层

图 8-10　20 万年时断层面滑动应力图

如图 8-11 所示，到 20 万年时，F_3 断层的多个位置产生了较大的错动量，最大位错量为 12.82 m，平均位错量为 0.13 mm/a，仍处于较低的位错量水平，且较大的错动位置与滑动应力的 0 值位置大致对应，从而可知断层面之间的滑动可能处于一种间断性的、不连续的状态。

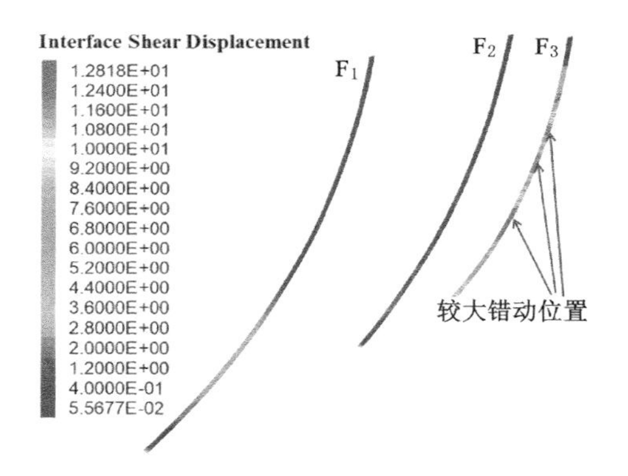

图 8-11　20 万年时断层剪切位移分布图

(3) 30 万年

由图 8-12、图 8-13 可知，在 30 万年时，3 条断层在不同深度均出现了多个活动临界状态，对于其中任一点，f 值大于 0，则该点滑动，因此 3 条断层的断层面上均有多个局部滑动区域；F_3 断层的滑动位置数多于 F_2 断层，F_2 断层多于 F_1 断层，因此较大的错动发生在 F_3 断层面上。

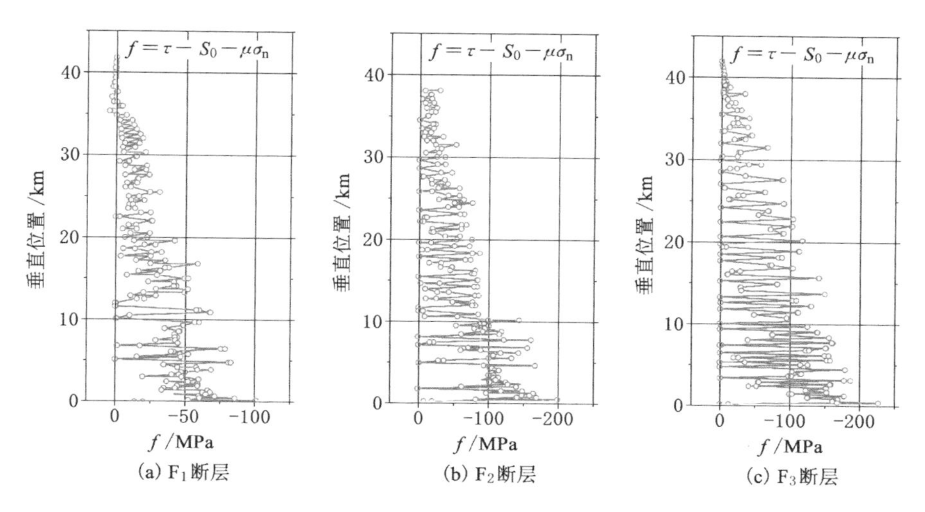

图 8-12 30 万年时断层面滑动应力图

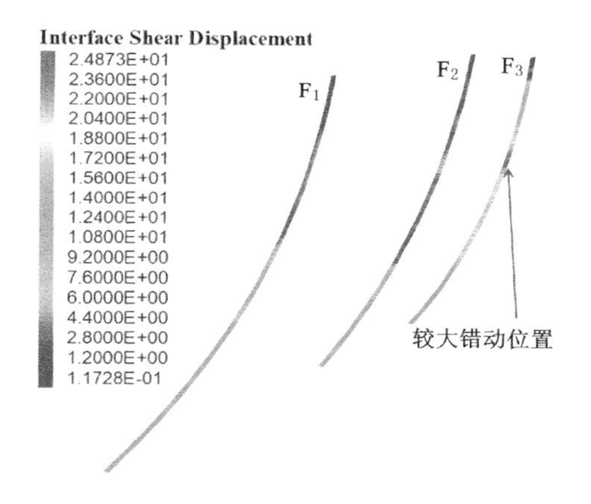

图 8-13 30 万年时断层剪切位移分布图

(4) 40 万年

由图 8-14(a)可以看出，F_1 断层的浅部即垂直位置 37 km 以上的滑动应力大于 0，在垂直位置 20～37 km 的滑动应力处于 0 值左右，表明该段断层处于临界状态；F_1 断层的深部即垂直位置 10 km 以下的滑动应力均小于 0，表明该段断层处于闭锁状态。如图 8-14(b)所示，F_2 断层的上部即垂直位置 17～40 km 的滑动应力小于 0，表明该段断层处于闭锁状态；F_2 断层的中部即垂直位置 9～17 km 处多点的滑动应力处于 0 值状态，表明该段断层处于临界状态；而 F_2 断层的深部即垂直位置 9 km 以下的滑动应力小于 0，表明该段断层处于闭锁状态。如图 8-14(c)所示，F_3 断层的浅部即垂直位移 38 km 以上的滑动应力处于0值左右，表明该段断层处于临界状态；垂直位置32～38 km的滑动应力小于0，该段断层处于闭锁状态；垂直位置18～32 km之间多点的滑动应力处于0值左右，表明该范围内的断层仍处于临界状态；而垂直位置18 km以下的滑动应力小于0，表明该段断层处于闭锁状态。

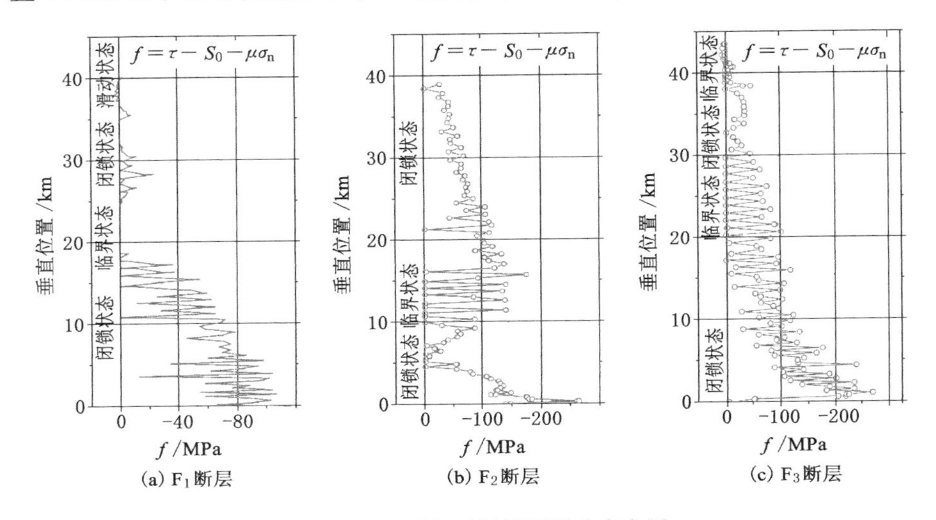

图8-14 40万年时断层面滑动应力图

由于从30万年开始，F_3断层多个区域均出现错动状态，因此F_3断层积累了较大的位错量，其最大位错量为596.4 m，如图8-15所示。10万年间新增位错量为571.5 m，平均位错量为5.7 mm/a，表明该阶段是F_3断层的快速错动时期。

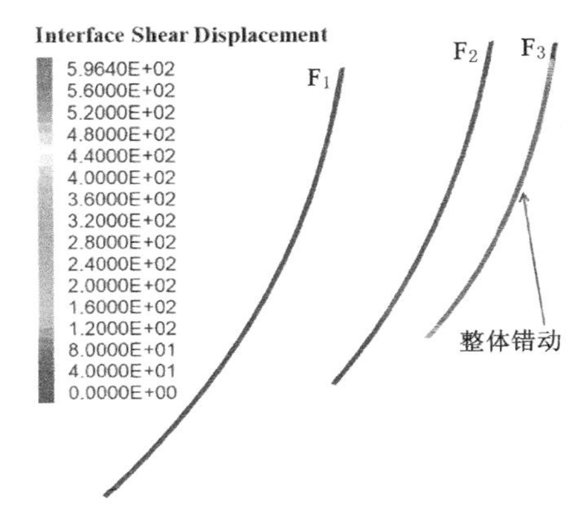

图8-15 40万年时断层剪切位移分布图

(5) 50 万年

由图 8-16(a)可以看出，F_1 断层浅部和中、下部的滑动应力大于或接近于 0，而在垂直位置 20～35 km 之间的滑动应力小于 0，表明该范围断层处于闭锁状态。F_2 断层的滑动应力均小于 0，表明 F_2 断层经过快速错动后，又处于较为稳定的闭锁状态。F_3 断层则是闭锁状态和错动状态相互间隔。

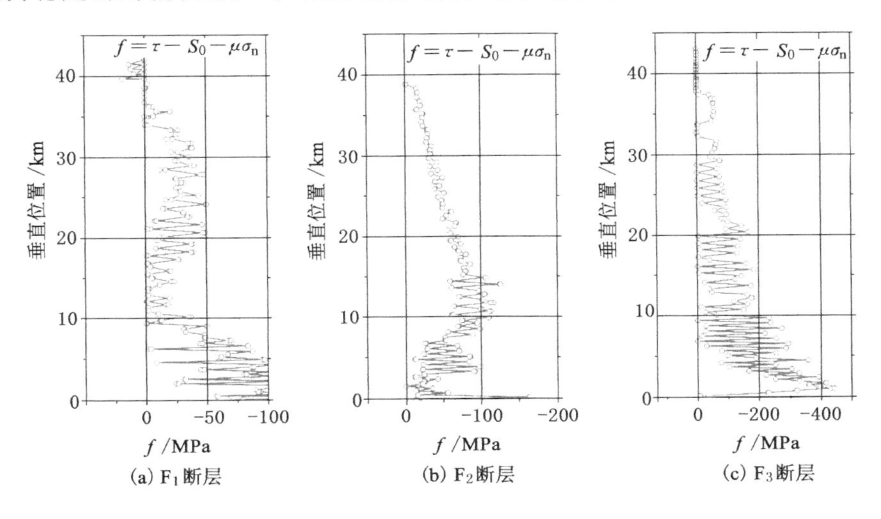

图 8-16　50 万年时断层面滑动应力图

由图 8-17 所示断层面的剪切位移可以看出，F_1 断层面的位错量相对较小；F_2 断层在 10 万年内经历了较大的位错过程；F_3 断层仍呈现最大的位错量，但在 40 万～50 万年间的位错量为 42.5 m，表明这一时期 F_3 断层的位错量相对较小。

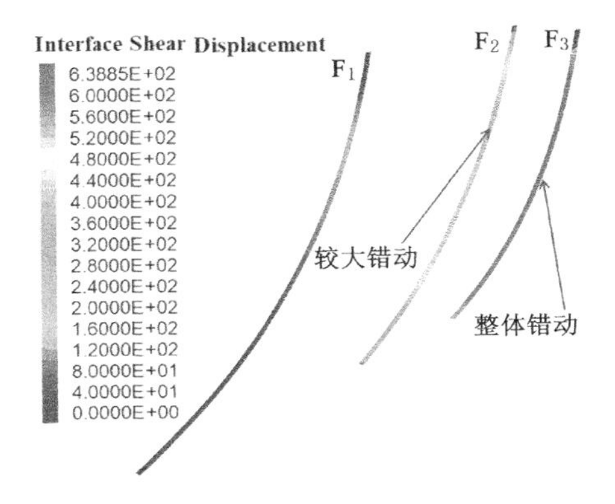

图 8-17　50 万年时断层剪切位移分布图

8.5 本章小结

依据龙门山断裂带分布的几何特征，建立龙门山断层错动的数值模型，经过 50 万年的时间跨度，得出了断层附近的滑移与形变特征、最大主应力演化过程以及断层面的滑动应力和断层错动量的分布。

(1) 在 50 万年中，F_3 断层的错动量明显高于 F_1 断层和 F_2 断层。F_3 断层的错动大致经历 3 个阶段：从开始到 33 万年为第一阶段，该阶段断层闭锁，断层上下盘之间不发生明显活动；从 33 万年到 37 万年为第二阶段，该阶段 F_3 断层快速错动，平均最大位错量为 11 mm/a；从 37 万年到 50 万年为第三阶段，该阶段 F_3 断层间歇跳跃式错动，平均位错量为 0.69 mm/a，这与龙门山实际的年均位错量基本吻合。

(2) 在跳跃式错动阶段，地表测点在 13 万年中共经历了 13 次跳跃式错动，平均 1 次/万年；这种跳跃式错动是在较短的时间内完成的，每次跳跃 10 m 左右，大致与龙门山区域大地震时的断层上下盘相对错动量相吻合。

(3) 在板块运动的 30 万年之前，最大主应力随着深度的增大而大致呈线性增大，且随着板块挤压作用的加强，最大主应力值逐步增大；在板块运动的 40 万年之后，F_3 断层经历了快速错动阶段，最大主应力的层状分布状态被打破，在 F_3 断层的底部出现了差异变化较大的最大主应力分布态势。

(4) 最大主应力的增大存在极限，当主应力值达到某一临界值时，主应力值逐渐趋于稳定，这是由于塑性区的扩展和断裂带的逆冲滑移，使岩体内部因区域构造运动而增加的主应力与释放的主应力形成相对平衡的状态，该平衡机制类似于自组织临界性。

(5) 断层的滑动是从中、下部逐渐向上部发展的过程，F_3 断层的中、下部首先产生较大的位错量，随后在断层面的中部多个部位出现较大的位错量，最后整个断层面均产生较大的位错量。

9 应力增量触发地震机制

9.1 地震能量计算方法

虽然板块运动的起因与动力不得而知，但板块运动是客观存在的。持续的板块运动必然使板块内部产生较大的应力变化，产生高偏水平应力场，甚至形成断裂带以及断层的持续滑移。库仑破裂应力变化的典型值一般为 0.1～1 MPa，宁夏海原 $M_S 8.5$ 大地震引起甘肃古浪地震断层面在滑动方向上产生 0.01 MPa 的静态库仑应力变化，并触发了甘肃古浪 $M_S 8.0$ 大地震，因此 0.01 MPa 触发应力在地震中是一个重要数值。本章研究在计算模型区域中板块运动的某一时刻（30 万年），在整个模型上施加垂直于断层走向的 0.01 MPa 水平应力增量，模拟一次偶然的应力增量事件对龙门山断裂带能量释放、岩体形变、断层滑移的影响。

9.1.1 岩体应变能释放机理

岩体空间任意一点(x,y,z)受到三向主应力$(\sigma_1、\sigma_2、\sigma_3)$作用，如图 9-1(a)所示；当给予该点一定的应力增量时，整个岩体空间应力必然重新分布，其主应力状态如图 9-1(b)所示；当该点的应力重新达到平衡时，其主应力状态如图 9-1(c)所示。

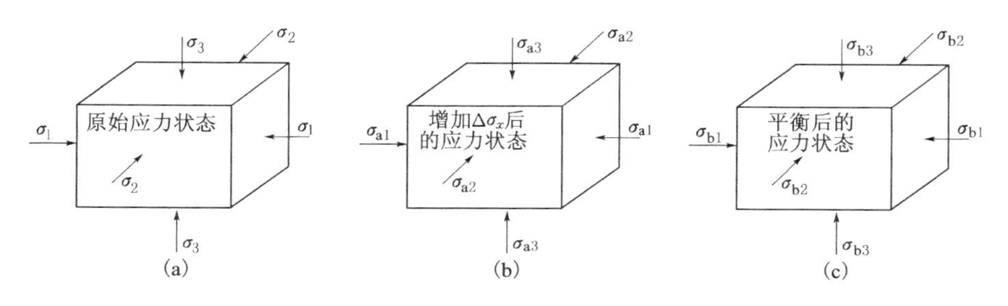

图 9-1 三向受力状态示意图

该点在应力变化前后的应变能密度分别为 $u_{a(x,y,z)}$ 和 $u_{b(x,y,z)}$：

$$u_{a(x,y,z)}=\frac{1}{2E}[\sigma_{a1}^2+\sigma_{a2}^2+\sigma_{a3}^2-2\mu(\sigma_{a1}\sigma_{a2}+\sigma_{a1}\sigma_{a3}+\sigma_{a2}\sigma_{a3})] \tag{9-1}$$

$$u_{b(x,y,z)}=\frac{1}{2E}[\sigma_{b1}^2+\sigma_{b2}^2+\sigma_{b3}^2-2\mu(\sigma_{b1}\sigma_{b2}+\sigma_{b1}\sigma_{b3}+\sigma_{b2}\sigma_{b3})] \tag{9-2}$$

式中，σ_{a1}、σ_{a2}、σ_{a3} 和 σ_{b1}、σ_{b2}、σ_{b3} 分别为应力变化前后的最大、中间、最小主应力；E 为岩体的弹性模量；μ 为泊松比。那么该点处的能量密度差值 $U_{e(x,y,z)}$ 为：

$$U_{e(x,y,z)}=u_{a(x,y,z)}-u_{b(x,y,z)} \tag{9-3}$$

当 $U_{e(x,y,z)}>0$ 时，表示该点能量密度减小，释放能量；当 $U_{e(x,y,z)}<0$ 时，表示该点能量密度增大，积聚能量。由式(9-1)、式(9-2)可知，影响应变能密度的参数有弹性模量、泊松比、三向主应力。一定区域内所释放/积聚的能量值为：

$$W=\iiint_{\Omega}U_{e(x,y,z)}\,\mathrm{d}V \tag{9-4}$$

由式(9-4)可知，释放/积聚的能量值与体积正相关。根据弹性力学可知，式(9-1)、式(9-2)中应变能密度单位为 Pa，$\mathrm{Pa}=\mathrm{N/m^2}=\mathrm{N\cdot m/m^3}=\mathrm{J/m^3}$，所以式(9-4)中单位为 J。由于实际的地壳存在各种构造的复杂岩体，任意两点的能量密度都不尽相同，因此难以采用式(9-3)和式(9-4)计算特定区域的能量释放/积聚值。数值模拟则可将一定区域的地壳岩体划分为许多单元，当计算单元数量无限多、单元体积无限小时，计算结果逼近于真值，最终得出相对真实的结果。本章的数值模型以第 8 章的模型为基础，仍选取龙门山断裂带及附近区域为背景，计算该区域施加应力增量后的数值模型的应力变化和能量演化，并在浅部设置测点，如表 9-1 所列。

表 9-1　模型测点坐标

测点	1	2	3	4	5	6
水平位置/km	86.1	86.5	117.7	120.4	137.12	138.72
深度/km	0.7	0.7	0.7	0.7	0.7	0.7

注：水平位置即与模型左侧边界的距离。

9.1.2　数据处理方法

模拟计算结果的波动性必然带来一定的误差，而计算模型需要较高的平衡性，在施加水平应力增量前后，设定不平衡率为 10^{-9}，此时的计算结果基本稳定在一恒定的数值，逼近其真值。模拟计算思路如下：

（1）建立数值计算模型，根据板块运动状态与岩石物理力学参数，使计算模型初始状态达到稳态；

（2）在水平方向给予一定的应力增量 $\Delta\sigma_x$，计算模型接近不平衡率 10^{-9}；

（3）导出计算模型中的主应力、弹性模量、泊松比等参数。

对于计算模型的单元块体，其应力分布是均匀的，则第 i 个单元块体的能量释放值 W_{ei}：

$$W_{ei}=U_{ei}\cdot V_i \tag{9-5}$$

一定区域内的单元块体数为 n 时，该区域应变能释放值为：

$$W_e=\sum_{i=1}^{n}W_{ei} \tag{9-6}$$

9.2 计算结果及其分析

9.2.1 应力触发下的能量密度分布

根据著者前期研究，处于龙门山断裂带形成阶段或形成后的滑移时期，区域内的最大、最小主应力比值基本稳定在某一范围，大部分区域的最大、最小主应力比值 $\eta=\sigma_1/\sigma_3$ 平均为 3.5 左右，仅在地表的个别区域存在 η 超过 5 的异常现象，如图 9-2 所示。在计算过程中，测点的最大、最小主应力比值总体趋于稳定，同时具有波动性，而这种波动是由应力的不平衡造成的，因此，使不平衡率达到 10^{-9} 时，计算结果已经接近于真值。6 个计算模型的能量释放密度图如图 9-3 所示。

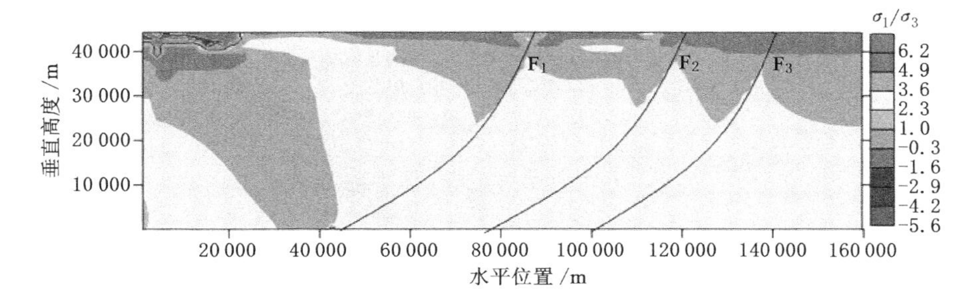

图 9-2 最大、最小主应力比值分布图

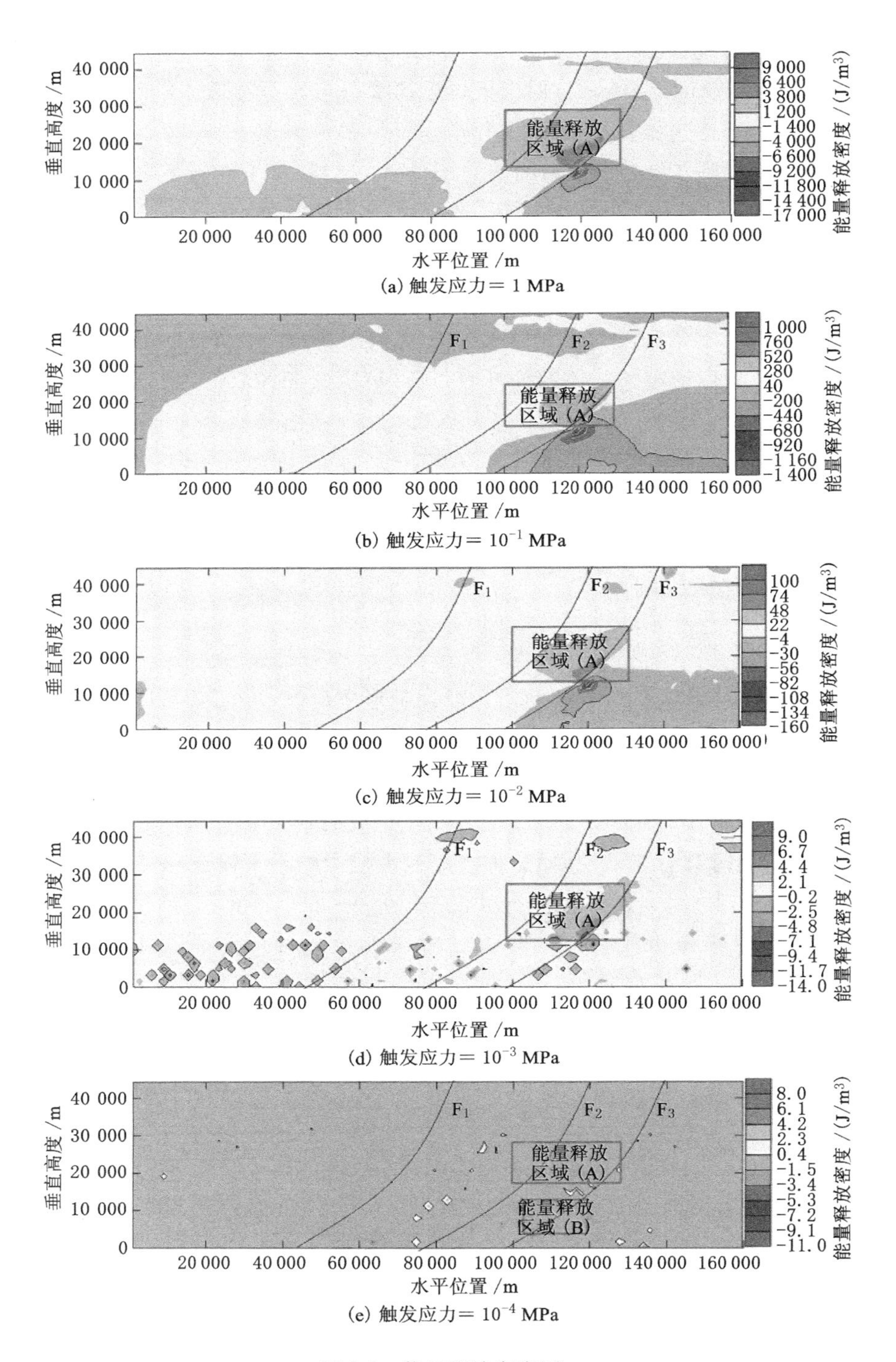

(a) 触发应力= 1 MPa

(b) 触发应力= 10^{-1} MPa

(c) 触发应力= 10^{-2} MPa

(d) 触发应力= 10^{-3} MPa

(e) 触发应力= 10^{-4} MPa

图 9-3 能量释放密度图

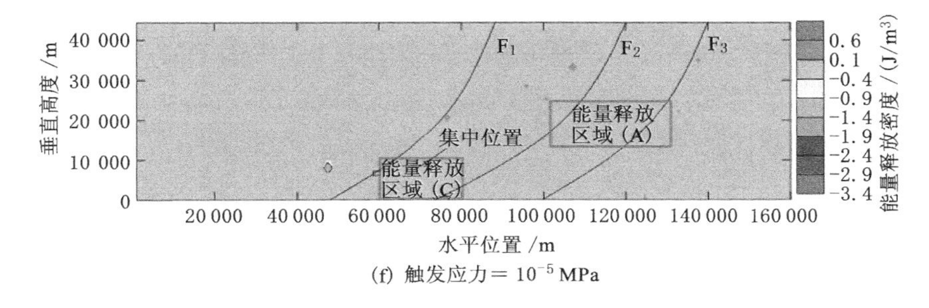

(f) 触发应力$=10^{-5}$ MPa

图 9-3(续)

根据能量释放密度分布可知,当触发应力大于10^{-3} MPa时,能量释放区域主要集中在F_2断层与F_3断层之间的某一区域,6个计算模型划定同样的范围,并命名为区域A,其范围坐标为:$x\in(100\ 000,130\ 000)$,$y\in(14\ 000,24\ 000)$,计算其系统增加能量、系统释放能量、区域释放能量及对应震级,如表9-2所示。

表 9-2 能量计算结果汇总表

触发应力/MPa	10^0	10^{-1}	10^{-2}	10^{-3}	10^{-4}	10^{-5}
系统增加能量/J	4.76×10^{16}	4.77×10^{15}	4.78×10^{14}	4.90×10^{13}	5.04×10^{12}	5.39×10^{11}
系统释放能量/J	3.41×10^{15}	3.34×10^{14}	3.24×10^{13}	2.06×10^{12}	2.89×10^{10}	2.71×10^{9}
区域释放能量/J	7.86×10^{14}	7.49×10^{13}	7.67×10^{12}	6.53×10^{11}	1.52×10^{10}	1.44×10^{8}
震级 M_S	6.73	6.05	5.39	4.68	3.59	2.24

注:系统增加能量——加载应力前与加载应力并达到平衡时模型应变能总量的差值;
系统释放能量——加载应力时与加载应力并达到平衡时模型应变能总量的差值;
区域释放能量——指能量释放区域(A)的能量释放值;
震级——按照公式$M_S=(\log_{10}W-4.8)/1.5$计算。

图9-3(e)和(f)中的其他区域也存在能量释放密度相对高点,见图中区域B和区域C,区域B由$x\in(102\ 000,120\ 000)$、$y\in(5\ 000,12\ 000)$组成,区域C由$x\in(60\ 000,80\ 000)$、$y\in(0,10\ 000)$组成。经计算,区域B释放能量为5.91×10^9 J,震级为$M_S3.31$;区域C释放能量为1.75×10^9 J,震级为$M_S2.96$。

9.2.2 系统增加能量、系统释放能量、区域释放能量与触发应力的关系

系统增加能量、系统释放能量、区域释放能量与触发应力的关系如图9-4

所示。系统增加的能量值要高于系统释放的能量值，系统能量的释放值不足其增加值的10%，表明每一次地震发生后，区域系统应变能可能部分释放，在板块运动作用下，短期内即会恢复至原有的应力状态，如汶川地震、芦山地震与九寨沟地震时间相隔仅为5年和4年。由表9-2可知，随着触发应力的增大，区域与系统能量释放的比值随之增大，从10^{-5} MPa的5.3%逐渐增至10^{-1} MPa的22.4%，地震能量释放区域更容易集中在一定范围，如能量释放区域A。对图9-4中的区域释放能量值与触发应力进行回归计算，其关系为：

$$W_e = a \cdot e^{b \cdot \lg\Delta\sigma} \tag{9-7}$$

式中，W_e为地震释放能量；$\Delta\sigma$为水平应力增量；a,b为系数。式(9-7)表明在一定的条件下，地震释放能量与触发应力的对数呈指数关系。根据以龙门山断裂带为背景的数值模拟结果，$a=2\times10^{15}$，$b=3.015$，$R^2=0.975\ 2$，表明该回归方程具有较高的可信度。

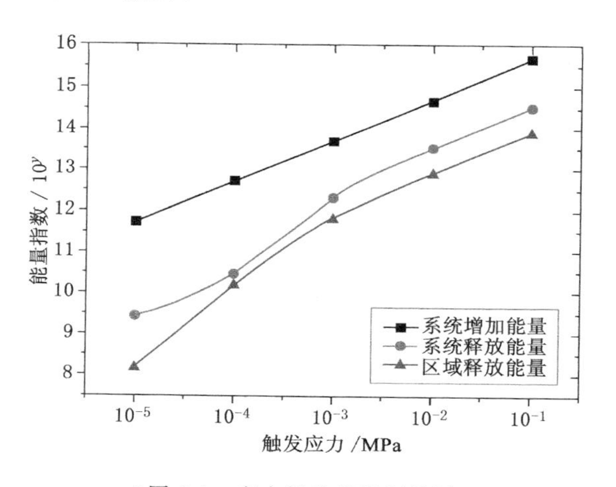

图9-4　应力触发能量释放图

9.2.3　触发应力引起断层间的滑移

断层间的滑移是地震发生的普遍现象，断层滑移量和滑移面积是计算地震矩的重要指标。发生在龙门山断裂带南段的芦山地震震源处的最大滑移量为1.5 m，而汶川地震的同震垂直位移达12 m。本模型的计算结果同样存在断层之间的滑移现象，提取测点1～测点6的位移数据，其结果如表9-3所示。地震发生后，断层面的上、下盘具有地表抬升和断层面之间滑移的现象，当触发应力小于10^{-4} MPa时，地表未有垂直方向的移动，其矩震级(M_W)为0，表明深部发生的地震为无感地震；而当触发应力大于10^{-3} MPa时，地表具有一定的位移量，断层面之间有一定的滑移量。由图 9-5 可知，能量释放位置主要在 F_3 断层附近，因此 F_3 断层的上、下盘之间的滑移量明显高于其他 2 条断层，10^{-2} MPa、10^{-1} MPa 和 1 MPa 的水平应力增量触发地震后的断层滑移量最大值为 0.000 67 m、0.067 5 m 和 0.688 m(见表 9-3)，即 M_S6.73 地震的断层滑移量略小于 M_S7.0 级芦山地震的断层滑移量，表明模拟结果与实际具有较好的拟合度。以 10^{-2} MPa 触发应力触发地震为例，提取模型所有节点位移数据，绘制模型垂直位移如图 9-5 所示。岩体变形主要集中在 F_2 和 F_3 断层之间、能量释放区域的上方，因此地震发生后，断层上盘区域往往是重灾区，这在许多逆冲型地震中均有所体现。

表 9-3 断层上、下盘抬升与滑移量汇总表

触发应力/MPa	F_1 断层滑移量/m		F_2 断层滑移量/m		F_3 断层滑移量/m	
	垂向	倾向	垂向	倾向	垂向	倾向
10^{-0}	0.000 14	0.000 19	−0.021 8	0.028 2	0.533	0.688
10^{-1}	0.000 15	0.000 19	−0.002 0	−0.002 6	0.052 22	0.067 5
10^{-2}	3.25×10^{-6}	4.20×10^{-6}	−0.000 22	−0.000 28	0.005 17	0.006 7
10^{-3}	2.00×10^{-5}	2.58×10^{-5}	-1.00×10^{-4}	−0.000 13	0.000 35	0.000 45
10^{-4}	0	0	0	0	0	0
10^{-5}	0	0	0	0	0	0

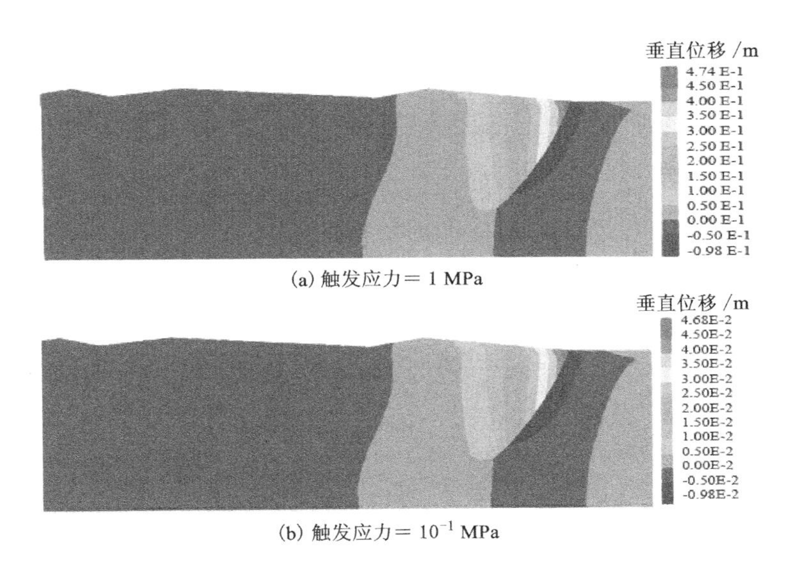

(a) 触发应力＝1 MPa

(b) 触发应力＝10^{-1} MPa

图 9-5 不同触发应力时垂直位移剖面图

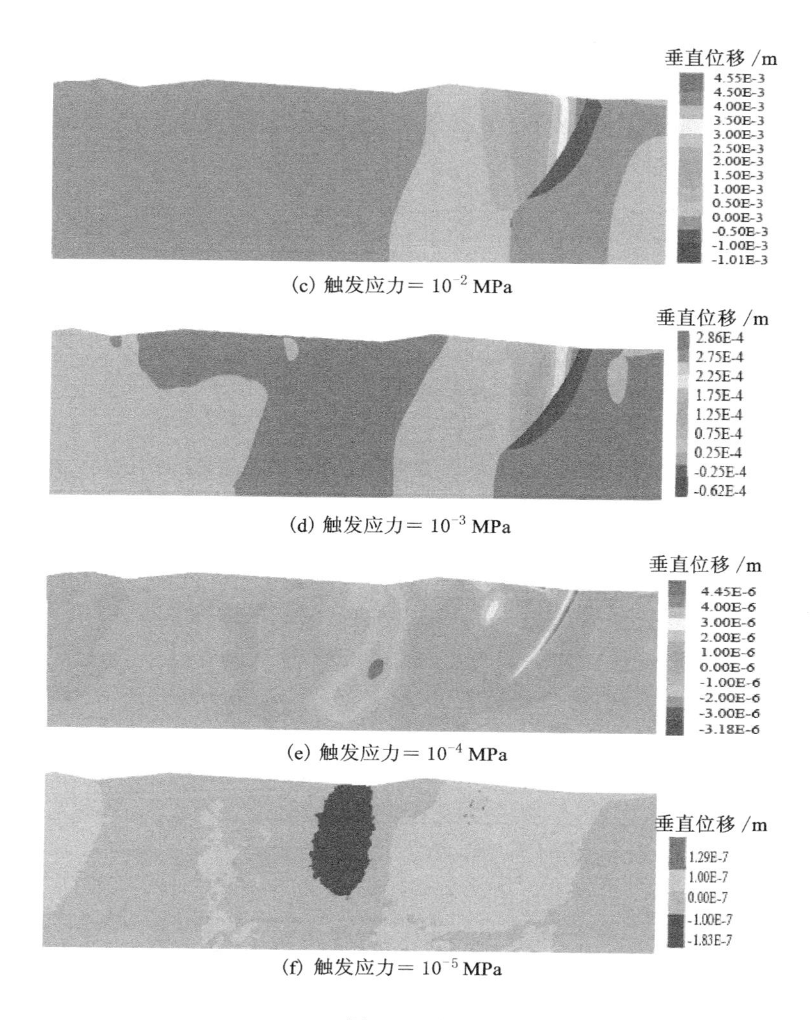

(c) 触发应力 = 10^{-2} MPa

(d) 触发应力 = 10^{-3} MPa

(e) 触发应力 = 10^{-4} MPa

(f) 触发应力 = 10^{-5} MPa

图 9-5（续）

9.2.4 震源位置一般在断裂带附近

图 9-3(a)、(b)所示能量释放区域 A 主要集中于 F_3 断层附近，图 9-3(c)(d)(e)所示能量释放区域 A 同样位于 F_3 断层附近，能量释放区域 B、C 分别位于 F_3 和 F_1 断层附近，在 3 条断层附近还分布着其他能量释放点，而断层以外区域的能量释放点相对较少。截至 2018 年 4 月 20 日，龙门山断裂带所在区域即东经 103°～106°、北纬 30°～33°范围内，中国地震信息网共记录地震 141 次，5 级以上地震 99 次，基本分布于 F_1～F_5 断层附近，5 级以上有震源深

度记录的地震共 26 次，其中深度超过 10 km 的有 24 次，如图 9-6 所示。

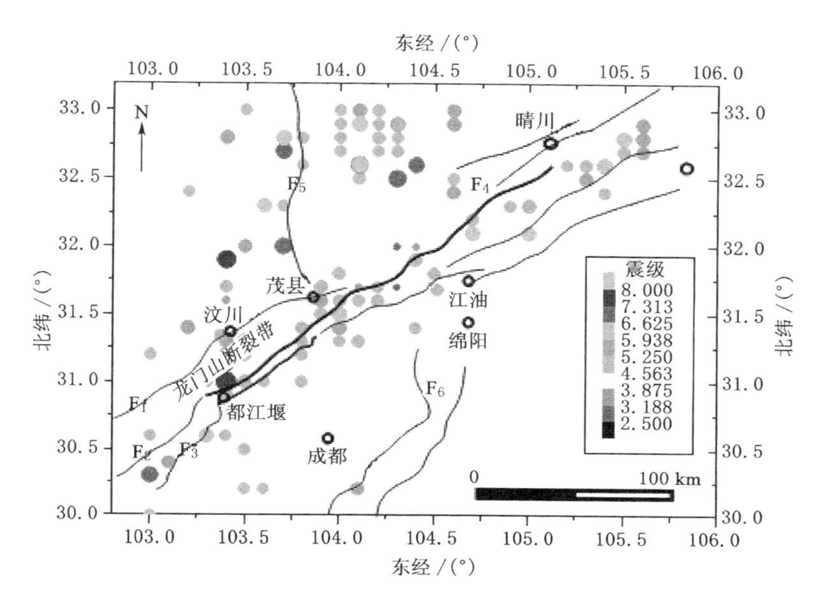

图 9-6 龙门山断裂带及附近区域地震分布图

9.2.5 应力变量触发岩体释放应变能

深部岩体的应变能是非常巨大的，以本模型为例，其系统总应变能为 2.61×10^{19} J，若给予一定的应力增量，必然引起其内部应力的重新分布，从而导致局部应变能的减小，减小的部分应变能必将释放或转移，当能量释放时间较短时，即可形成一次地震。10^{-5} MPa 的触发应力可触发 M_S2.24 地震，量级一般在 10^{-3} MPa 的潮汐应力也可触发 M_S4.68 左右的地震。图 9-7 所示为地震能释放机制的力学解释。

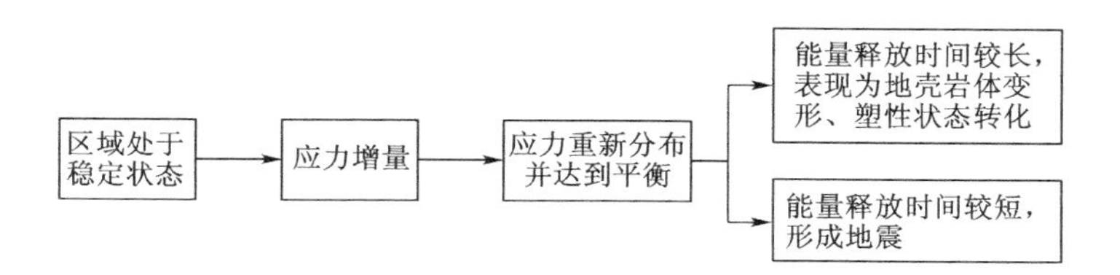

图 9-7 应力触发地震流程图

9.3 断层岩体的能量守恒现象

能量转化是材料物理过程的本质特征，岩石的破坏本质上是能量变化过程中的一种失稳现象，是达到强度极限时内部的弹性应变能释放的结果。处在不同应力状态的岩石对应着不同的能量状态，从弹性阶段到塑性阶段再到破坏，始终和外界进行着能量交换。能量积聚的过程实质上是应力变化过程，能量的释放实质上是地应力达到岩层承载极限，在一定的触发条件下应力变化所致。岩石变形或破坏过程中的能量耗散、能量释放与岩石破坏具有一定的内在联系。

我国地震频发，其中大部分 7 级以上地震发生在断裂带的边界附近。部分地震是受某些因素触发而引起地壳中先存断层错动，或在某些特定区域内形成新生断层，从而释放能量，产生地震。断层间的相互运动、温度变化等必然造成岩体应力的变化，应力的变化会对断层附近区域的地震起到触发作用，如 1992 年发生在美国的 Landers 地震、2011 年发生于日本的 Tohoku-Oki 地震、2017 年发生于九寨沟 $M_W6.5$ 地震均有明显的同震应力触发作用，1973～1976 年在巴颜喀拉块体东边界的虎牙断裂带上发生的 4 次强震存在着显著的应力触发效应，地震改变了龙门山断裂带中南段及周围区域的应力状态，对后来的汶川 $M_S8.0$ 地震和芦山 $M_S7.0$ 地震的发生具有较大影响。

自 20 世纪初起，科学家们就地震的能量来源相继提出了诸多假说：弹性回跳假说认为地震能量是断层两侧岩体因地壳变形而产生和储存的弹性变形能；相变说认为地震能量来源于地下物质在临界温度和压力作用下，使得周围岩体应力状态发生改变而激发地震波；等等。然而地震、断层、能量之间尚未建立起符合逻辑的数学关系。数值模拟作为一种理想状态下的计算方法，虽然仍有一定的局限性，但能够再现某些特定状态的现象和结果。陶玮等以区域应力积累为基础，模拟了龙门山断裂带能量释放、断层位错等过程。本节采用 FLAC 软件对龙门山断裂带进行模拟计算，研究应力增量事件对深部岩体应变能量的巨大影响。

9.3.1 岩体应变能释放密度分布

导出计算模型中所有单元块的主应力值、体积、弹性模量、泊松比等参数，代入式(9-1)和式(9-2)，可以得到每一单元块触发前后的应变能、能量密度以及单元块的能量释放密度。深部岩体的应变能是非常巨大的，触发前总应变

能达 2.61×10^{19} J，当给予一定的应力增量后，引起了内部应力的重新分布，从而导致局部应变能的减小，减小的应变能必将释放或转移。将模型中所有节点的能量释放密度值通过 Surfer 处理，得到如图 9-8 所示的能量释放密度分布图。

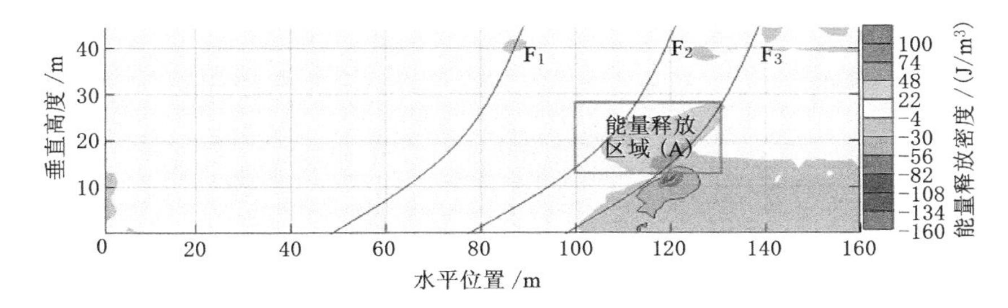

图 9-8 能量释放密度图

由图 9-8 可知，当触发应力为 0.01 MPa 时，能量释放区域主要集中在 F_2 和 F_3 断层之间的某一区域，将其所属范围命名为 A 区域。计算模型因水平应力增加而导致模型应变能总量增加，同时释放巨量的应变能为 3.24×10^{13} J，其中 A 区域为能量释放密度较高区域，该区域释放能量值为 7.67×10^{12} J，约占释放总能量的 23.6%。

从图 9-8 和图 9-9 对比来看，应变能释放与最大主应力变化位置基本对应。假如把此次能量释放事件作为一次地震，按照里克特级数的震级与能量计算公式 $M_S=(\log_{10}W-4.8)/1.5$ 计算，其释放能量相当于 M_S5.39 地震，而 A 区域为可能的震源位置。因此，微小应力释放事件触发一次地震理论上是可能的。

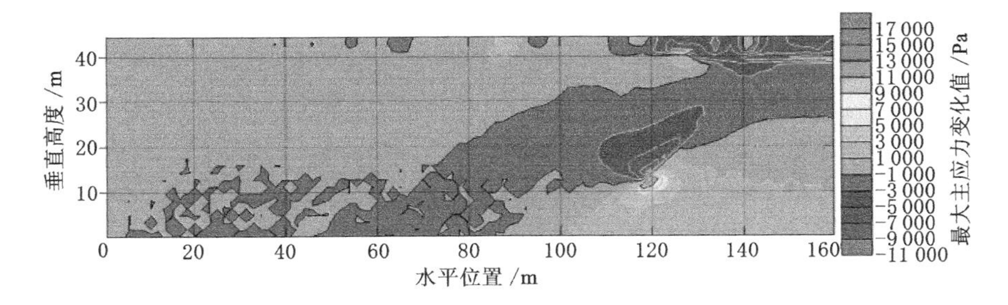

图 9-9 最大主应力变化分布图

将从应力增加至应力平衡即不平衡率重新达到 10^{-9} 时作为一个完整的能量释放周期 T，A 区域的释放能量值为 7.67×10^{12} J，将整个周期平均分为

10 段，计算每一段的释放能量值，如图 9-10 所示。第一个 1/10 周期内，释放能量值为 5.61×10^{12} J，约占总能量的 73.2%；第二个 1/10 周期内，释放能量累加值为 6.75×10^{12} J，约占总能量的 88.1%。因此，在整个能量释放周期内，释放能量值主要集中在前 2 个周期，随后能量释放速度逐步放缓。

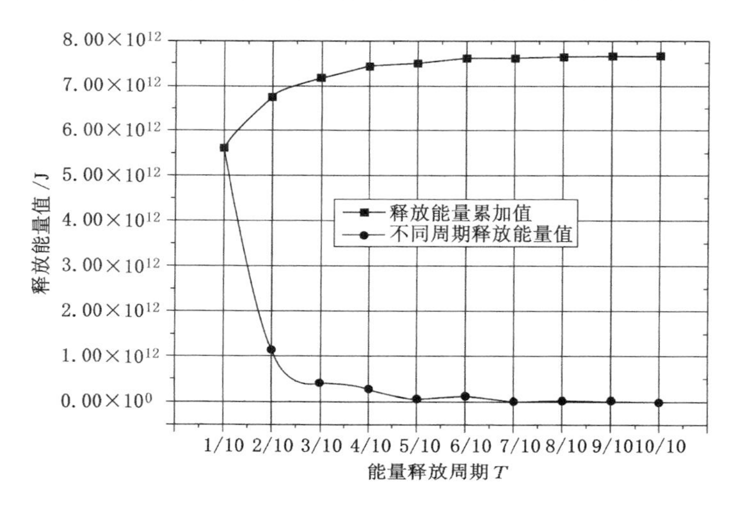

图 9-10 能量释放全周期变化曲线图

9.3.2 断层面摩擦做功消耗能量

断层间的滑移是地震发生的普遍现象，大部分地震滑动发生在两个陡倾断层面的浅层地壳中。断层滑移量和滑移面积是计算地震矩的重要指标，发生在龙门山断裂带南段的芦山地震震源处最大的滑移量为 1.5 m，而汶川地震的同震垂直位移达 12 m。本模型的计算结果同样存在断层之间的滑移现象，地震发生后，断层面的上、下盘具有地表抬升和断层面之间滑移的现象，F_3 断层的上、下盘之间的滑移量明显高于其他 2 条断层。提取模型所有节点位移数据，可见岩体变形主要集中在 F_2 和 F_3 断层之间、能量释放区域的上方，因此地震发生后，断层上盘区域往往是重灾区，这在许多逆冲型地震中均有所体现。断层发生滑移必然耗散能量，单位面积上发生滑动时，克服摩擦做功的计算相对简单，但由于整个计算模型不同位置的应力值和位移量各不相同，因此给后期数据的处理带来困难。

本计算模型中 F_1 断层的断层面有 194 个单元，F_2 断层的断层面有 214 个单元，F_3 断层的断层面有 214 个单元，第 i 个断层单元面上克服摩擦做功计算公式为：

$$W_{fi}=N_i \cdot d_i=\sigma_{Ni} \cdot S_i \cdot \tan \varphi_i \cdot d_i \tag{9-8}$$

式中，W_{fi}为克服摩擦做功；σ_{Ni}为法向力；d_i 为位移量；S_i 为接触单元面积；φ_i为接触单元摩擦角。那么整个断层面上克服摩擦做功为：

$$W_f = \sum_{i=1}^{n} W_{fi} \tag{9-9}$$

通过 Fish 语言导出计算模型中接触面的正应力、位移、面积，将数据代入式(9-7)和式(9-8)，经计算，本次应力触发事件导致 3 条断层克服摩擦做功总值为 2.10×10^{13} J，其中 F_1 断层摩擦做功为 1.65×10^{12} J，F_2 断层摩擦做功为 4.12×10^{12} J，F_3 断层摩擦做功为 1.37×10^{13} J。

9.3.3 克服重力做功耗损能量

反向地球重心方向的运动可造成地震。由于应力重新分布而导致地壳岩体发生形变，处于重力场中岩体必然在垂直方向上发生正向或负向位移，在重力作用下做功或克服重力做功。导出计算模型中节点的位移值，通过 Surfer 处理得到岩体位移分布如图 9-11 所示，在 F_2 与 F_3 断层之间部分岩体具有明显的垂直向上的位移。但 FLAC 计算软件所导出的单元块体积是基于单元体，而导出的位移是基于节点，二者数据不能完全对应。因此采用分区计算，即在水平方向分为 8 段，垂直方向分为 4 段，分别导出所有单元块体的体积和模型节点的位移平均值，对计算模型分区域计算，得出克服重力做功总值。对于单元块体而言，克服重力做功 W_{gi} 为：

$$W_{gi}=m_i \cdot g \cdot d_i=V_i \cdot \rho \cdot g \cdot d_i \tag{9-10}$$

式中，m_i 为单元体质量；g 为重力加速度；d_i 为单元体位移量；V_i 为单元体体积。克服重力做功的能量密度如图 9-12 所示。

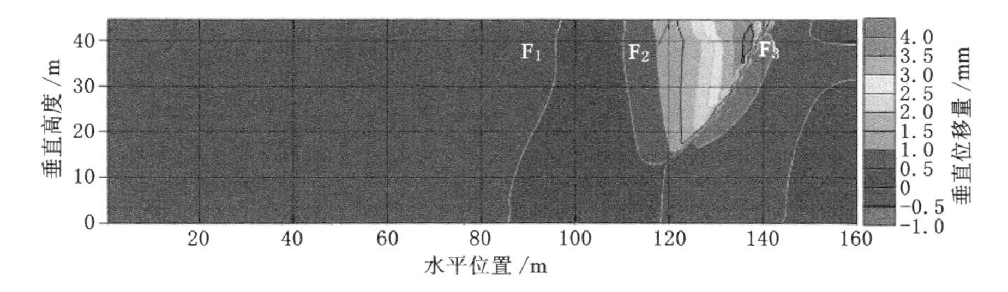

图 9-11 岩体位移分布图

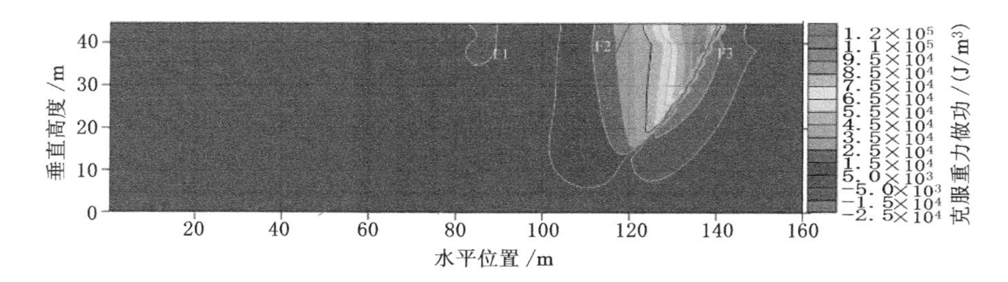

图 9-12　克服重力做功能量密度图

9.4　本章小结

应力触发是断层附近地震频发的重要原因。触发应力会打破处于平衡状态的断层区域,促使局部区域释放巨量的应变能,这种触发应力可能是瞬间加载(远程地震、日月潮汐等),也可能是静态加载(板块运动)。因应力加载而促使岩体释放应变能,释放的速度快慢有别,当快速释放时,即会形成一次地震。在加载一定的应力增量时,区域岩体的应变能总量、释放能量、震源能量大致随触发应力的增大而增大;地震被触发后,系统释放的能量值往往不足其能量增加值的 10%,表明该地区仍有被触发地震的可能;地震能量释放区域更容易集中在一定范围,特别是断裂带附近,这也是某些区域地震频发的重要原因。

(1) 因应力变化而促使岩体释放的能量必然是以如岩体动能、重力势能和克服断层面摩擦做功等形式外放,或破坏岩石之间的晶格联系产生热量,或引起岩体的震动并以波的形式传播出去。从本模型的计算结果来看,模型的释放能量 W_e 为 3.24×10^{13} J,克服断层面摩擦做功消耗能量 W_f 为 2.10×10^{13} J,因岩体形变而克服重力做功耗损能量 W_g 为 1.14×10^{13} J,即 $W_e\approx W_f+W_g$。这表明增加微小的水平应力增量将导致断裂带岩体释放巨量的应变能,这些能量的释放形式主要表现在两个方面:一是用于克服摩擦做功,使断层面发生滑移;二是克服重力做功,致使地壳岩体发生形变。

(2) 从模拟结果来看,给予模型一定的应力增量时,第一个 1/10 周期内释放能量值约占总能量的 73.2%,表明能量更容易在前期很短的时间内集中释放,具备地震发生的基本条件,符合主余震型地震特征。以本次计算为例,0.01 MPa 水平应力可触发 $M_S5.39$ 地震。因本章所模拟的断层走向长度仅 1 km,而汶川地震断裂长达 300 km 左右,所以其释放的能量值可达 2.28×10^{15}

J，相当于 M_S7.04 地震。地震能量的释放随着触发应力的增大而增大，经测算，当触发应力达到 1 MPa 时，释放的能量值可造成约 M_S8.38 地震。

本章研究结果能够说明能量释放的空间位置和能量量级，且该能量释放具有完整周期，模拟计算时间仅为相对时间，与实际时间尚不能准确对应，因此不能定性为地震能。但模型应变能的减小值与断层面滑动摩擦做功和克服重力做功相吻合，这一结果证明因应力变化而造成地壳岩体释放的应变能可能是断层滑移、地壳形变甚至是岩体弹塑性状态改变、地震等现象发生的重要能量源，论证了微小应力触发地震的可能性和科学性，解释了断层附近能量来源与释放形式。

10 展望与不足

自 2014 年提出蝶形塑性区理论以来，尚不足 6 年时间，但已逐渐被广大科研工作者所接受，其应用领域逐步扩大且成效明显，如煤矿巷道顶板支护、冲击地压、煤与瓦斯突出、工作面优化布置等，但仍有诸多研究方向尚待挖掘。中国矿业大学(北京)马念杰教授于 2016 年将著者带入一个新的研究领域，由断层形成机理入手，在 5 年的时间内逐渐拓展为一个相对系统的理论体系。

本书中所阐述的三维应力下地质软弱体塑性区扩展理论可较好地完善现有的蝶形塑性区理论，可填补断层形成力学领域的空白。断层形成的年代久远而难以追溯，断层形成的力源难于找寻，导致断层形成力学机理研究成果较少，自 Anderson 提出断层成因之后，尚无普适性理论提出。本书基于蝶形塑性区理论提出的断层形成力学机理较之以往有所突破：一是蝶形破坏理论认为地壳当中产生断层处，一定是存在一个软弱岩体，可确定产生断层的具体位置；二是蝶形破坏理论可以得出逆断层、正断层和走滑向断层的演化过程。这些研究可填补断层形成力学领域的空白。

高偏应力场的时空演化过程至今是科学研究领域的空白，本书的研究方法呈现了 50 万年以上的板块运动、地壳形变、地应力变化等过程，设计了将板块运动作为加载应力源，实现水平应力递增加载的数值计算方法，建立了龙门山断裂带及附近区域数值计算模型，获得了龙门山断裂带断层形成的力学机理、地应力时空分布特征及区域构造系统的演化过程，为开展因板块运动所导致的断裂构造、地形隆起甚至地震发生等方面的研究提供了新的方法。

本书的研究内容贯穿于断层形成、断层滑移、断层瞬态活动等全过程，能用基本的力学机理和能量释放机制阐明断层形成和错动的伴生现象，具有较强的逻辑性、理论性、前瞻性、实用性和可读性，可为广大科研工作者提供新的思路，具有较好的参考价值。

本书中部分内容已经以论文的形式公开发表在国内外的专业期刊上，得到了相关领域专家的审阅和把关。本书的成书过程也得到了华北科技学院、中国矿业大学(北京)、中国地震台网中心等单位的大力支持和帮助，借此机会表示感谢！

参考文献

[1] 毕令斯 M P(Billings M P). 构造地质学[M]. 张炳熹,等,译. 北京:地质出版社,1959.

[2] 蔡宏翔,宋成骅,刘经南. 青藏高原 1993 和 1995 年地壳运动与形变的 GPS 监测结果分析[J]. 中国科学(D 辑:地球科学),1997,27(3):233-238.

[3] 蔡美峰,王双红. 地应力状态与围岩性质的关系研究[J]. 中国矿业,1997,6(6):38-41.

[4] 蔡学林,曹家敏,刘援朝,等. 青藏高原多向碰撞-楔入隆升地球动力学模式[J]. 地学前缘,1999,6(3):181-189.

[5] 曾融生,孙为国. 青藏高原及其邻区的地震活动性和震源机制以及高原物质东流的讨论[J]. 地震学报,1992,14(增刊 1):534-564.

[6] 陈安定. 苏北盆地构造特征及箕状断陷形成机理[J]. 石油与天然气地质,2010,31(2):140-150.

[7] 陈国光,计凤桔,周荣军,等. 龙门山断裂带晚第四纪活动性分段的初步研究[J]. 地震地质,2007,29(3):657-673.

[8] 陈建生. 无水刚硬层空洞引发地震原理[C]//中国地球物理学会第 22 届年会论文集,2006:373.

[9] 陈立伟,彭建兵,范文,等. 基于统一强度理论的非均匀应力场圆形巷道围岩塑性区分析[J]. 煤炭学报,2007,32(1):20-23.

[10] 陈棋福,李乐. 2008 年汶川地震与龙门山断裂带的深浅部变形及启示[J]. 科学通报,2018,63(19):1917-1933.

[11] 陈群策,丰成君,孟文,等. 5.12 汶川地震后龙门山断裂带东北段现今地应力测量结果分析[J]. 地球物理学报,2012,55(12):3923-3932.

[12] 崔敏,张功成,王鹏,等. 苏北-南黄海盆地 NW 向断层特征及形成机制[J]. 中国矿业大学学报,2017,46(6):1332-1339.

[13] 崔效锋,谢富仁,张红艳. 川滇地区现代构造应力场分区及动力学意义[J]. 地震学报,2006,28(5):451-461.

[14] 崔作舟. 青藏高原深部地质特征及其形成机制探讨[J]. 中国地质科学院院报,1987,8(3):1-15.

[15] 党亚民,杨强,曹学伟. 地壳内构造应力的分布研究[J]. 大地测量与地球动力学,2009,29(2):4-6,23.

[16] 邓起东,陈社发,赵小麟. 龙门山及其邻区的构造和地震活动及动力学[J]. 地震地质,1994,16(4):389-403.

[17] 邓起东,高翔,陈桂华,等. 青藏高原昆仑-汶川地震系列与巴颜喀喇断块的最新活动[J]. 地学前缘,2010,17(5):163-178.

[18] 杜建军,陈群策,安其美,等. 陕西汉中盆地水压致裂地应力测量分析研究[J]. 地震学报,2013,35(6):799-808.

[19] 方剑,许厚泽. 中国及邻区岩石层密度三维结构[J]. 地球物理学进展,1999,14(2):88-93.

[20] 符养. 中国大陆现今地壳形变与GPS坐标时间序列分析[D]. 北京:中国科学院研究生院(上海天文台),2002.

[21] 付碧宏,时丕龙,张之武. 四川汶川 M_S8.0 大地震地表破裂带的遥感影像解析[J]. 地质学报,2008,82(12):1679-1687.

[22] 傅征祥,刘桂萍. 海原大地震可能触发古浪大地震的力学机制[C]//庆祝中国地震学会成立 20 周年大会论文集. 北京:地震出版社,1999:234-243.

[23] 郭晓菲,马念杰,赵希栋,等. 圆形巷道围岩塑性区的一般形态及其判定准则[J]. 煤炭学报,2016,41(8):1871-1877.

[24] 和秋姣,赖健清,毛先成,等. 甘肃金川矿区构造应力场与构造演化研究[J]. 地质找矿论丛,2019,34(2):265-273.

[25] 侯朝炯团队. 巷道围岩控制[M]. 徐州:中国矿业大学出版社,2013:49-66.

[26] 胡幸平,崔效锋,宁杰远,等. 基于汶川地震序列震源机制解对龙门山地区构造变形模式的初步探讨[J]. 地球物理学报,2012,55(8):2561-2574.

[27] 黄福明. 断层力学概论[M]. 北京:地震出版社,2013.

[28] 黄禄渊,杨树新,崔效锋,等. 华北地区实测应力特征与断层稳定性分析[J]. 岩土力学,2013,34(增刊1):204-213.

[29] 黄明利,冯夏庭,王水林. 多裂纹在不同岩石介质中的扩展贯通机制分析[J]. 岩土力学,2002,23(2):142-146.

[30] 黄元敏,马胜利.关于应力触发地震机理的讨论[J].地震,2008,28(3):95-102.

[31] 惠春,潘华,徐晶.以鲜水河断裂带中-北段为例探讨强震活动对活动断层大震复发行为的影响[J].地震地质,2018,40(4):861-871.

[32] 霍亮,王贵宾,杨春和,等.北山沙枣园花岗岩岩体不同尺度结构面几何特征研究[J].岩石力学与工程学报,2019,38(9):1848-1859.

[33] 冀德学,李鹏,苏生瑞,等.逆断层演化过程物理模型试验装置的研制及其应用[J].西安科技大学学报,2013,33(2):190-194.

[34] 贾后省,马念杰,朱乾坤.巷道顶板蝶叶塑性区穿透致冒机理与控制方法[J].煤炭学报,2016,41(6):1384-1392.

[35] 贾后省.蝶叶塑性区穿透特性与层状顶板巷道冒顶机理研究[D].北京:中国矿业大学(北京),2015:41-68.

[36] 江在森,方颖,武艳强,等.汶川 8.0 级地震前区域地壳运动与变形动态过程[J].地球物理学报,2009,52(2):505-518.

[37] 蒋金泉,武泉林,曲华.硬厚覆岩正断层附近采动应力演化特征[J].采矿与安全工程学报,2014,31(6):881-887.

[38] 阚荣举,张四昌,晏凤桐,等.我国西南地区现代构造应力场与现代构造活动特征的探讨[J].地球物理学报,1977,20(2):96-109.

[39] 赖锡安,徐菊生,卓力格图,等.中国大陆主要构造块体现今运动的基本特征[J].中国地震,2000,16(3):213-222.

[40] 黎凯武.日月引潮力触发地震的一个证据:论邢台、河间和唐山地震的时间特性[J].地震学报,1998,20(5):545-551.

[41] 李本亮,雷永良,陈竹新,等.环青藏高原盆山体系东段新构造变形特征:以川西为例[J].岩石学报,2011,27(3):636-644.

[42] 李德威.东昆仑、玉树、汶川地震的发生规律和形成机理:兼论大陆地震成因与预测[J].地学前缘,2010,17(5):179-192.

[43] 李德行,王恩元,李忠辉,等.断层应力状态对煤与瓦斯突出的控制[J].煤炭技术,2016,35(8):58-60.

[44] 李海兵,付小方,JÉRÔME VAN DER WOERD,等.汶川地震(M_S8.0)地表破裂及其同震右旋斜向逆冲作用[J].地质学报,2008,82(12):1623-1643.

[45] 李宏,谢富仁,刘凤秋,等.乌鲁木齐市区断层附近原地应力测量研究[J].地震地质,2007,29(4):805-812.

[46] 李化敏，周英，苏承东，等. 砚北煤矿地应力测量及其特征分析[J]. 岩石力学与工程学报，2004，23(23)：3938-3942.

[47] 李季. 深部窄煤柱巷道非均匀变形破坏机理及冒顶控制[D]. 北京：中国矿业大学(北京)，2016.

[48] 李钦祖，靳雅敏，于新昌. 华北地区的震源机制与地壳应力场[J]. 地震学报，1982，4(1)：55-61.

[49] 李全生，徐祝贺，张勇，等. 基于 Hoek-Brown 准则的薄基岩厚松散层覆岩变形破坏特征研究[J]. 矿业科学学报，2019，4(5)：417-424.

[50] 李瑞莎，崔效锋，刁桂苓，等. 华北北部地区现今应力场时空变化特征研究[J]. 地震学报，2008，30(6)：570-580.

[51] 李晓明，胡辉. 中国大地震的天体位置特征分析[J]. 地球物理学报，1998，41(6)：780-786.

[52] 李英强. 龙门山与四川盆地结合带的地质结构与成因机制[D]. 北京：中国地质大学(北京)，2018.

[53] 李勇，ALLEN P A，周荣军，等. 青藏高原东缘中新生代龙门山前陆盆地动力学及其与大陆碰撞作用的耦合关系[J]. 地质学报，2006，80(8)：1101-1109.

[54] 李勇，颜照坤，苏德辰，等. 印支期龙门山造山楔推进作用与前陆型礁滩迁移过程研究[J]. 岩石学报，2014，30(3)：641-654.

[55] 李勇，周荣军，董顺利，等. 汶川地震的地表破裂与逆冲-走滑作用[J]. 成都理工大学学报(自然科学版)，2008，35(4)：404-413.

[56] 李志华，窦林名，陆振裕，等. 采动诱发断层滑移失稳的研究[J]. 采矿与安全工程学报，2010，27(4)：499-504.

[57] 梁国平，孙世宗，郭启良，等. 青海拉西瓦水电站水压致裂应力测量结果[G]. 地壳构造与地壳应力文集，1991：132-141.

[58] 廖椿庭，崔明铎，任希飞，等. 金川矿区应力测量与构造应力场[M]. 北京：地质出版社，1985：22-35.

[59] 林茂炳. 初论龙门山推覆构造带的基本结构样式[J]. 成都理工学院学报，1994，21(3)：1-7.

[60] 刘成利，郑勇，葛粲，等. 2013 年芦山 7.0 级地震的动态破裂过程[J]. 中国科学：地球科学，2013，43(6)：1020-1026.

[61] 刘力强. 弹性回跳模型：从经典走向未来[J]. 地震地质，2014，36(3)：825-832.

[62] 刘树根，罗志立，赵锡奎，等. 中国西部盆山系统的耦合关系及其动力学模式：以龙门山造山带-川西前陆盆地系统为例[J]. 地质学报，2003，77(2)：177-186.

[63] 刘晓霞，武艳强，江在森，等. GPS 观测揭示的芦山 M_S7.0 地震前龙门山断裂带南段变形演化特征[J]. 中国科学：地球科学，2015，45(8)：1198-1207.

[64] 柳畅，石耀霖，朱伯靖，等. 地壳流变结构控制作用下的龙门山断裂带地震发生机理[J]. 地球物理学报，2014，57(2)：404-418.

[65] 龙学明. 龙门山中北段地史发展的若干问题[J]. 成都地质学院学报，1991，18(1)：8-16.

[66] 陆坤权，曹则贤，厚美瑛，等. 论地震发生机制[J]. 物理学报，2014，63(21)：452-474.

[67] 马保起，苏刚，侯治华，等. 利用岷江阶地的变形估算龙门山断裂带中段晚第四纪滑动速率[J]. 地震地质，2005，27(2)：234-242.

[68] 马瑾. 地震机理与瞬间因素对地震的触发作用：兼论地震发生的不确定性[J]. 自然杂志，2010，32(6)：311-313，318.

[69] 马念杰，郭晓菲，赵志强，等. 均质圆形巷道蝶型冲击地压发生机理及其判定准则[J]. 煤炭学报，2016，41(11)：2679-2688.

[70] 马念杰，李季，赵志强. 圆形巷道围岩偏应力场及塑性区分布规律研究[J]. 中国矿业大学学报，2015，44(2)：206-213.

[71] 马念杰，马骥，赵志强，等. X 型共轭剪切破裂-地震产生的力学机理及其演化规律[J]. 煤炭学报，2019，44(6)：1647-1653.

[72] 马念杰，赵希栋，赵志强，等. 深部采动巷道顶板稳定性分析与控制[J]. 煤炭学报，2015，40(10)：2287-2295.

[73] 马杏垣，国家地震局《中国岩石圈动力学地图集》编委会. 中国岩石圈动力学地图集[M]. 北京：中国地图出版社，1989：20-21.

[74] 牛琳琳，杜建军，丰成君，等. 冀东地区深孔地应力测量及其意义[J]. 地震学报，2015，37(1)：89-102.

[75] 钱琦，韩竹军. 汶川 M_S8.0 级地震断层间相互作用及其对起始破裂段的启示[J]. 地学前缘，2010，17(5)：84-92.

[76] 乔建永，马念杰，马骥，等. 基于动力系统结构稳定性的共轭剪切破裂-地震复合模型[J]. 煤炭学报，2019，44(6)：1637-1646.

[77] 乔秀夫，姜枚，李海兵，等. 龙门山中、新生界软沉积物变形及构造演化

[J]. 地学前缘,2016,23(6):80-106.
[78] 秦向辉,陈群策,孟文,等. 大地震前后实测地应力状态变化及其意义:以龙门山断裂带为例[J]. 地质力学学报,2018,24(3):309-320.
[79] 屈勇,朱航. 巴颜喀拉块体东-南边界强震序列库仑应力触发过程[J]. 地震研究,2017,40(2):216-225.
[80] 山口梅太郎,西松一. 岩石力学基础[M]. 黄世衡,译. 北京:冶金工业出版社,1982.
[81] 沈明荣,陈建峰. 岩体力学[M]. 上海:同济大学出版社,2006.
[82] 盛书中,万永革,蒋长胜,等. 2015 年尼泊尔 M_S8.1 强震对中国大陆静态应力触发影响的初探[J]. 地球物理学报,2015,58(5):1834-1842.
[83] 师皓宇,黄辅琼,马念杰,等. 基于岩体塑性位错理论的龙门山区域构造系统演化过程[J]. 地质学报,2020,94(12):3581-3589.
[84] 师皓宇,马念杰,马骥. 龙门山断裂带形成过程及其地应力状态模拟[J]. 地球物理学报,2018,61(5):1817-1823.
[85] 师皓宇,马念杰,石建军,等. 应力增量触发断层岩体能量释放模拟与地震成因探讨:以龙门山断裂带为例[J]. 地震学报,2019,41(4):502-511.
[86] 师皓宇,马念杰. 龙门山断裂带及附近区域地貌形成与地应力演化机制研究[J]. 地震学报,2018,40(3):332-340.
[87] 师皓宇. 龙门山断裂带形成的力学机制及其量化分析[D]. 北京:中国矿业大学(北京),2020.
[88] 斯宾塞 E W. 地球构造导论[M]. 朱志澄,等,译. 北京:地质出版社,1981.
[89] 苏生瑞,黄润秋,王士天. 断裂构造对地应力场的影响及其工程应用[M]. 北京:科学出版社,2002.
[90] 孙振添,魏东平,韩鹏,等. 板块运动与地震各向异性及应力场的相关性统计分析[J]. 地震学报,2013,35(6):785-798.
[91] 谭成轩,张鹏,丰成君,等. 探索首都圈地区深孔地应力测量与实时监测及其在地震地质研究中应用[J]. 地质学报,2014,88(8):1436-1452.
[92] 陶玮,胡才博,万永革,等. 铲形逆冲断层地震破裂动力学模型及其在汶川地震研究中的启示[J]. 地球物理学报,2011,54(5):1260-1269.
[93] 滕吉文,皮娇龙,杨辉,等. 汶川-映秀 M_S8.0 地震的发震断裂带和形成的深层动力学响应[J]. 地球物理学报,2014,57(2):392-403.
[94] 万天丰,任之鹤. 中国中、新生代板内变形速度研究[J]. 现代地质,1999,

13(1):83-92.

[95] 万天丰.中国东部中·新生代板内变形构造应力场及其应用[M].北京:地质出版社,1993.

[96] 万永革,沈正康,兰从欣.根据走滑大地震前后应力轴偏转和应力降求取偏应力量值的研究[J].地球物理学报,2006,49(3):838-844.

[97] 王二七,孟庆任.对龙门山中生代和新生代构造演化的讨论[J].中国科学(D辑:地球科学),2008,38(10):1221-1233.

[98] 王焕,李海兵,司家亮,等.汶川地震断裂带结构特征与龙门山隆升的关系[J].岩石学报,2013,29(6):2048-2060.

[99] 王连捷,崔军文,周春景,等.汶川5.12地震发震机理的数值模拟[J].地质力学学报,2009,15(2):105-113.

[100] 王敏,沈正康,牛之俊,等.现今中国大陆地壳运动与活动块体模型[J].中国科学(D辑:地球科学),2003,33(增刊1):21-32.

[101] 王生超,袁野,蔡辉.不连续煤体断层附近应力分布规律研究[J].煤炭工程,2017,49(8):114-116.

[102] 王绳祖.估计地震能量和地震效率的构造物理方法[J].地震地质,1992,14(4):325-332.

[103] 王士超.基于水力压裂法的义马煤田地应力场研究[J].煤炭技术,2016,35(12):219-221.

[104] 王涛,韩煊,赵先宇,等.FLAC 3D数值模拟方法及工程应用:深入剖析FLAC 3D 5.0[M].北京:中国建筑工业出版社,2015.

[105] 王伟锋,朱传华,张晓杰,等.龙门山断裂带横断层成因类型及地质意义[J].地球科学,2016,41(5):729-741.

[106] 王卫军,董恩远,袁超.非等压圆形巷道围岩塑性区边界方程及应用[J].煤炭学报,2019,44(1):105-114.

[107] 王卫军,袁超,余伟健,等.深部大变形巷道围岩稳定性控制方法研究[J].煤炭学报,2016,41(12):2921-2931.

[108] 王卫民,赵连锋,李娟,等.四川汶川8.0级地震震源过程[J].地球物理学报,2008,51(5):1403-1410.

[109] 王学滨.断层-围岩系统的形成过程及快速回跳数值模拟[J].北京科技大学学报,2006,28(3):211-214.

[110] 王学潮,郭启良,张辉,等.青藏高原东北缘水压致裂地应力测量[J].地质力学学报,2000,6(2):64-70.

[111] 王艳华,崔效锋,胡幸平,等.基于原地应力测量数据的中国大陆地壳上部应力状态研究[J].地球物理学报,2012,55(9):3016-3027.

[112] 王仲仁,张琦.偏应力张量第二及第三不变量在塑性加工中的作用[J].塑性工程学报,2006,13(3):1-5.

[113] 温韬,唐辉明,刘佑荣,等.不同围压下板岩三轴压缩过程能量及损伤分析[J].煤田地质与勘探,2016,44(3):80-86.

[114] 吴建平,黄媛,张天中,等.汶川 M_S8.0 级地震余震分布及周边区域 P 波三维速度结构研究[J].地球物理学报,2009,52(2):320-328.

[115] 吴满路,张春山,廖椿庭,等.青藏高原腹地现今地应力测量与应力状态研究[J].地球物理学报,2005,48(2):327-332.

[116] 吴中海,张岳桥,胡道功.新构造、活动构造与地震地质[J].地质通报,2014,33(4):391-402.

[117] 伍天华,周喻,王莉,等.单轴压缩条件下岩石孔-隙相互作用机制细观研究[J].岩土力学,2018,39(增刊 2):463-472.

[118] 谢富仁,崔效锋,赵建涛.全球应力场与构造分析[J].地学前缘,2003,10(增刊 1):22-30.

[119] 谢和平,鞠杨,黎立云.基于能量耗散与释放原理的岩石强度与整体破坏准则[J].岩石力学与工程学报,2005,24(17):3003-3010.

[120] 熊魂,付小敏,王从颜,等.砂岩在不同围压条件下变形特征的试验研究[J].中国测试,2015,41(3):113-116,120.

[121] 熊连桥,于福生,姚根顺,等.后撤式逆冲推覆断层成因机制及物理模拟:以准噶尔盆地西北缘克-百断裂带为例[J].大地构造与成矿学,2017,41(6):1011-1021.

[122] 徐纪人,赵志新,石川有三.中国大陆地壳应力场与构造运动区域特征研究[J].地球物理学报,2008,51(3):770-781.

[123] 徐锡伟,江国焰,于贵华,等.鲁甸 6.5 级地震发震断层判定及其构造属性讨论[J].地球物理学报,2014,57(9):3060-3068.

[124] 徐锡伟,闻学泽,陈桂华,等.巴颜喀拉地块东部龙日坝断裂带的发现及其大地构造意义[J].中国科学(D 辑:地球科学),2008.38(5):529-542.

[125] 徐芝纶.弹性力学简明教程[M].北京:高等教育出版社,1980.

[126] 许才军,汪建军,熊维.地震应力触发回顾与展望[J].武汉大学学报·信息科学版,2018,43(12):2085-2092.

[127] 许志琴,李化启,侯立炜,等.青藏高原东缘龙门-锦屏造山带的崛起:大

型拆离断层和挤出机制[J]. 地质通报,2007,26(10):1262-1276.

[128] 许志琴,吴忠良,李海兵,等. 世界上最快回应大地震的汶川地震断裂带科学钻探[J]. 地球物理学报,2018,61(5):1666-1679.

[129] 颜照坤,李勇,李海兵,等. 晚三叠世以来龙门山的隆升-剥蚀过程研究:来自前陆盆地沉积通量的证据[J]. 地质论评,2013,59(4):665-676.

[130] 杨桂通. 弹性力学[M]. 北京:高等教育出版社,1998.

[131] 杨铭键,余贤斌,黎剑华. 基于 ANSYS 与 FLAC 的边坡稳定性对比分析[J]. 科学技术与工程,2012,12(24):6241-6244.

[132] 杨树新,姚瑞,崔效锋,等. 中国大陆与各活动地块、南北地震带实测应力特征分析[J]. 地球物理学报,2012,55(12):4207-4217.

[133] 叶正仁,王建. 中国大陆现今地壳运动的动力学机制[J]. 地球物理学报,2004,47(3):456-461.

[134] 于福生,汪旭东,邱欣卫,等. 珠江口盆地陆丰凹陷断裂构造特征及"人"字型构造成因[J]. 石油学报,2019,40(增刊1):166-177.

[135] 于学馥,郑颖人,刘怀恒,等. 地下工程围岩稳定分析[M]. 北京:煤炭工业出版社,1983:156-169.

[136] 俞维贤,周瑞琦,侯学英,等. 澜沧-耿马地震的成因机制[J]. 地震学报,1994,16(2):160-166.

[137] 张国伟,郭安林,董云鹏,等. 深化大陆构造研究 发展板块构造 促进固体地球科学发展[J]. 西北大学学报(自然科学版),2009,39(3):345-349.

[138] 张红艳. 龙门山断裂带区域现代构造应力场与汶川 M_S8.0 地震力学成因探讨[J]. 国际地震动态,2015,45(8):42-45.

[139] 张浪,刘永茜. 断层应力状态对煤与瓦斯突出的控制[J]. 岩土工程学报,2016,38(4):712-717.

[140] 张培震,徐锡伟,闻学泽,等. 2008 年汶川 8.0 级地震发震断裂的滑动速率、复发周期和构造成因[J]. 地球物理学报,2008,51(4):1066-1073.

[141] 张培震. 青藏高原东缘川西地区的现今构造变形、应变分配与深部动力过程[J]. 中国科学(D 辑:地球科学),2008,38(9):1041-1056.

[142] 张鹏程,汤连生,邹和平,等. 岩体节理到脆性断层的形成过程[J]. 中山大学学报(自然科学版),2001,40(3):100-103.

[143] 张四昌. 中国大陆共轭地震构造研究[J]. 中国地震,1991,7(2):69-76.

[144] 张训华,郭兴伟. 块体构造学说的大地构造体系[J]. 地球物理学报,

2014,57(12):3861-3868.

[145] 张永志,张克实.地壳孕震过程的重力变化研究[J].地壳形变与地震,2000,20(1):8-16.

[146] 张勇,冯万鹏,许力生,等.2008 年汶川大地震的时空破裂过程[J].中国科学(D 辑:地球科学),2008,38(10):1186-1194.

[147] 张重远,王振峰,范桃园,等.西沙群岛石岛浅部基底地壳应力测量及其地球动力学意义分析[J].地球物理学报,2015,58(3):904-918.

[148] 赵希栋.掘进巷道蝶型煤与瓦斯突出启动的力学机理研究[D].北京:中国矿业大学(北京),2017.

[149] 赵小麟,邓起东,陈社发.龙门山逆断裂带中段的构造地貌学研究[J].地震地质,1994,16(4):422-428.

[150] 赵由佳,张国宏,单新建,等.考虑地形起伏和障碍体破裂的汶川地震强地面运动数值模拟[J].地球物理学报,2018,61(5):1853-1862.

[151] 赵志强,马念杰,刘洪涛,等.巷道蝶形破坏理论及其应用前景[J].中国矿业大学学报,2018,47(5):969- 978.

[152] 赵志强.大变形回采巷道围岩变形破坏机理与控制方法研究[D].北京:中国矿业大学(北京),2014:23-28.

[153] 周江存,孙和平,徐建桥,等.地球内部应变与应力固体潮[J].地球物理学报,2013,56(11):3779-3787.

[154] 朱守彪,缪淼.地震触发研究中库仑应力随摩擦系数增加而增大的矛盾及其解决[J].地球物理学报,2016,59(1):169-173.

[155] 朱守彪,张培震.2008 年汶川 M_S8.0 地震发生过程的动力学机制研究[J].地球物理学报,2009,52(2):418-427.

[156] 朱夏.中国东部板块内部盆地形成机制的初步探讨[J].石油实验地质,1979,1(0):1-9.

[157] ANDERSON E M. The dynamics of faulting and dyke formation with applications to Britain [M]. 2nd edition. Edinburgh: Oliver and Boyd,1951.

[158] BAK P, TANG C, WIESENFELD K. Self-organized criticality: an explanation of the 1/f noise[J]. Physical review letters,1987,59(4):381-384.

[159] BROWN E T,HOEK E. Trends in relationships between measured in-situ stresses and depth[J]. International journal of rock mechanics and

mining sciences & geomechanics abstracts,1978,15(4):211-215.

[160] BURCHFIEL B C,ROYDEN L H,VAN DER HILST R D,et al. A geological and geophysical context for the Wenchuan earthquake of 12 May 2008,Sichuan,People's Republic of China[J]. GSA today,2008,18(7):4-11.

[161] CHEN L,GERYA T V. The role of lateral lithospheric strength heterogeneities in orogenic plateau growth:insights from 3-D thermo-mechanical modeling[J]. Journal of geophysical research:solid earth,2016,121(4):3118-3138.

[162] COOK N G W. Seismicity associated with mining[J]. Engineering geology,1976,10(2/3/4):99-122.

[163] COULOMB C A. Essai sur une application des rêgles de maximis et minimis *à* quelques problêmes de statique,relatifs *à* l'architecture [G]. Mêmoires de Mathêmatique de l'Académie Royale de Science,Paris,1773,7:343-382.

[164] DAHLEN F A. The balance of energy in earthquake faulting[J]. Geophysical journal of the royal astronomical society,1977,48(2),239-261.

[165] DAS S,AKI K. Fault plane with barriers:a versatile earthquake model [J]. Journal of geophysical research,1977,82(36):5658-5670.

[166] DENSMORE A L,ELLIS M A,LI Y,et al. Active tectonics of the Beichuan and Pengguan faults at the eastern margin of the Tibetan Plateau[J]. Tectonics,2007,26(4):TC4005.

[167] DRUCKER D C,PRAGER W. Soil mechanics and plastic analysis or limit design[J]. Quarterly of applied mathematics,1952,10(2):157-165.

[168] ELKAWAS A A,HASSANEIN M F,EL-BOGHDADI M H. Numerical investigation on the nonlinear shear behaviour of high-strength steel tapered corrugated web bridge girders[J]. Engineering structures,2017,134:358-375.

[169] ENGLAND P,MOLNAR P. Active deformation of Asia:from kinematics to dynamics[J]. Science,1997,278(5338):647-650.

[170] FARRELL J,SMITH R B,HUSEN S,et al. Tomography from 26

years of seismicity revealing that the spatial extent of the Yellowstone crustal magma reservoir extends well beyond the Yellowstone caldera [J]. Geophysical research letters, 2014, 41(9): 3068-3073.

[171] FELZER K R, BRODSKY E E. Decay of aftershock density with distance indicates triggering by dynamic stress[J]. Nature, 2006, 441 (7094): 735-738.

[172] FREED A M. Earthquake triggering by static, dynamic, and postseismic stress transfer[J]. Annual review of earth and planetary sciences, 2005, 33(1): 335-367.

[173] GOODMAN R E. Introduction to rock mechanics [M]. 2nd. New York: Wiley, 1989.

[174] GRIFFITH A A. The phenomena of rupture and flow in solids[J]. Philosophical transactions of the royal society of London series A, 1921, 221: 163-198.

[175] HARRISON T M, COPELAND P, KIDD W S F, et al. Raising Tibet [J]. Science, 1992, 255(5052): 1663-1670.

[176] HASKELL N A. Total energy and energy spectral density of elastic wave radiation from propagating faults [J]. Bulletin of the seismological society of America, 1964, 54(6A): 1811-1841.

[177] HILL D P, REASENBERG P A, MICHAEL A, et al. Seismicity remotely triggered by the magnitude 7. 3 Landers, California, earthquake[J]. Science, 1993, 260(5114): 1617-1623.

[178] HUANG F Q, LI M, MA Y C, et al. Studies on earthquake precursors in China: a review for recent 50 years[J]. Geodesy and geodynamics, 2017, 8(1): 1-12.

[179] HUBBARD J, SHAW J H. Uplift of the Longmen Shan and Tibetan Plateau, and the 2008 Wenchuan (M=7. 9) earthquake[J]. Nature, 2009, 458(7235): 194-197.

[180] JAEGER J C, COOK N G W. Fundamentals of rock mechanics [M]. 3rd edition. London: Chapman and Hall, 1979: 593.

[181] KILB D, GOMBERG J, BODIN P. Triggering of earthquake aftershocks by dynamic stresses [J]. Nature, 2000, 408 (6812): 570-574.

[182] KOITER W T. General theorems for elastic-plastic solids[J]. Progress in solid mechanics,1960,1:167-221.

[183] LADE P V, DUNCAN J M. Elastoplastic stress-strain theory for cohesionless soil[J]. Journal of the geotechnical engineering division, 1975,101(10):1037-1053.

[184] LAWSON A C, LEUSCHNER A O, GILBERT G K, et al. The California earthquake of April 18,1906:report of the State Earthquake Investigation Commission, in two volumes and atlas[M]. Carnegie institution of Washington,1908.

[185] LE PICHON X,FRANCHETEAU J,BONNIN J. Plate tectonics[M]. Amsterdam:Elsevier,1973.

[186] MATSUOKA H, NKAI T. Stress-deformation and strength characteristics of soil under three different principal stresses[J]. Proceedings of the Japan society of civil engineers,1974,231:59-70.

[187] MEADE B J. Present-day kinematics at the India-Asia collision zone [J]. Geology,2007,35(1):81-84.

[188] MELAN E. Zur plastizität des räumlichen kontinuums[J]. Ingenieur-Archiv,1938,9(2):116-126.

[189] MISES R VON. Mechanik der festen Körper im plastisch-deformablen Zustand[J]. Nachrichten von der gesellschaft der wissenschaften zu göttingen,Mathematisch-Physikalische Klasse,1913,1:582-592.

[190] NAKANO H. Note on the nature of the forces which give rise to the earthquake motions[J]. Seismol bull central meteorol obser, Tokyo, 1923,1:92-120.

[191] NISHIKAWA T, IDE S. Earthquake size distribution in subduction zones linked to slab buoyancy[J]. Nature geoscience,2014,7(12):904-908.

[192] PRAGER W. The theory of plasticity:a survey of recent achievements [J]. Proceedings of the institution of mechanical engineers,1955,169 (1):41-57.

[193] REID H F. The California earthquake of April 18,1906[R]. Report of the State Investigation Commission (Ⅱ): Mechanics of the earthquake, Carnegie Institution of Washington, Washington DC,

USA,1910:192.

[194] ROBERT A,PUBELLIER M,DE SIGOYER J,et al. Structural and thermal characters of the Longmen Shan (Sichuan, China) [J]. Tectonophysics,2010,491(1/2/3/4):165-173.

[195] SCHOLZ C H. The mechanics of earthquakes and faulting[M]. 2nd edition. Cambridge:Cambridge University Press,2002.

[196] SHEARER P M. Introduction to seismology[M]. 2nd edition. New York:Cambridge university press,2009.

[197] SHI H Y,HUANG F Q,MA Z K,et al. Mechanical mechanism of fault dislocation based on in situ stress state[J]. Frontiers in earth science,2020,8:52.

[198] SHI H Y, MA Z K, ZHU Q J, et al. Comparison of shape characteristics of plastic zone around circular tunnel under different strength criteria[J]. Journal of mechanics,2020,36(6):849-856.

[199] STEIN R S. The role of stress transfer in earthquake occurrence[J]. Nature,1999,402(6762):605-609.

[200] TANAKA S,OHTAKE M,SATO H. Evidence for tidal triggering of earthquakes as revealed from statistical analysis of global data[J]. Journal of geophysical research: solid earth,2002,107(B10):ESE1-1-ESE1-11.

[201] TAPPONNIER P,PELTZER G,LE DAIN A Y,et al. Propagating extrusion tectonics in Asia: new insights from simple experiments with plasticine[J]. Geology,1982,10(12):611-616.

[202] TAPPONNIER P,XU Z Q,ROGER F,et al. Oblique stepwise rise and growth of the Tibet Plateau[J]. Science,2001,294(5547):1671-1677.

[203] TRESCA H E. Mémoire sur l' écoulement des corps solides [J]. Comptes rendus hébdom,académie science,Paris,1864,59:754-758.

[204] VAN DER VOO R, SPAKMQN W, BIJWAARD H. Tethyan subducted slabs under India[J]. Earth and planetary science letters, 1997,171:7-20.

[205] VELASCO A A, HERNANDEZ S, PARSONS T, et al. Global ubiquity of dynamic earthquake triggering [J]. Nature geoscience, 2008,1(6),375-379.

[206] WYSS M,JOHNSTON A C,KLEIN F W. Multiple asperity model for earthquake prediction[J]. Nature,1981,289(5795):231-234.

[207] YU H S. 岩土塑性理论[M]. 周国庆,刘恩龙,商翔宇,译. 北京:科学出版社,2018.

[208] ZHOU R J, LI Y, DENSMORE A L, et al. Active tectonics of the Longmenshan region on the eastern margin of the Tibetan Plateau[J]. Acta geologica sinica,2007,81(4):593-604.